사진 & 일러스트로 보는 꿈의 자동차 기술

Motor Fan
illustrated Vol. 18

스틸 보디 신접합 노하우

Bodywork
technology & welding

CONTENTS

004 Steel Auto Body

026 도해특집 Body Jointing 연결하기 · 고정하기 · 끼우기

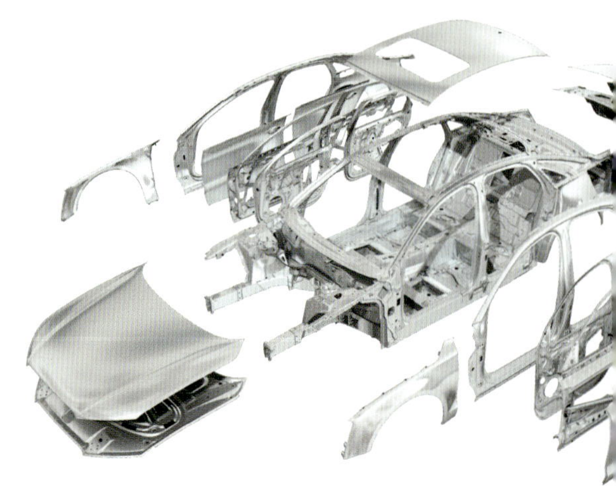

072 도해특집 자동차의 프로덕션 프로세스

생산 현장은 어떻게 변해갈까.

「자동차를 만드는 일」은 경제 활동의 윤활유다. 그러나 그것이 이해되지 않고 있다

Steel Auto BODY

취재 협력 : 도요타자동차 / 닛산자동차 / 미쓰비시자동차공업 / 신일본제철

가볍고, 강하고, 유연하게 ── 최신 강판 차체의 기술

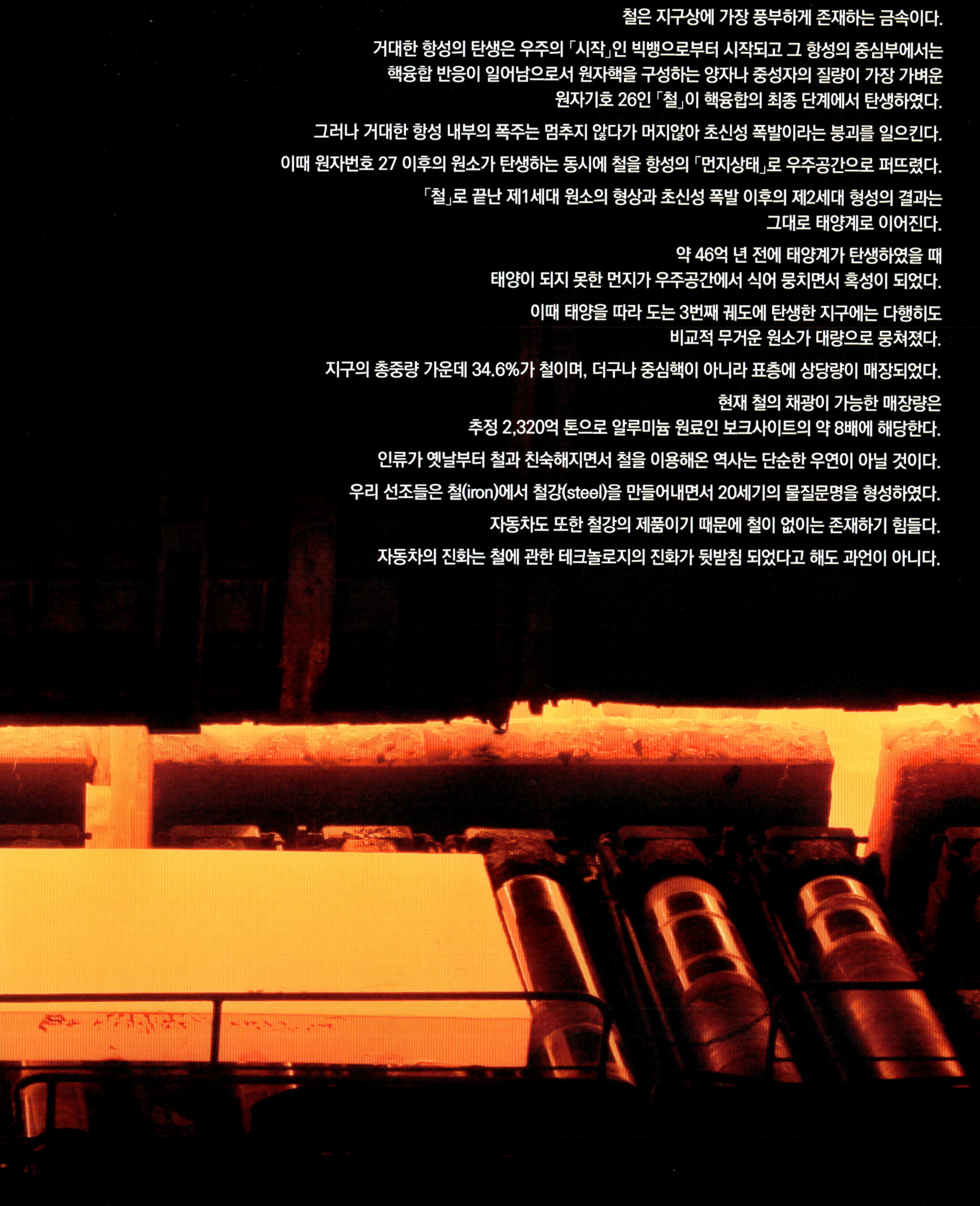

철은 지구상에 가장 풍부하게 존재하는 금속이다.

거대한 항성의 탄생은 우주의 「시작」인 빅뱅으로부터 시작되고 그 항성의 중심부에서는
핵융합 반응이 일어남으로서 원자핵을 구성하는 양자나 중성자의 질량이 가장 가벼운
원자기호 26인 「철」이 핵융합의 최종 단계에서 탄생하였다.

그러나 거대한 항성 내부의 폭주는 멈추지 않다가 머지않아 초신성 폭발이라는 붕괴를 일으킨다.

이때 원자번호 27 이후의 원소가 탄생하는 동시에 철을 항성의 「먼지상태」로 우주공간으로 퍼뜨렸다.

「철」로 끝난 제1세대 원소의 형상과 초신성 폭발 이후의 제2세대 형성의 결과는
그대로 태양계로 이어진다.

약 46억 년 전에 태양계가 탄생하였을 때
태양이 되지 못한 먼지가 우주공간에서 식어 뭉치면서 혹성이 되었다.

이때 태양을 따라 도는 3번째 궤도에 탄생한 지구에는 다행히도
비교적 무거운 원소가 대량으로 뭉쳐졌다.

지구의 총중량 가운데 34.6%가 철이며, 더구나 중심핵이 아니라 표층에 상당량이 매장되었다.

현재 철의 채광이 가능한 매장량은
추정 2,320억 톤으로 알루미늄 원료인 보크사이트의 약 8배에 해당한다.

인류가 옛날부터 철과 친숙해지면서 철을 이용해온 역사는 단순한 우연이 아닐 것이다.

우리 선조들은 철(iron)에서 철강(steel)을 만들어내면서 20세기의 물질문명을 형성하였다.

자동차도 또한 철강의 제품이기 때문에 철이 없이는 존재하기 힘들다.

자동차의 진화는 철에 관한 테크놀로지의 진화가 뒷받침 되었다고 해도 과언이 아니다.

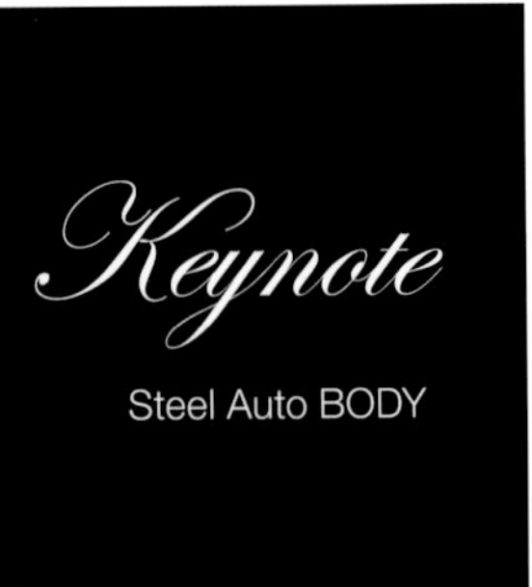

자동차 보디는 아직 철을 충분히 소화하지 못하고 있다

외판이 강도부재를 겸하는 모노코크(응력 외피) 보디는
철판의 제조기술과 접합기술의 진보를 바탕으로 저비용과 고강도화를 동시에 실현해 왔다.
그러나 내충돌 강도와 동적 강성에 대한 요구가 매우 높아진 결과 보디중량은 늘어나게 되었다.
재료를 변경하지 않고 계속하여 철을 사용하면서 경량화하는 작업은
발등에 떨어진 불로서 지금까지 이상으로 철을 충분히 소화하는 노력이 요구되고 있다.

본문 : 마키노 시게오(Shigeo MAKINO)
일러스트 : 우메즈 시게요시(Shigeyoshi UMEZU) / 신일본제철

승용자동차의 보디를 구성하는 소재는 아직까지는 스틸(鋼)이 주류이다. 일부에서 알루미늄 합금이나 탄소섬유를 사용하고 있지만 싸고 가공성이 뛰어나며, 전 세계 어디에서도 입수할 수 있다는 점에서는 스틸이 유리하다. 일본 자동차공업회가 1973년부터 2001년까지 실시한 자동차 구성의 재료비 조사(다음 페이지 위쪽 그래프)에서는 특수강을 포함한 철강을 사용하는 비율이 1997년까지 감소하는 경향이 있었지만 2001년 시점에서는 다시 미세한 증가로 바뀌고 있다. 이 데이터는 일본의 국내에서 판매되는 대표적인 승용자동차 11개 차종의 평균치로서 반드시 전체적인 경향을 반영한다고는 말할 수 없는 부분도 있지만 과거의 조사에서도 알루미늄과 마그네슘, 티타늄과 같은 비철금속을 사용하는 비율이 10%를 넘었던 적은 없다.

1997년까지 서서히 증가하였던 비철금속을 사용하는 비율이 2001년에서 감소한 이유는 두 가지로 생각할 수 있다. 하나는 1990년대 말기에 경기의 후퇴를 겪으면서 설계를 재검토한 것이다. 철에서 비철금속 및 수지의 재료로 바꾸는 트렌드가 단절되고 저렴한 철로 돌아왔다. 이러한 배경에는 일본의 철강메이커가 성능과 품질이 뛰어난 제품을 적극적으로 개발하여 그것들을 저가로 공급했다는 사정이 있다. 또 하나는 생산의 글로벌화다. 전 세계에 어디에서도 구할 수 있는 소재로서 철에 인기가 모아졌다. 2001년 이후 일본 자동차공업회는 이러한 종류의 조사를 하지 않았지만 현재도 철을 사용하는 비율은 2001년과 큰 차이가 없을 것이다.

대표적인 강재와 알루미늄 합금을 비교하면 인장강도에서는 철이 알루미늄의 4배 이상, 영률(종탄성계수)은 2배가 넘는다. 비중은 알루미늄이 압도적으로 작아 철의 30%대에 지나지 않기 때문에 「철을 알루미늄으로 바꾸면 가벼워진다」고 할 수 있지만 자동차의 보디에 사용할 경우는 스틸과 똑같은 강도가 필요하기 때문에 대략적으로 말하자면 부재의 두께를 증가시켜서 사용하지 않으면 안 된다. 그 이상으로 문제가 되는 것은 비용으로서 알루미늄은 대체적으로 철보다 비싸다. 제조의 비용이 CO_2 배출량을 표현하는 지표라는 측면에서 보자면 제조단계에서의 CO_2 배출에서는 알루미늄이 철에 뒤처진다. 물론 사용 단계에서 알루미늄화에 따른 경량화 효과를 「연비향상」으로 받아들이면 제조단계에서의 CO_2 배출을 상쇄하겠지만 사용하는 부위에 따라서는 그 효과가 미미하다는 연구보고도 있다.

알루미늄을 부정할 생각은 전혀 없다. 알루미늄 등과 같은 비철금속에는 철에서는 얻을 수 없는 장점이 많이 있다. 다만, 대체적으로 비철금속의 조달비용은 철보다 비싸다. 무턱대고 비철금속으로 바꾸기만 해서 되는 것이 아니라 철이든 비철이든 각각을 적재적소에 이용해야 하는 것이다.

또한 흔히 「알루미늄은 재활용성이 뛰어나다」고 하지만 여기에도 오해가 있다. 보크사이트에서 전기 분해에 의한 환원으로 알루미늄을 정련할 때는 막대한 전력을 소비하게 되는데 반해, 재활용할 때 알루미늄을 녹이는 에너지는 정련할 때에 비해 불과 1.3% 밖에 되지 않는다. 따라서 재활용성에 뛰어나다. 이러한 논리인 것이다. 그러나 알루미늄은 불순물을 싫어한다. 알루미늄합금은 알루미늄 순도 99.00% 이상인 1000번대부터 동을 많이 첨가한 2000번대, 망간이 많은 3000번대, 실리콘이 많은 4000번대 등등 외에도, 7000번대의 소위 말하는 초초(超超) 두랄루민까지 종류는 풍부하게 있다. 소재의 질을 떨어뜨리지 않는 재활용을 할 경우는 같은 조성의 알루미늄만을 녹일 필요가 있는 번수(番手)가 다른 알루미늄합금을 섞으면 질이 떨어진다. 그런데 이것을 분별하는 것이 쉽지 않아서, 현재 일본에서의 일반적인 수순에서는 알루미늄을 재활용하게 되면 소재로서의 질은 한 단계 떨어지는 경우가 대부분이다.

알루미늄 음료 캔의 재활용 현장에서도 「다시 캔으로 되돌리는」비율은 약 50%에 그친다. 불순물을 극단적으로 싫어하는 것이 알루미늄이다. 반대로, 철은 아무 것이나 받아들여 재용융을 통한 융통이 가능하다. 일본에서는 전기로(電氣爐)를 포함하면 제조되는 선철(銑鐵)과 강의 약 40%가 재활용 원료(즉 scrap)로서 싸고 유연한 선철의 고철이라도 전로(轉爐)로 잔류 탄소량을 조정함으로서 스틸이 된다. 이 점이 철의 커다란 장점이다. 제철과정에서는 알루미늄이나 실리콘(규소)을 섞어 산소와 결합시켜 알루미나 및 산화규소로 끄집어내 탈산(脫酸)을 하는 것이 극히 당연하게 이루어지고 있어서 철 스크랩에 알루미늄이 섞여 있어도 거의 문제가 없다. 그러나 알루미늄의 재용융 단계에서 철이 섞이는 것은 큰 문제다.

그렇다고 자동차가 점점 무거워졌다는 사실을 외면할 수는 없다. 알루미늄 등과 같은 비철금속으로 재료를 바꾸는 작업이 진지하게 검토되고 실행되어 온 이유는 1그램이라도 중량을 줄이겠다는 개발 쪽의 목표 하에 비용이나 제조방법이 허용하는 범위에서 철로부터의 재료를 바

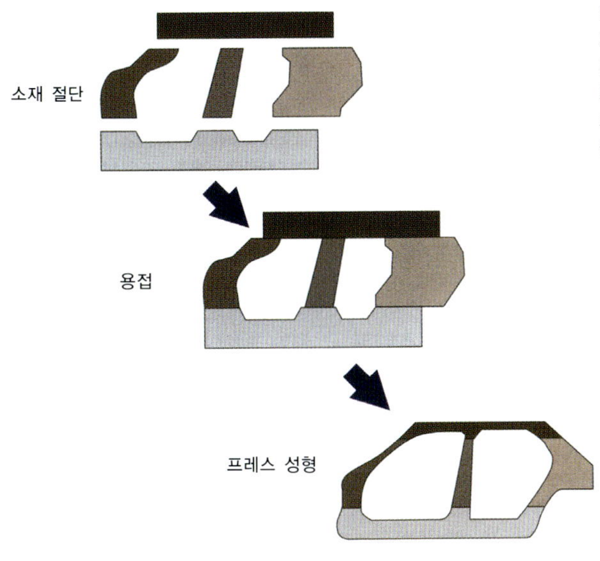

철 내부에는 결정구조가 뒤섞인 「전이(轉移)」라고 하는 부분이 존재한다. 이 「전이」부분이 움직임으로서 철이 쉽게 변형된다. 깔려 있는 주단의 한 쪽을 잡고 흔들었을 때와 같이 전이가 이동한다. 탄소 등과 같은 다른 원자를 넣으면 전이가 방해를 받는다.

이것이 테일러드 블랭크(Tailored Blanks)의 개념이다. 색의 차이는 강재의 종류를 표현한 것이다. 이종 소재를 접합하여 그것을 통째로 프레스 성형하는 것이다. 현재의 승용자동차 보디에는 측면의 대형 패널(사이드 스트럭처) 등에 이 방법이 널리 사용되고 있다.

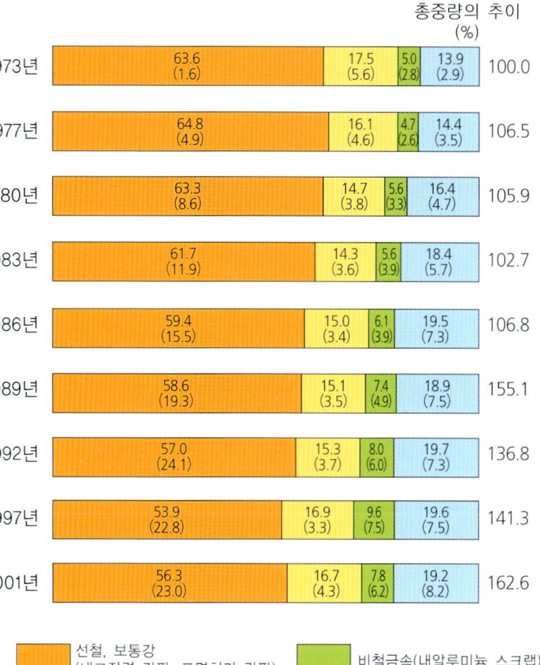

	선철, 보통강	특수강	비철금속	비금속	원 단위 총중량의 추이 (%)
1973년	63.6 (1.6)	17.5 (5.6)	5.0 (2.8)	13.9 (2.9)	100.0
1977년	64.8 (4.9)	16.1 (4.6)	4.7 (2.6)	14.4 (3.5)	106.5
1980년	63.3 (8.6)	14.7 (3.8)	5.6 (3.3)	16.4 (4.7)	105.9
1983년	61.7 (11.9)	14.3 (3.6)	5.6 (3.9)	18.4 (5.7)	102.7
1986년	59.4 (15.5)	15.0 (3.4)	6.1 (3.9)	19.5 (7.3)	106.8
1989년	58.6 (19.3)	15.1 (3.5)	7.4 (4.9)	18.9 (7.5)	155.1
1992년	57.0 (24.1)	15.3 (3.7)	8.0 (6.0)	19.7 (7.3)	136.8
1997년	53.9 (22.8)	16.9 (3.3)	9.6 (7.5)	19.6 (7.5)	141.3
2001년	56.3 (23.0)	16.7 (4.3)	7.8 (6.2)	19.2 (8.2)	162.6

(주) 각 해당 연도의 조사대상 차종이 다르며, 원 단위 총중량은 그때마다 변화한다.

일본자동차공업회가 일본 내에서 판매되는 대표적 11개의 차종에 대하여 사용하는 소재를 조사한 결과가 이 그래프다. 1990년대 전반까지는 강재의 세분화가 진행되어 모델마다 사용부위마다 세세한 요구가 철강 메이커에 전달되어 부분적 최적화가 진행되었다. 1990년대 중반 이후는 글로벌 표준에 대한 통합이 진행되었다.

꾸어 진행할 필요가 있었기 때문이다.

1970년대에 발표된 2세대 도요타 카롤라 1200DX는 차량중량이 760kg이었지만 1991년에 등장한 7세대 1500SE는 1030kg으로 1톤을 넘어섰다. 여기까지는 보디 그 자체의 대형화와 장치를 추가한 요인이 크지만 1990년대에는 충돌안전규칙이 엄격해짐으로서 차량의 중량이 증가되는 요인을 한 가지 늘리게 되었다. 2000년에 발매된 9세대 카롤라 1.5G가 차량중량이 1020kg에 그친 것은 개발진의 노력에 따른 성과이다.

가격이 싼 스틸을 사용하면서도 가볍고 튼튼한 자동차 보디를 만들겠다는 과제에 착수할 때 한 가지 커다란 성과를 가져다 준 것이 독일의 티센크루프가 고안한 테일러드 블랭크 용접의 보급이다. 인장강도나 표면처리가 다른 강판을 용접해 대물일체로 블랭킹(blanking)하는 이 기법은 일본에서 개량이 더해져 현재는 많은 모델에 사용되고 있다. 고장력화나 도장 외관의 향상과 같은 강재 자체의 진보와 용접방법의 진보가 보디의 경량화에 크게 기여한 것이다.

고장력 강판에 대하여 말하자면 어느덧 1500MPa를 능가하는 인장강도의 제품이 출현하였다. 강도가 필요한 부위에 사용하면 판 두께를 얇게 할 수 있기 때문에 중량을 삭감할 수 있다. 그러나 강성이 요구되는 부위에는 단순히 그렇게는 안 된다. 강도(強度)와 강성(剛性)은 다르기 때문이다.

용접이나 성형 등 고장력 강판에서 문제였던 가공성에 있어서 일본은 세계에서 유일하게 현재의 설비를 그대로 유용할 수 있는 상황에 있다. 이것은 철강 메이커의 제품 개발력에 힘입은 바가 크다.

생산 설비까지 포함하여 소재를 생각하는 유럽에서는 고장력강이 「통상적 금형에 의한 프레스나 스폿 용접도 불가능한 것」으로 취급된 결과 강판을 가열하고 나서 성형을 하는 핫 프레스(hot press)나 롤 포밍(roll forming)과 같은 성형 방법을 자진하여 사용해 왔다. 그러나 일본에서는 기존의 금형 프레스를 그대로 사용하겠다는 요구가 압도적으로 컸기 때문에 980MPa급의 초고장력 강판도 금형 프레스로 성형할 수 있도록 연구가 되었다. 유럽에서의 비상식을 일본은 상식으로 바꾸었다.

초고장력 강판에 대한 표면처리화도 진행되고 있다. 원래는 겨울철의 도로 동결 방지제가 보디를 부식시키기 때문에 북미에서 사용하기 시작한 용융아연 도금 강판 분야에서 일본은 아연의 표면을 가열함으로서 철과 아연을 합금한 합금화처리 용융아연 도금 강판(GA=Galvanizing＋Annealing)을 개발하였다. 이것은 아연 도금층에 9~12% 정도의 철을 섞어서 용접성을 향상시키는 것이 목적이었다. 통상 용융아연 도금 강판(GI=Galvanized Iron)은 표면에 도금층만 없는 것이고 금형 프레스 단계에서는 아연이 금형과 접하기 때문에 성형성이 나쁘다. 원래의 철은 성형성이 뛰어나지만 표면의 아연이 방해가 된다. 고장력화가 진행이 되면 성형성이 더 악화된다.

일본에서는 GA 강판이 주류가 되면서 기존 프레스 성형의 노하우와 스폿 용접의 설비를 유용하여 고장력강판 소재를 사용하는 비율의 상승이 촉진되었다. 그리고 980MPa급 초고장력강판 소재에서도 GA 강판이 등장하여 자동차 메이커의 부담을 줄이게 되었다. 「이러한 소재가 필요하다」는 자동차 메이커의 요구를 일본 철강의 메이커가 모두 받아들이면서 실현해 왔다.

이것이 일본 자동차의 경쟁력이 된 것은 틀림이 없는 사실이다.

한편 유럽에서는 통상적인 전기저항 스폿 용접으로는 접합하기 어려운 고장력 강판에 레이저 용접이나 마찰 교반 용접, 구조 접착제라고 하는 새로운 방법을 도입해 왔다. 공장의 설비를 포함하여 신규 투자가 필요하게 되고 심지어 스폿 용접보다도 접합시간이 길어지지만 확실하게 접합할 수 있다. 그런 의미에서 스폿 용접에 특화된 이상적인 고장력 강판을 손에 넣은 일본의 자동차 메이커는 이 부분에서는 유럽과 다른 길을 걷고 있다. 「어느 쪽이 좋은가」가 아니라 강재를 충분히 사용하는 방법론의 차이이긴 하지만 90년대 말기부터 현재까지 계속되고 있는 스폿 용접의 일변도를 무너뜨릴 기회를 일본의 자동차 메이커는 훤히 내다보고 있었다고 말할 수 있다.

그리고 이것이 보디 설계의 자체에도 영향을 끼친다. 테일러드 블랭크로 성형한 얇은 사이드 스트럭처에 구조재의 일부를 용접하고 그것을 엔진 컴파트먼트~플로어에 접합한 다음 횡단 소재로 좌우를 연결하는 방식의 보디 용접에 대해서 이미 일부의 연구자가 이음매의 강도 문제를 지적하긴 하지만 보디의 용접 라인을 유용한다는 대전제 하에서는 다른 조립순서는 좀처럼 실현되기 어렵다. 바꿔 말하면 지금 얻어지는 강재에 있어서 적절한 제조방법과 보디 설계 기술의 고안은 지금껏 착수되지 않은 것이다. 이것을 무너뜨리는 것은 몇 년 후에나 가능할까.

원자의 레벨에서 철을 바라보면 그 독특한 성격을 알 수 있다

현재의 제강기술은 철의 「강도」「점성」「부드러움」을 자유롭게 컨트롤한다.

그런 높은 자유도는 다른 금속에는 없는 것이다.

철이야 말로 가장 유연성이 풍부하고 많은 용도에 적합한 금속이다.

본문 : 마키노 시게오(Shigeo MAKINO)
일러스트 : 우메즈 시게요시(Shigeyoshi UMEZU)

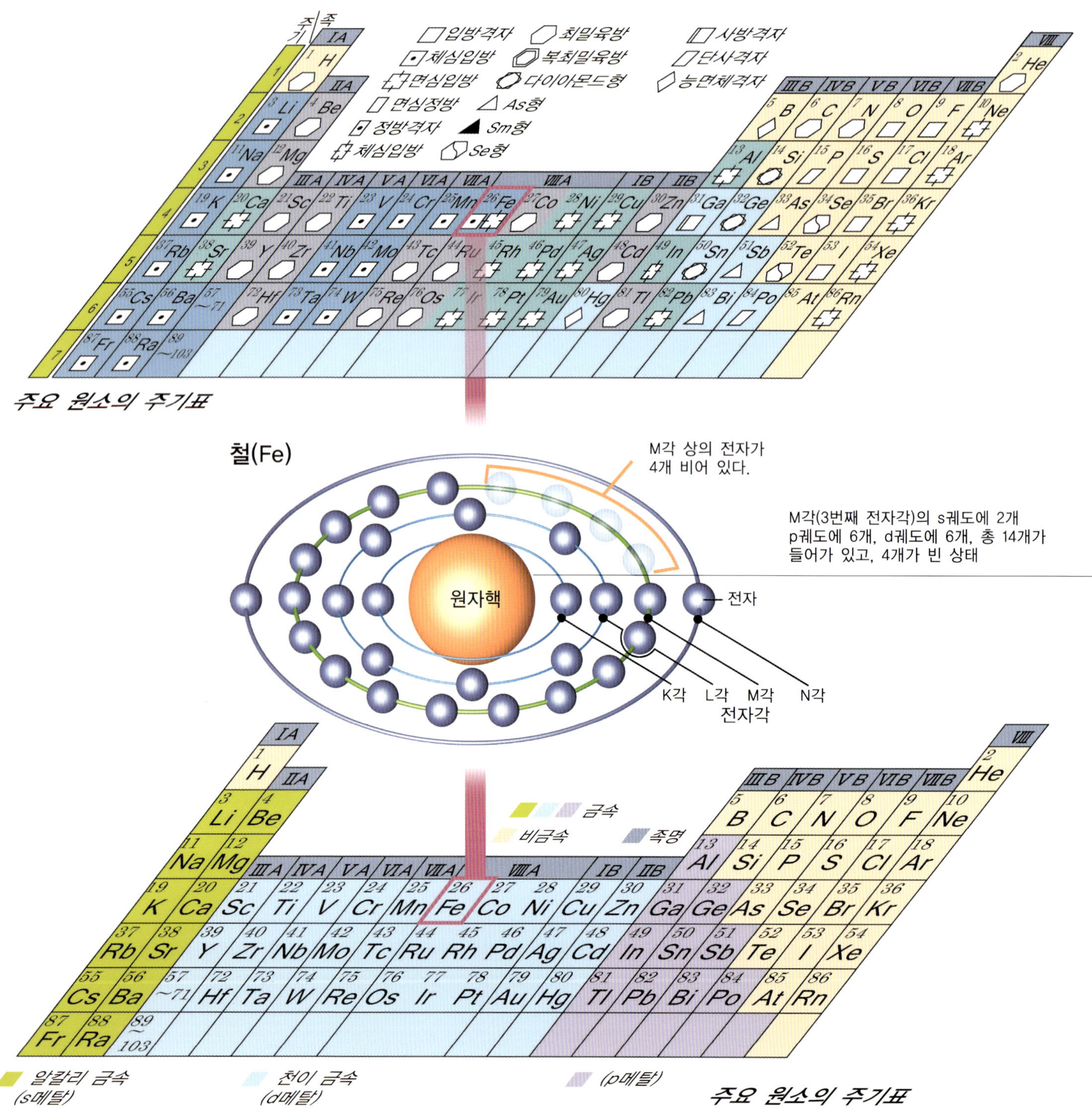

철이란 금속을 극히 간단하게 설명해 보자. 일반적으로 금속은 그 결정 전체를 자유롭게 돌아다니는 자유전자에 의해 원자들끼리 결합되어 있다. 원자들끼리 점착성을 갖고 인접해 있어서 결정을 구성하는 모든 원자가 거기에 있는 모든 전자를 공유한다. 매우 강고한 결합 상태이다.

철(Fe) 원자의 원자번호는 26. 천이금속(d메탈)이라는 그룹에 속해 26개의 전자를 갖고 다닌다. 원래는 18개의 전자를 수용할 수 있는 원자핵으로부터 3번째인 「M각」에 14개의 전자밖에 없어서 4개분의 빈자리를 갖는(정확하게는 M각의 d궤도) 것이 특징이다. 이 「빈자리」에 전자를 메꾸려고 하는 성격이 작동하기 때문에 철은 원자들끼리의 결합력이 높은 동시에 다른 원자도 쉽게 받아들일 수 있다.

결정격자의 형태로 결정되지만 철은 2개의 결정격자로 왕래할 수 있는 성질을 갖는다. 탄소를 포함하지 않는 순철의 경우 공간에 틈새가 많아 원자의 체적율이 약 68%에 그치는 「체심입방격자(α철) 상태를 유지하는 것은 상온에서부터 912℃까지로서 그보다 고온에서는 체적율이 약 74%인 「면심입방격자」(γ철)가 된다. 그리고 1394℃까지 더 온도가 상승하면 다시 「체심입방격자」로 돌아간다.

이렇게 온도에 따라 격자의 재편이 이루어지는 특성이 다양한 원자와 결속을 가능하게 함으로서 받아들이는 원자에 따라 성질이 다른 합금으로 형태를 바꾸는 성질이 철에 부여되어 있다. 자석이 되지 않는 스테인리스강으로 변화하는 것도 이러한 성질 때문이다.

또한 철이 소속된 「d메탈」군의 특징은 원자의 잠재적

원자의 레벨에서 철을 바라보면 그 성격의 독특함이 두드러진다. 더구나 철은 지구(중심핵을 포함)에 가장 많이 존재하는 금속이다. 인류가 옛날부터 철을 이용하고 철에 친숙해 온 이유는 풍부한 존재량과 독특한 성격 때문이라고 말할 수 있을 것이다.

결정 구조에 대해서 조금 더 설명하자면, 결정의 집합체인 금속 조직은 「페라이트」「오스테나이트」「마텐자이트」의 3가지가 철의 대표적인 모습이다. 페라이트는 탄소를 거의 함유하지 않고 부드럽고 쉽게 변형되는 조직이고, 오스테나이트는 약 1000℃나 되는 고온에서만 나타나는 조직이며, 마텐자이트는 오스테나이트를 급격하게 냉각시켰을 때 생기는 조직이다.

이것들은 「체심입방격자」와 「면심입방격자」라고 하는

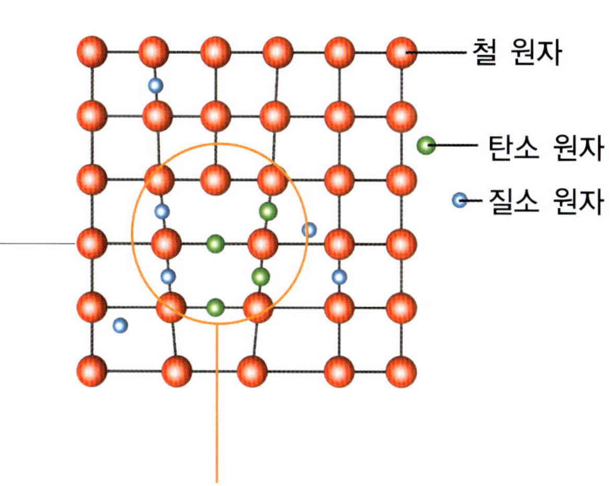

원자들끼리 접근하면 인력에 의해 전자의 움직임이 느려지면서 잠재력의 에너지가 낮아져 안정화된다. 너무 접근하면 반발에 의해 불안정해진다. 가장 에너지가 낮은 위치에서 원자들끼리는 안정된다. S메탈은 잠재력의 에너지가 얕아 결합력이 약하여 유연한 금속이 된다. d메탈은 잠재력의 에너지가 깊고 결합이 강한 단단한 금속이 된다. p메탈은 그 중간의 성격을 갖는다.

앞 페이지에서 설명한 「전위」 부분에 다른 원자가 들어가면 전위가 방해를 받아 가공성이 나빠진다. 이 그림은 탄소와 질소 원자가 들어간 상태이다. 그러나 다른 금속을 넣어 탄소ㆍ질소를 받아들인 화합물을 형성시키면 다시 전위가 나타나 가공성이 회복된다.

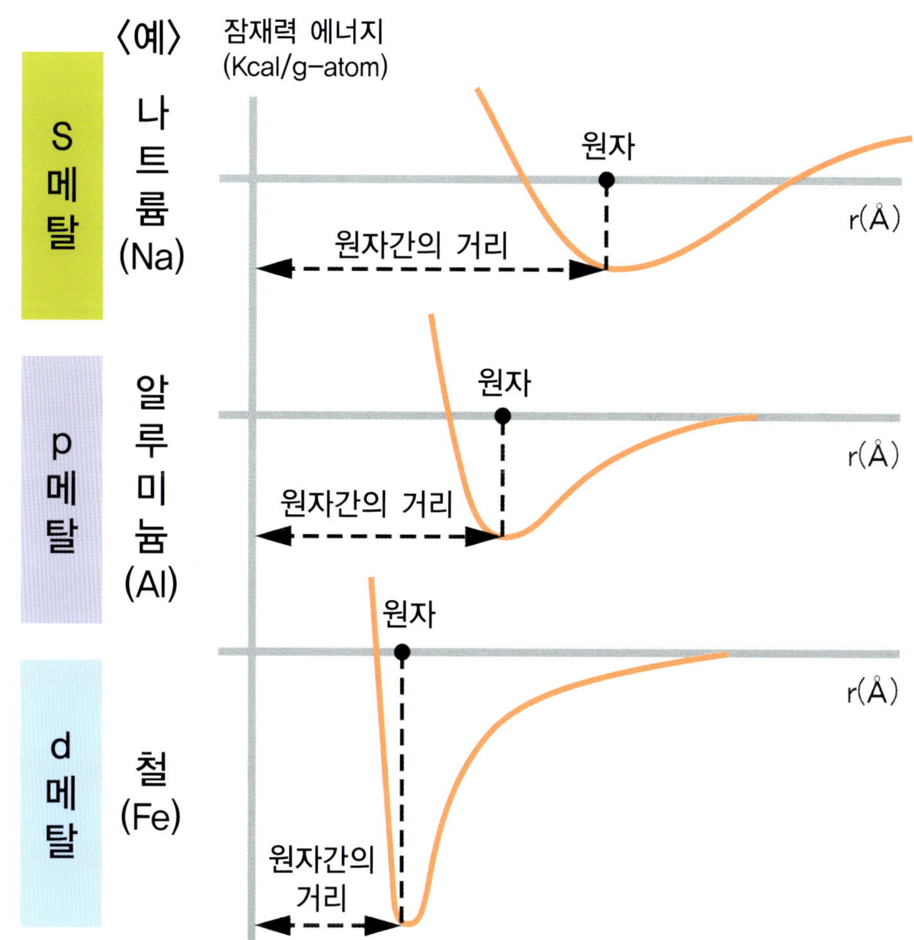

강도가 뛰어나고 합금으로 만들기 쉬운 철의 성격은 원자구조로부터 유래한다.

또 하나, 철에는 다른 어떤 원자에도 없는 특징이 있다. 일정한 공간에 어느 정도 양의 원자를 수용할 수 있는가 하는 원자의 체적율은 어떻게 원자가 「쌓여 올라가는가」하는

인 에너지가 깊기 때문에 원자들끼리의 결합이 강한 「단단한 금속」이라는 점이다. 인접한 원자들끼리는 서로의 인력(引力)이 균형을 이루는 지점에서 안정된다. 철은 그때의 원자와 원자 간격이 짧다. 이것은 M각 d궤도에 4개만큼 전자의 「빈자리」가 있는 것에서도 유래한다.

체적율과도 관계가 있어서 강재를 제조하는 단계에서 어떤 원소를 추가하고 어느 정도의 온도로 녹여내는가 하는 레시피를 많이 가질 수 있다는 다양성을 연출하도록 해준다.

철광석에서 스틸 오토 보디로
자동차용 박판(sheet)의 제조 공정

자동차 보디에 사용되는 박판(薄板)은 그 대부분이 특별히 주문한 제품이다.
2차 정련 공정에서 성분이 조정되어 「철」에서 「강」으로 되며,
얇고 길게 늘려 필요한 표면처리가 된 다음 코일형태로 말려서 출하된다.

본문 : 마키노 시게오(Shigeo MAKINO)
일러스트 : 신일본제철
사진 : 세야 마사히로(Masahiro SEYA) / FORD / GM / VW

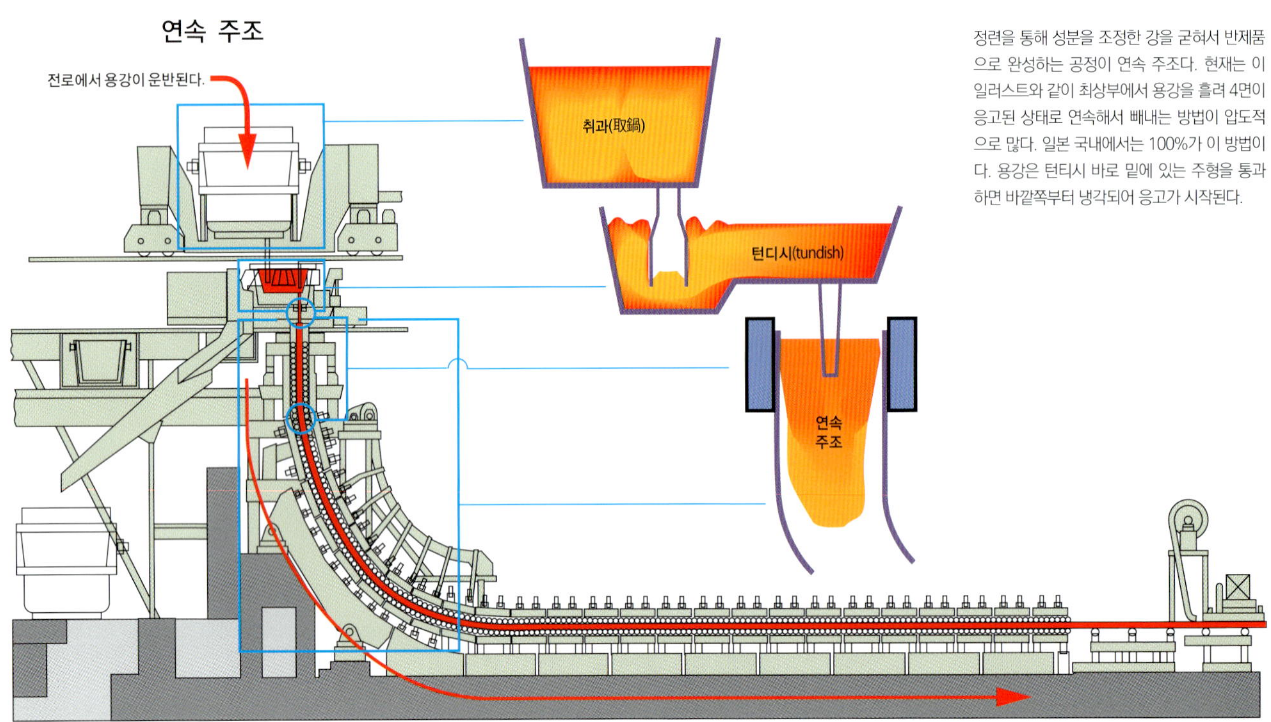

정련을 통해 성분을 조정한 강을 굳혀서 반제품으로 완성하는 공정이 연속 주조다. 현재는 이 일러스트와 같이 최상부에서 용강을 흘려 4면이 응고된 상태로 연속해서 빼내는 방법이 압도적으로 많다. 일본 국내에서는 100%가 이 방법이다. 용강은 턴디시 바로 밑에 있는 주형을 통과하면 바깥쪽부터 냉각되어 응고가 시작된다.

판상으로 성형하는 연속 주조 공정이 철강 제품의 최종 품질을 크게 좌우한다.

챕터1에서는 「순철」의 성질에 대하여 설명하였다. 이제부터는 「강」에 대하여 알아보겠다. 고로(高爐)에서 만들어진 철은 선철(Iron)이다. 탄소의 성분을 4% 넘게 함유하고 있으며, 단단하고 유연한 상태이다. 고체인 철의 탄소 포화 농도는 약 2%로 이 이상의 탄소 농도를 갖는 철을 강(鋼)이라 부르며, 철강의 제품에 가공이 가능한 「신장」을 요구하면 탄소 농도는 1.2% 이하가 기준이 된다.

고로에서 만들어진 선철로부터 탄소를 제거하여 「강」으로 만드는 장소가 「전로(converter, 轉爐)」이며, 나아가 2차 정련을 통해 탄소의 농도를 낮춘다. 여기까지가 녹아 있는 상태인데 제품으로 출하하려면 「형상」을 갖추어야 한다. 그 공정이 위쪽 일러스트의 연속 주조이다. 녹여낸 강을 주형에 흘려보내고 그 통로를 바깥쪽부터 냉각시킴으로써 바깥쪽부터 서서히 굳어지다가 일정한 길이의 슬래브(slab)라 불리는 판상(板狀)으로 만들어진다.

연속 주조 공정에서 중요한 것은 불필요한 개재물(inclusion)을 어떻게 제거하느냐 하는 것이다. 녹아 있는 강은 턴디시로 쏟아지는데 그 내부에는 여러 칸막이가 설치되어 있어서 용강(溶鋼)이 이곳에 정체해 있는 시간을 길게 함으로서 개재물을 표면에 뜨게 한다. 개재물이 섞이면 제품이 된 다음에 강도의 저하를 불러오거나 강재의 표면에 상처가 되기 때문에 이중삼중의 방법으로 개재물을 제거한다. 또한 첨가물의 조합 정도에 따라서는 연속 주조기 내에서 강이 멈춰있는 시간(출구에서 빼내는 시간)을 미묘하게 조절한다.

이렇게 성분 연속 주조기에서 나온 판상의 철을 적당한 길이로 절단한 것이 슬래브이다. 이것을 먼저 뜨거운 상태로 늘리고(熱延)나서 세정한 다음 다시 상온에서 늘린 것(冷延)이 자동차 보디용 박판이 된다. 근래에는 표면에 도금처리를 하여 녹이 발생하지 않도록 한 도금 강판이 증가되고 있다. 어느 쪽이든 출하에 있어서는 두루마리 종이 같은 롤 형태로 감겨져 비바람에 노출되지 않도록 포장이 된다.

자동차 메이커(또는 부품 메이커)에 납입된 박판의 롤은 목적에 맞는 크기로 절단된 다음 프레스 성형 등을 거쳐 보디를 구성하는 패널이 된다. 그 다음은 패널을 접합해 보디로 조립된다. 이런 일련의 작업흐름은 어느 나라나 지역이든 거의 차이가 없다. 다만, 박판 강판을 인근에서 구하지 못하는 지역도 있기 때문에 일본제 강판은 아시아 등에 수출되고 있다. 과거 일본의 자동차 메이커가 해외에서 생산을 시작할 때 먼저 문제가 된 것은 안정된 품질의 뛰어난 박판을 조달하는 것이었다.

거의 굳어진 강이 연속 주조기에서 계속해서 나오기 때문에 일정한 길이로 절단한다. 이 상태에서도 온도는 약 900℃나 되며, 엷게 빛이 난다.

슬래브는 바로 다음 공정으로 보내지는 경우도 있지만 일단 자연 냉각하는 경우도 있다. 냉각이 되면 이와 같이 「철강」 그대로의 표면을 갖게 된다. 왼쪽 사진의 슬래브는 두께 240mm에 중량은 약 24톤이다.

슬래브를 열연하는 단계에서는 1200℃정도(제품에 따라 미묘하게 다르다)까지 높인다. 열연 설비의 바로 옆에서 뜨겁게 만들어 유연한 상태로 바뀌면 바로 신속하게 롤러로 얇게 늘린다.

열간 압연

열간 압연 설비는 핫 스트립 밀(Hot Strip Mill)이라 불리는데 금속제 굴림대가 연속해서 깔려 있는 철도의 선로 같은 장소다. 아래 굴림대는 동력으로 회전한다.

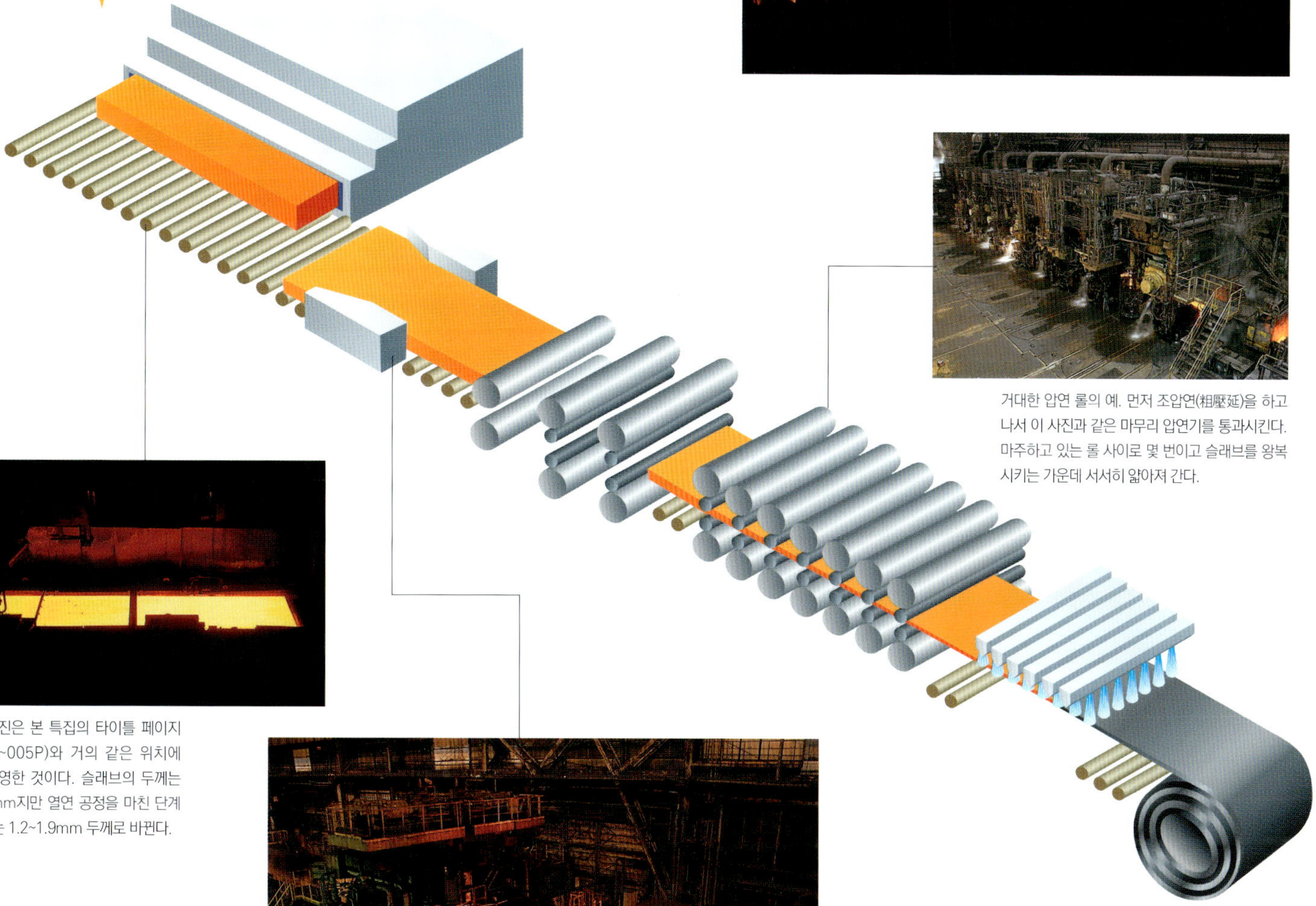

거대한 압연 롤의 예. 먼저 조압연(粗壓延)을 하고 나서 이 사진과 같은 마무리 압연기를 통과시킨다. 마주하고 있는 롤 사이로 몇 번이고 슬래브를 왕복시키는 가운데 서서히 얇아져 간다.

이 사진은 본 특집의 타이틀 페이지(004~005P)와 거의 같은 위치에서 촬영한 것이다. 슬래브의 두께는 240mm지만 열연 공정을 마친 단계에서는 1.2~1.9mm 두께로 바뀐다.

폭을 결정하기 위한 이 게이트는 사이징 프레스라고 불리는데 사진의 설비에서는 최대 35mm까지 폭의 조절이 가능하다. 충분히 늘린 다음에 물로 냉각하여 라인 끝에서 코일의 형태로 감아준다.

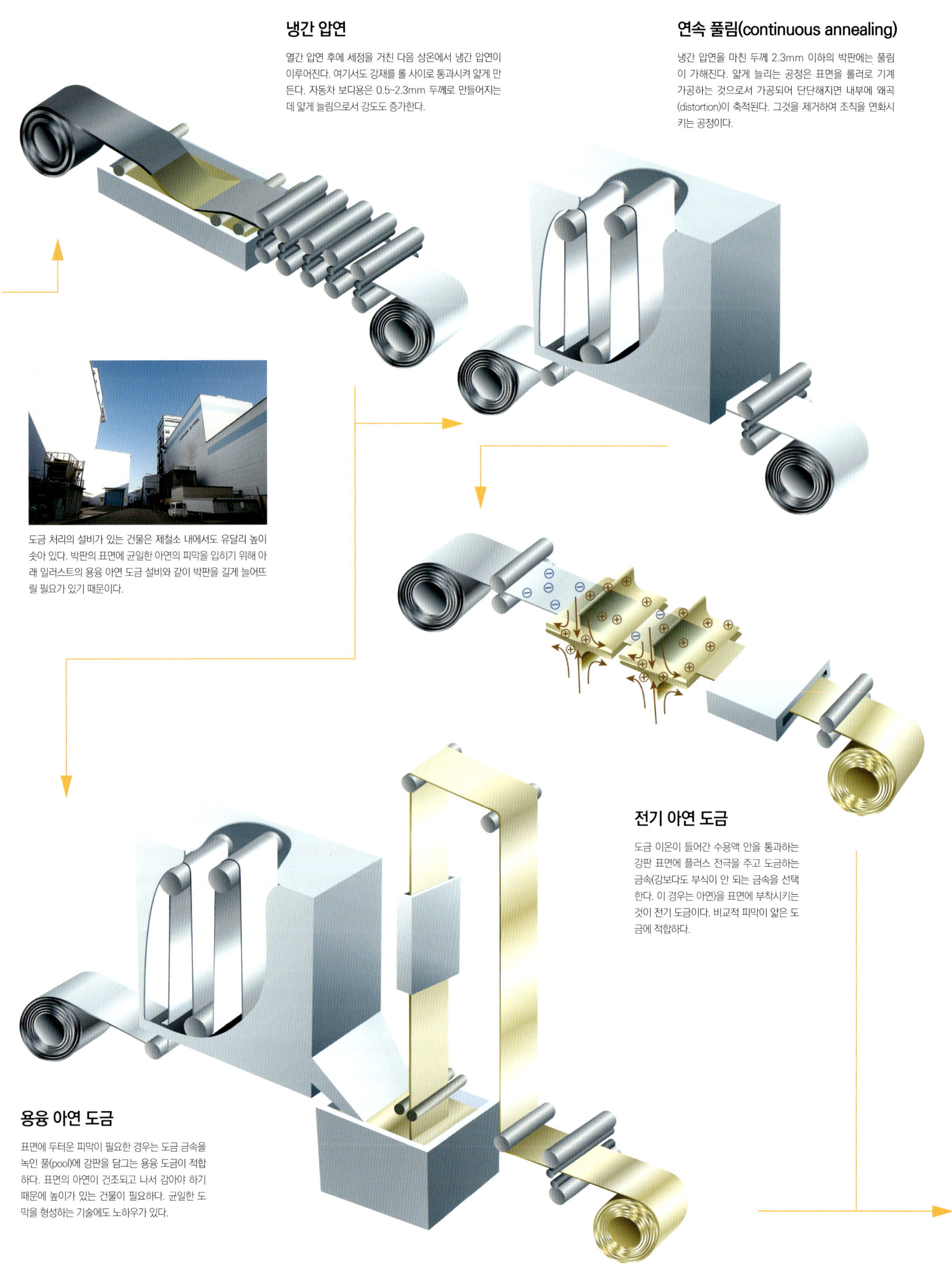

냉간 압연

열간 압연 후에 세정을 거친 다음 상온에서 냉간 압연이
이루어진다. 여기서도 강재를 롤 사이로 통과시켜 얇게 만
든다. 자동차 보디용은 0.5~2.3mm 두께로 만들어지는
데 얇게 늘림으로서 강도가 증가한다.

연속 풀림(continuous annealing)

냉간 압연을 마친 두께 2.3mm 이하의 박판에는 풀림
이 가해진다. 얇게 늘리는 공정은 표면을 롤러로 기계
가공하는 것으로서 가공되어 단단해지면 내부에 왜곡
(distortion)이 축적된다. 그것을 제거하여 조직을 연화시
키는 공정이다.

도금 처리의 설비가 있는 건물은 제철소 내에서도 유달리 높이
솟아 있다. 박판의 표면에 균일한 아연의 피막을 입히기 위해 아
래 일러스트의 용융 아연 도금 설비와 같이 박판을 길게 늘어뜨
릴 필요가 있기 때문이다.

전기 아연 도금

도금 이온이 들어간 수용액 안을 통과하는
강판 표면에 플러스 전극을 주고 도금하는
금속(강보다도 부식이 안 되는 금속을 선택
한다. 이 경우는 아연)을 표면에 부착시키는
것이 전기 도금이다. 비교적 피막이 얇은 도
금에 적합하다.

용융 아연 도금

표면에 두터운 피막이 필요한 경우는 도금 금속을
녹인 풀(pool)에 강판을 담그는 용융 도금이 적합
하다. 표면의 아연이 건조되고 나서 감아야 하기
때문에 높이가 있는 건물이 필요하다. 균일한 도
막을 형성하는 기술에도 노하우가 있다.

프레스 가공된 부품을 최종적으로 용접라인에서 연결하면 자동차 보디는 완성된다. 사진처럼 저항 스폿 용접이 일반적이지만 유럽의 자동차 메이커에서는 레이저 용접이나 접착제를 사용한 접합도 많이 이용하고 있다.

이것이 테일러드 블랭크에 의한 대형 일체 성형의 사이드 스트럭처다. 인장강도가 다른 부재를 용접하고 나서 전체를 하나의 금형으로 프레스 한다. 독일에서 개발되어 현재는 각국의 자동차 공장에서 사용되고 있다.

대형 패널의 성형에는 이와 같은 5000톤급의 트랜스퍼(연속) 프레스가 사용된다. 몇 번이고 나눠서 서서히 성형하는 머신으로서 사진의 포드 공장에도 일본의 고마츠 제품이 사용되고 있다.

사진 정도 크기의 보디 패널과 같은 경우는 박판 코일의 제조 단계에서 표면에 생긴 상처가 문제가 된다. 「도장을 하니까 상관없다」고 넘어가지 않는다.

비교적 조그만 패널을 프레스 성형하는 머신. 자동차 메이커의 공장에서 가공하는 경우도 있지만 일본에서는 협력 부품의 메이커가 프레스 성형한 다음 납품하는 예도 많다.

FORD

코일의 형태로 말려진 박판은 포장 상태에서 출하된다. 출하된 다음부터는 자동차 메이커 또는 부품 메이커의 프레스 및 용접의 공정으로 넘어간다. 사진은 제철소 내의 코일 집하장 광경.

FORD

자동차 보디 가운데서도 큰 패널을 프레스 성형하는 금형은 사진처럼 거대하다. 근래에는 980MPa급의 고장력강도 금형 프레스가 이루어지는데 그런 경우는 금형의 강성을 확보하지 않으면 안 된다.

Chapter 3

「조직 제어」「성형」「접합」의 3가지 기술이 고장력강판 소재의 많은 사용을 가속화 시켰다

바야흐로 자동차 보디에는 1000MPa를 넘는 초고장력강판 소재가 사용되기 시작하였다.
780MPa 정도의 강판이라면 보통의 프레스 성형이 가능하다.
근 몇 년 동안 박판의 수요 변화에는 놀랄만한 것이 있다.

본문 : 마키노 시게오(Shigeo MAKINO)

자동차용 박판의 현상과 경향

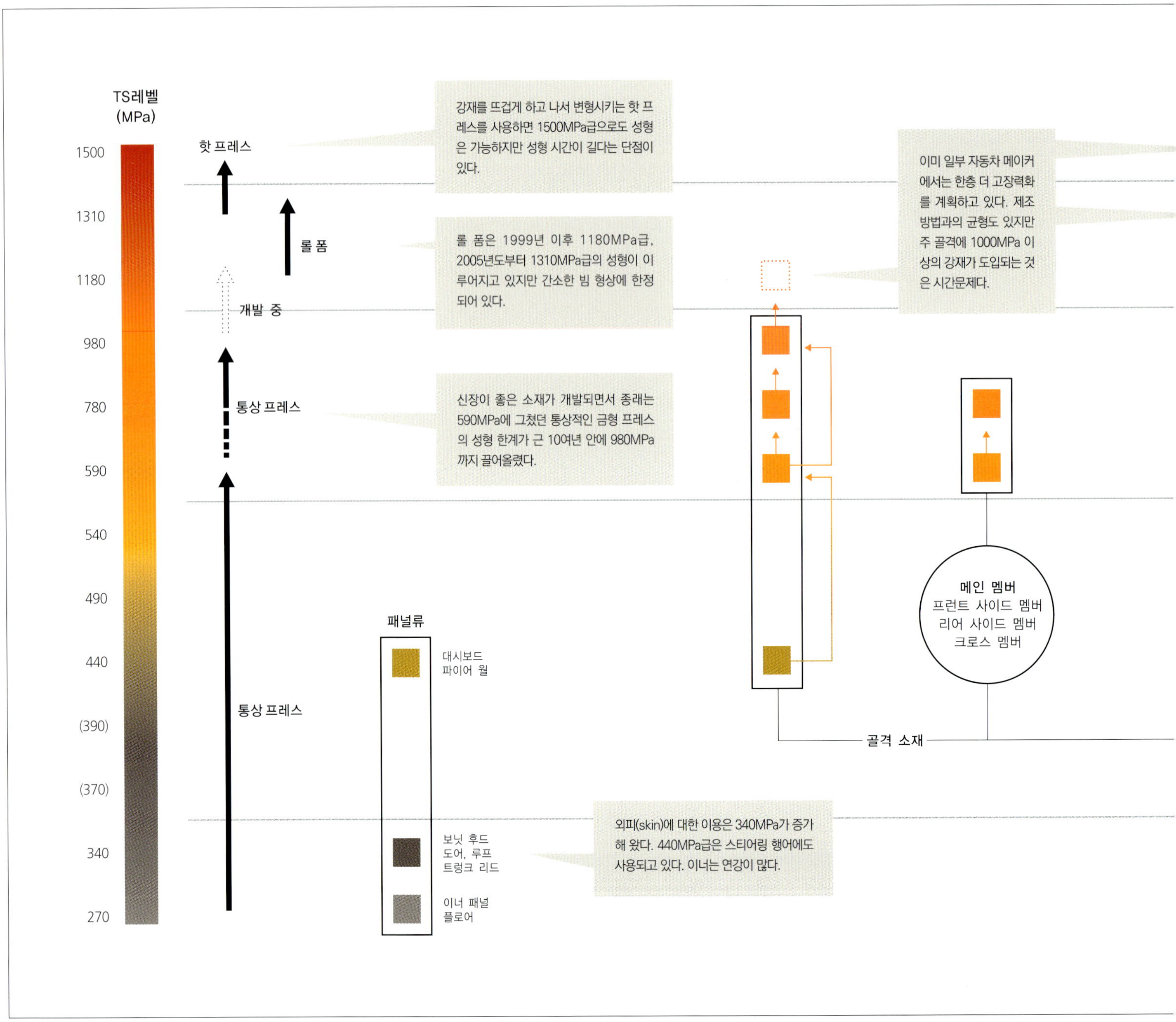

자동차 보디에 사용되는 박판 강재에는 어떤 종류가 있을까. 1990년대 전반까지는 철이 세분화되면서 같은 두께를 한 강판이라도 자동차 메이커마다 「특별 주문 스펙 제품」이 증가했지만 현재에는 철광석의 가격 상승으로 인해 자동차 메이커와 철강 메이커와의 사이에서 「강판 종류 삭감」에 대한 이야기가 이루어지고 있다고 한다. 이와 관련된 사정(事情)도 포함하여 신일본제철의 자동차 강판 영업부에 물어보았다. 지금까지의 페이지는 순철의 특성과 강의 제조 공정이었지만 드디어 테마가 목적하던 자동차용 강판으로 옮겨간다.

「판 두께로 말하면, 자동차의 보디 강판은 0.5mm부터 1.0mm까지가 0.05mm 단위로 나뉘고, 1.0mm 이상은 0.2mm 단위별로 준비된다.

판 두께는 합계 17종류이다. 여기에 제품의 규격이 15종류, 표면처리 2품종, 도금 두께가 2종류, 후처리의 방법 차이가 2종류 등등, 단순하게만 모두 합쳐도 2040 종류나 된다. 이 모두가 항상 움직이는 것은 아니지만 상품 번호는 항상 많다」

2000 품목을 넘는다는 것은 자동차용 박판의 세계가 다품종 소량 생산이라는 뜻이다. 그럼 근래에 유행하고 있는 고장력강의 경향은 어떨까. 오지마에게 들은 이야기를 바탕으로 자동차 메이커의 보디 설계의 담당부서에도 물어본 결과가 이 페이지의 표다(필자 작성).

「통상적인 금형 프레스로 성형할 수 있는 범위가 980MPa급까지 확대되면서 인장강도가 높은 것을 사용하는 경향에 있다. 물론 고장력강으로만 보디를 형성하는 것이 아니라 270MPa급의 연강도 비율로 치면 많이 사용된다. 그러나 전체적인 경향은 더 강도가 높은 품종으로 이행

하고 있다고 해도 좋을 것이다」라고 오지마는 말한다.

270MPa급은 「인장」이 좋은 극저탄소강(IF=Interstitial Free)이다. 탄소 성분의 오더는 10ppm(0.001%)이며, 보디의 각 부분에 사용된다. 340MPa급은 구워서 강도를 높인 BH(Bake Hardening)로 이것은 보닛 후드, 도어, 루프 등과 같은 「덮개」에 많이 사용된다. 440MPa급은 IF강으로서 탄소 함유량은 0.1% 오더. 그 이상인 580MPa급은 각 철강 메이커가 기술을 다투는 부분으로서 신일본제철은 DP(Dual Phase) 또는 TRIP강(Transformation Induced Plasticity/변태 유기 소성형 초고장력강)이라 불리는 프레스 성형에 뛰어난 오리지널 강을 갖고 있다. 980MPa급은 DP강이다.

고장력강의 결점은 「가공성이 나쁘고」, 「용접이 어렵다」는 것이었지만 일본의 철강 메이커는 강의 조직을 제어하는 기술을 통해 상당한 레벨까지 이 2가지를 극복해 왔다. 세계적으로 590MPa급의 아연 도금 강판이 공급에 이르게 된 배경에는 일본에서 해외로의 기술이전에 있다. 이러한 실적이 있는 만큼 자동차 메이커를 취재해 본 바로는 980MPa급의 사용 범위 확대는 틀림없을 것으로 생각이 된다. 경량화의 요구로 인해 보디 설계의 재검토가 이루어진다고 하더라도 충돌할 때 강도를 받는 부분은 초고장력강이 최적이기 때문이다. 다만, 현 상태에서는 980MPa급의 통상적 금형 프레스는 성형의 자유도가 낮다. 구미에서는 이 레벨의 초고장력강을 핫 프레스나 롤 폼으로 성형 대응하고 있지만 현재 보유한 설비의 유용이나 택 타임(takt time)을 중시하는 일본은 상당히 특수한 시장이라고 할 수 있다.

「980MPa급의 사용이 확대되는 경향은 있다. 문제는 성형과 접합을 어떻게 할 것인가에 있다. 스폿 용접이 아니라 접착이나 레이저 용접을 선택할지 혹은 성형에서는 강판을 뜨겁게 하고나서 성형하는 핫 프레스 범위에 넣을 것인가. 바뀐다고 한다면 언제 어떤 타이밍에서 점프할 것인가. 그런 생산 사이드의 요건이 강판 수요를 좌우한다」고 오지마는 말한다.

스폿 용접으로 판 두께가 다른 780MPa급과 590MPa급에 연강인 240MPa급까지 3개를 맞춰서 고정하는 보디의 용접은 이미 실행 중에 있다. 스폿 용접이 쉬운 강판을 철강 메이커가 공급하고 있다는 것이 배경에 있다. 장래에 접합하는 방법이 바뀐다고 해도 일본의 철강 메이커가 대응해 줄 것인가. 오지마는 「이미 자동차 메이커와의 사이에서 여러 가지 연구가 이루어지고 있긴 하지만 980MPa 이상의 영역에서 과거의 강재 개발에서 얻은 자산은 사용할 수 없을 것이다」라고 한다. 이미 부분적으로는 1500MPa까지 자동차 메이커는 범위에 넣고 있다.

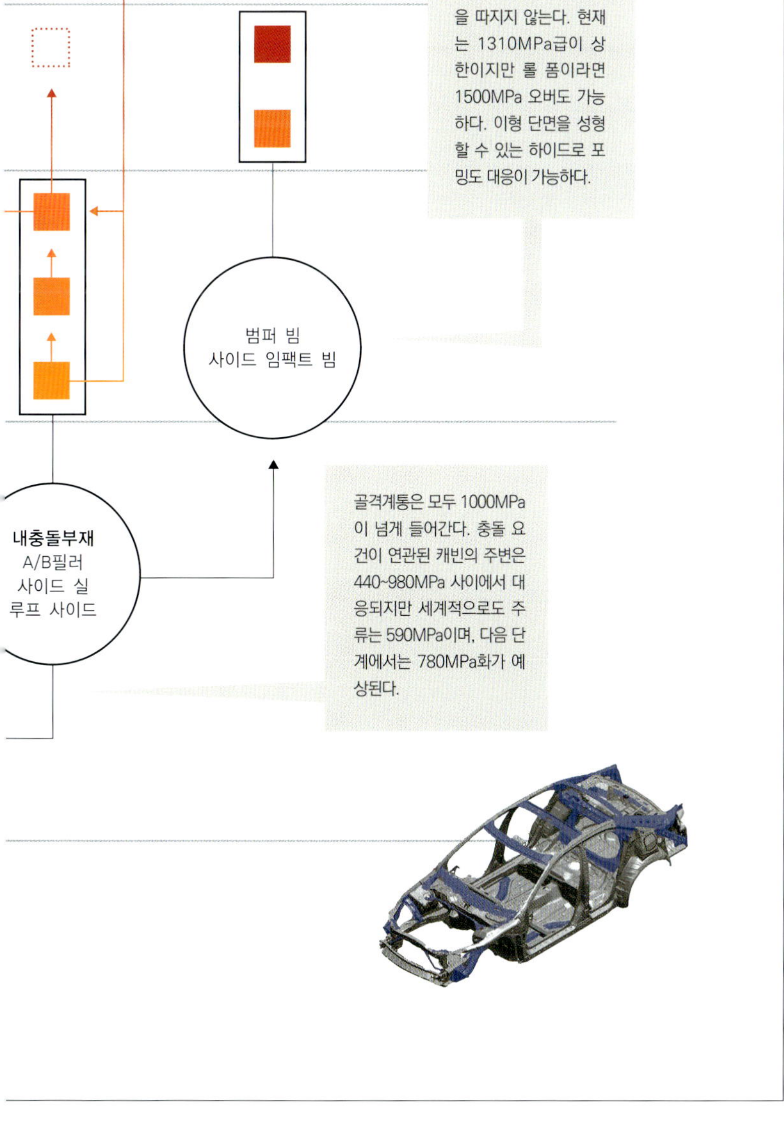

오지마 야스지

신일본제철주식회사
자동차 강판 영업부
자동차 강판 상품기술 그룹
매니저

나카시마 유키

도요타자동차
제2승용차센터
제품기획 치프엔지니어

이마이즈미 가즈히토

도요타자동차
제2승용차센터
제품기획주간

EU(유럽연합)는 벌금을 부과하는 CO_2(이산화탄소) 배출규제의 도입을 2012년부터 도입하고 있다. 평균 CO_2 배출량이 1km당 130g 이하가 되어야 한다. 차량중량이 1350kg 이상인 모델에 대해서는 집행 유예기간이 주어지지만 이 때문에 엔진의 배기량과 차량중량이 「더 작은」 모델로 자동차 수요가 이동하고 있다. 즉, 자동차의 보디 자체가 「점점 작아진다」는 뜻이다.

도요타가 2008년 10월에 발표한 「iQ」는 이러한 장래의 트렌드를 간파한 상품이다. 새로 개발한 플랫폼(기본 골격)으로서 3기통 10ℓ 가솔린 엔진의 사양과 4기통 1.4ℓ 터보 디젤 엔진, 4기통 1.3ℓ 등이 있다. EU 사양의 우측 핸들 1.0은 MT에 CO_2 배출량 99g/km(차량중량 880kg), CVT로는 110g(차량중량 890kg). 독일사양인 DPF 장착 1.4ℓ 터보 디젤 엔진 6MT 좌측 핸들은 104g이다.

iQ의 골격 설계에 대해서는 이전에도 다루었지만 이번에는 치프 엔지니어를 역임한 나카시마 유키와 제품기획 주간인 이마이즈미 가즈히토와의 인터뷰를 중심으로 정리하였다. 테마는 「소재와 골격과 개발현장」이다. 도요타가 제공한 자료를 보면 iQ에는 특수한 소재가 전혀 사용되지 않았다는 것을 알 수 있다. 엔진에 디퍼렌셜을 반전시켜 탑재방향을 바꾸거나 헤드램프나 에어컨, 연료탱크 등은 소형경량으로 설계하여 탑재하고 있지만 막상 보디에 한정하면 매우 심플한 설계를 하고 있다. 그 진의를 물어보았다.

「먼저 소형차이기 때문에 비용의 절약은 매우 큰 부분이다. 값이 늘어날 특별한 소재를 사용할 수 없고 생산 설비도 현재 보유한 것을 사용하는 것이 대전제가 된다. 생산라인 이야기를 하자면, 센터 테이크오프형 스티어링 랙을 사용함으로서 전용의 지그가 필요 없게 되었을 정도이며, 다음은 전장 3m의 짧은 보디를 라인 위에 매달아 놓기 위해 행어를 강구한 정도다」

역시나 해외생산 전개를 염두에 두고 설계에 반영했다는 의미다.

「iQ만 그렇다는 것이 아니라, 세계 각지에 싸면서 고품질인 소형자동차를 제공하는 것은 설계의 전제가 되고 있다. 기술적으로는 가장 효율이 좋은 보디의 제작 방법도 있을 것이고 그런 연구는 사내에서 이루어지고 있지만 현재 보유한 생산 설비 안에서 해결해야 한다면 소재는 극히 일반적인 것을 사용해야 한다. 접합도 접착이나 레이저 용접이 아니라 도요타의 표준 설비로 도입되어 있는 스폿 용접으로 특화하지 않으면 안 된다. 애초부터 FF 레이아웃으로 한 이유도 생산 설비를 바꾸지 않기 위해서이다」

스마트는 RR(리어 엔진, 리어 드라이브)이다. 반면에 iQ는 FF. 도요타가 현재 보유한 설비로 대량 생산하는 모델이라면 FF가 타당하다.

「프런트 타이어 직경 안에 엔진과 트랜스미션을 집어넣기 위해 디퍼렌셜을 반전시키는 방법은 어떤 식으로든 FF 컴팩트 카의 다운사이징화라는 파도가 닥쳤을 때 사용하리라 생각하고 있었다. 과거에도 예가 있어서 새로운 방법은 아니지만 엔진 구역을 최소화하기에는 유리한다. 투자는 늘어나지만 다행히 iQ는 엔진과 트랜스미션을 포함하여 신규로 개발할 수 있는 기회였다. 이 방법은 엔진 블록의 크기부터 생각해 C세그먼트의 아래쪽까지 사용할 수 있다. iQ 이외에도 비츠 사이즈의 7인승과 공간이 큰 모델을 생각했었지만 최초로 적용한 것이 iQ다. 이 크기로 정확히 플랫폼을 만들어 낼 수 있다면 다음은 휠베이스가 길어도 또는 차고가 높아도 괜찮다」

보디 설계에서는 프런트 멤버 등의 골재를 직선화하여 보기에도 깔끔하게 정리된 형태가 되도록 강구했다고 한다. 나카시마 CE는 「미인 플랫폼」이라고 한다.

「예전 자동차는 사이드 멤버가 완전 직선이었다. 그러던 것이 점점 엔진이나 섀시의 부품을 피해서 구부러진 형태가 되었다. 그래도 자동차는 성립되었지만, 보디가 작은 자동

Steel
Auto
BODY Chapter **4**

Steel Auto Body 최신 사례 ―― **Toyota iQ**

전 세계에서 입수 가능한 강재를
기존 생산 설비 안에서 활용하는 보디설계

일본에서만 손에 넣을 수 있는 특수한 자동차용 박판은 많다.
전 세계에서 생산을 전개하는 자동차 메이커에게 있어서 이것은 하나의 걸림돌이다.
생산 지역마다 도면을 다시 그리던가 아니면 세계 공통사양으로 하던가.
도요타가 「iQ」로 후자를 선태한 점이 흥미롭다.

본문 & 사진 : 마키노 시게오(Shigeo MAKINO)
일러스트 : 도요타(TOYOTA)

차에 있어서 최적인가 하면 그렇지 않다는 것이다. 비츠보다 작은 사이즈까지 커버하려고 한다면 거기에는 다른 최적의 해법이 있을 것이고 자연히 설계는 바뀐다.」

아래 사진에서 노란 선으로 둘러싸인 부분이 고장력 강판을 사용한 부위이며, 아마도 440이나 590MPa로 생각이 된다. 시판하는 차량은 골격 소재에 780MPa 소재가 사용되기 시작하였지만 iQ는 590MPa를 상한으로 하고 있다. 사이드 멤버 등 주요 골격을 직선화하면 590MPa로 충분하다는 생각일 것이다.

「예를 들면 엔진 컴파트먼트 안에 사용하는 강재의 판 두께는 0.8mm부터 1.0mm까지 0.1mm 단위가 있다. 1.2mm나 1.2mm 이상이 되면 자동적으로 고장력강이 되며, 위로는 2.0mm 두께까지 0.2mm 단위로 사용한다. 극히 일반적인 강재이다. 단면을 개선하면 780MPa는 사용하지 않아도 된다. 이전에는 GA(합금화 용융아연 도금)강판은 일본에서 밖에 입수하지 못했지만 일본의 철강 메이커가 해외에 기술을 공여한 덕택으로 현재는 590MPa의 GA도 구할 수 있다. 이것이 있으면 80~90%는 OK다. 다음은 설계만 개선하면 된다. 멤버의 빔은 980MPa 소재이지만 이것은 애드온(add-on) 부품이기 때문에 문제는 없다. 보디는 용접의 요건으로 얽혀 있어서 생산라인과 세트로 생각해야 한다. 때문에 어려운 재료는 사용할 수 없다. 전 세계에서의 생산을 생각하면 현재 상태에서는 590MPa GA 강판까지이다」

도요타의 글로벌 모델은 현재 일본에서만 구할 수 있는 소재를 거의 사용하지 않고 있다. 현행 카롤라까지만 보면 전 세계의 생산에 있어서 보디의 글로벌 설계가 정착되어 있다. 만들기 쉬워야 한다는 생각이 첫 번째인 때문이다. 그런 가운데 강판 종류의 삭감도 이루어지고 있어서 특별 주문의 강판은 서서히 줄어들고 있다고 한다. 「설계 쪽의 주장이 통했던 시대는 만들기 까다롭던, 소재의 가격이 조금 비싸던 상관없이 그것을 밀어붙였다.

그러나 현재는 다르다」고 나카시마 CE는 말한다. 또한, 780MPa 소재가 골격으로 들어온 현재의 경향에 대해서도 약간 깨인 견해를 하고 있다.

「고장력강을 사용하여 판의 두께를 얇게 할 수 있는 것은 강도의 세계이지, 보디의 강성을 확보하려면 역시 판의 두께가 필요하다. iQ에서는 멤버를 똑바로 지나게 하는 구부러지지 않은 골격구조를 함으로서 고장력강을 쉽게 사용하는 것을 생각하였다. 보디 골격에는 반드시 어딘가에 약점이 있어서 구부러진 부분이 있다. 그 장소의 단면 하나로 강성과 강도가 결정된다. 때문에 구부러지지 않는 설계를 하기로 마음을 먹었다」

차량중량이 가벼운 iQ는 규범이 되는 표준 상 정면충돌의 대책은 유리하다. 정면 옵셋 충돌시험은 거의 동급 중량의 차량들끼리 비스듬히 충돌하는 것을 상정한 것으로서 차량중량이 가벼우면 보디가 흡수해야할 에너지양이 줄어든다. 그러나 충돌할 때의 생존 공간의 확보를 위해서는 보디 안에서「찌그러져야 할 장소」와「찌그러져서는 안되는 장소」의 역할 분담을 명확하게 할 필요가 있기 때문에 엔진 컴파트먼트가 극단적으로 짧은 iQ는 그것이 어려울 것이다.

충돌 시뮬레이션 데이터는 없지만, 플로어 주변의 설계는 흥미롭다. 직선으로 된 프런트 사이드 멤버는 고장력강의 제품이라 충돌의 입력은 그대로 플로어로 전달된다. 그러나 같은 고장력강을 사용하는 사이드 실과는 고장력강의 부재들을 연결하지 않고 있다. 우측 끝의 프런트 사이드 멤버가 받은 입력을 스트럿 타워 방향으로도 전달되도록 하고 높은 위치에 배치한 스티어링 타이로드까지 사용하여 반대쪽으로 가게 하는 설계로 여겨진다. 파이어 월에는 엔진의 실내 침입을 가로막는 횡단 소재가 있는데 이 단면의 형상도 적합하다고 생각하게 한다.

「조종 안정성을 좌우하는 강성은 카울 톱의 설계가 포인트이다. 이 부분은 연강 1개의 프레스 성형이다. 그 밑으로 좌우의 스트럿 타워를 연결하는 패널이 있지만 이 2개는 폐쇄의 단면이 아니다. 스트럿 타워는 톱 패널이 고장력강이다. 상하의 압력이나 좌우의 흔들림까지 포함하여 스트럿 타워가 받는 힘을 보디의 전체에서 흡수하도록 하였다. 단단하게만 고정하는 것이 조종 안정성에 있어서 베스트는 아니라고 생각한다.」

iQ에서는 높은 위치에 있는 스티어링 타이로드 때문에 스트럿 타워에 관통 구멍이 있을 뿐만 아니라 A필러가 시작되는 펜더 에이프런은 그 전방에 헤드램프를 수용하기 위해 짧고 그 하부의 프런트 사이드 멤버와는 연강으로 연결되어 있다.

「조종 안정성의 향상에는 이것이다 하는 정답이 없다. 스트럿 타워 바는 인장으로 좌우의 강성을 보완하는 것이지만 iQ에서는 국부의 강성이 아니라 전체로 보고 있다. 세상에는 국부의 강성은 분명하게 낮은데 부드럽고 조정 안정성이 좋은 자동차가 있다. 요는 데이터에 나타나지 않는 부분이 중요하다. 보디의 강성을 측정하는 것만 보더라도 실제로 타이어를 장착하고 측정하는 것이 아니라 보디의 어딘가를 고정점으로 하고 있을 뿐이다. 시작차를 만들고, 그래서 시행착오를 되풀이하는 것 말고는 조정 안정성을 향상시킬 수단이 없다」

이렇게 이야기가 되면 나카시마 CE의 주장이 명확해진다.「CAE로 하더라도 그것은 지금까지의 실적 데이터를 토대로 예측만 하는 것이지 iQ와 같이 새로 개발한 초소형자동차에 지금까지의 법칙이 그대로 적용될지 어떨지는 모른다. 종래 기술의 연장선상에서 예측하는 CAE는 완전 새로운 것에는 사용할 수 없을 것이다. 때문에 개발현장에서는 먼저 물건을 만드는 것이 중요하지 CAE로 한 번에 간다는 식의 방법은 적합하지 않다. 형태로 말하자면 좋은 부분이든 나쁜 부분이든 점점 드러난다.」라는 말은 현재의 개발 프로세스에 대한 불만 때문일까. 크게 공감이 가는 부분이기도 하고 동시에「초대 에스티마의 패키지와 주행 성능에 감동하였다. 그런 자동차를 만들고 싶었다.」라는 말을 듣고는 iQ에 쏟은 개발팀의 열정을 맛 본 것 같은 기분이 들었다.

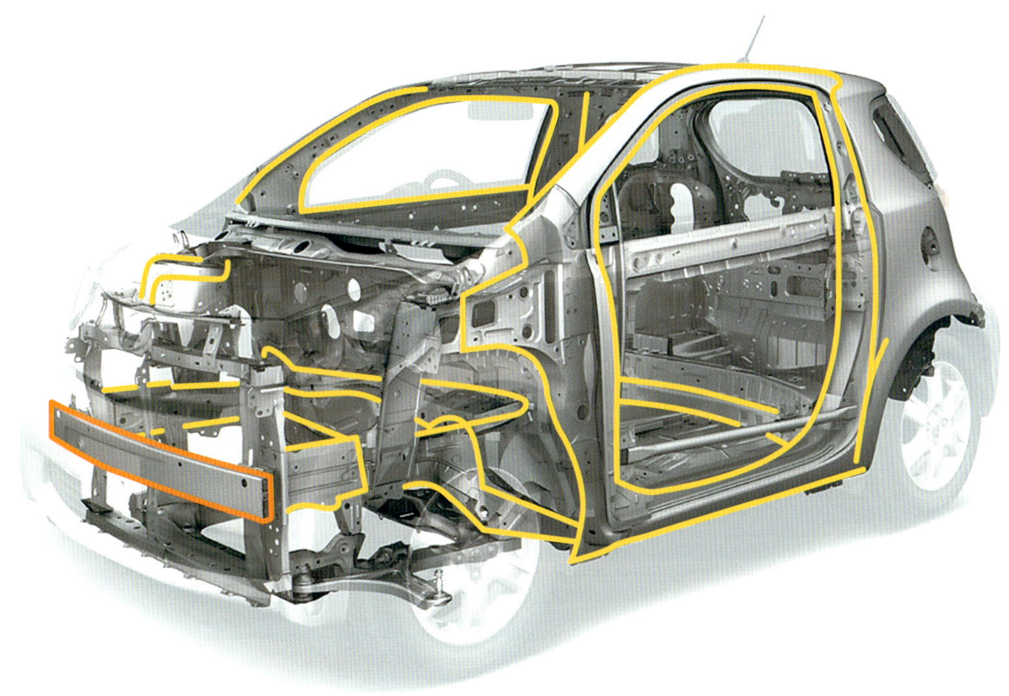

오렌지색으로 둘러싸인 부분이 980MPa, 황색으로 둘러싸인 부분은 590MPa 및 440MPa의 고장력강이다. 플로어 면은 사이드 멤버의 연장부분을 빼고는 연강이다. 횡 방향은 리어 휠 아치 직전 및 프런트 시트 밑의 횡단 소재가 고장력강이다. 센터 플로어의 볼록(凸) 부분은 톱에 고장력강이 붙어 있다. 전체적으로는 적은 편이라고 할 수 있다.

Steel Auto Body 최신 사례 ——— **for Vehicle Dynamics**

「고강성」만으로는 얻을 수 없는
드라이버가 느끼는 「주행」에 대한 느낌

보디 설계 기술의 진보로 인해 현재의 모노코크 승용자동차는 예전과는 비교가 되지 않을 정도로 높은 강성을 얻었다.
그러나 무턱대고 강성을 높이기만 한다고 좋은 것은 아닌 것 같다. 보디의 강성과 주행하는 「느낌(質感)」과의 관계는 아직 해명되지 않은 부분이 많기 때문이다.

본문 : 마키노 시게오(Shigeo MAKINO)
사진 & 일러스트 : 닛산(NISSAN) / 마키노 시게오

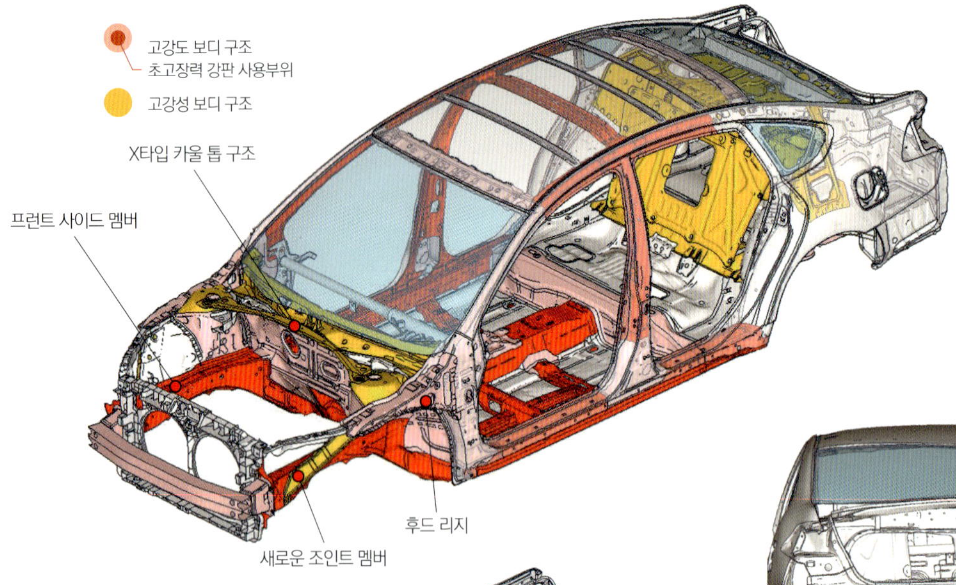

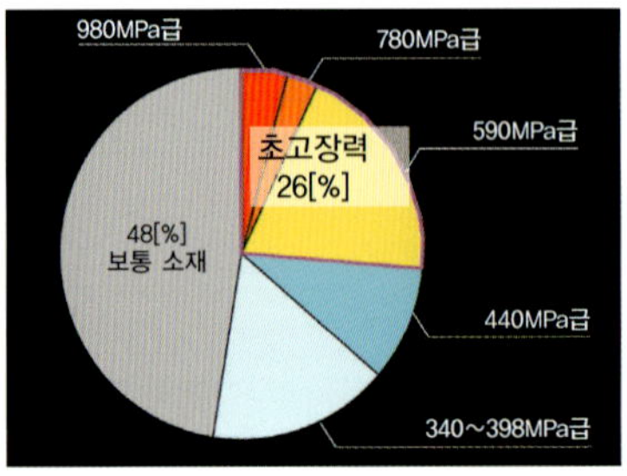

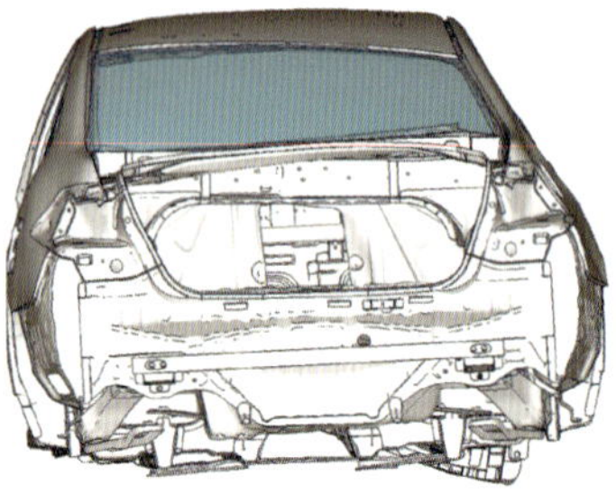

왼쪽 3개의 그림은 차선을 변경할 때에 보디가 어떻게 변형하는지를 실제의 500배로 강조한 시뮬레이션이다. 강으로 만든 보디도 주행 중에 받는 다양한 힘에 의해 변형하는 것을 알 수 있다. 이 변형을 억제할 수는 없다. 오히려 「휘는 것」을 잘 이용해야 하는데 티아나의 보디 설계에서도 그런 의도를 파악할 수 있다.

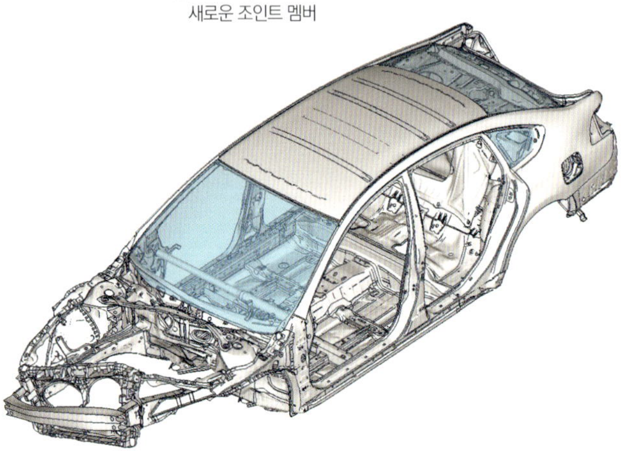

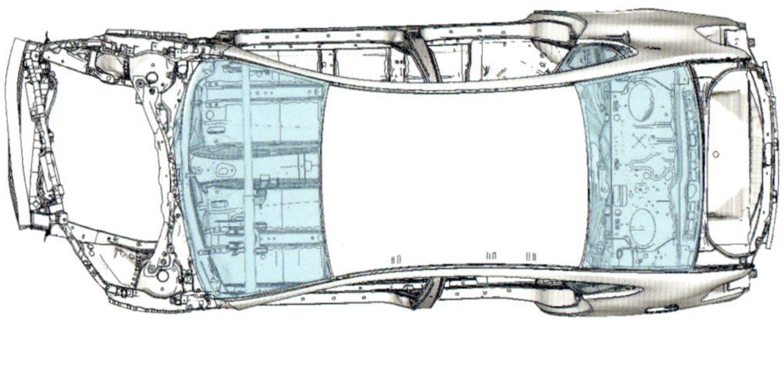

초고장력강과 연강의 균형을 유지하면서 조종 안정성과 쾌적성을 향상.

주행하고, 선회하고, 정지하는 성능에 영향을 끼치는 것이 보디의 강성이다. 강성이란 외력에 대하여 「잘 변형되지 않는 성질」로서 자동차 보디의 경우 「굽힘」과 「비틀림」의 2가지로 말할 수 있다.

위 3가지 CG는 닛산 티아나가 차선을 변경하였을 때 보디에 어떤 힘이 가해져 그러한 변형이 일어나는지를 실제의 500배로 확대한 시뮬레이션이다. 드라이버가 스티

어링을 조작하여 타이어에 사이드슬립 각이 가해지면 트레드에 코너링 포스(횡방향의 힘)가 발생하면서 조향 바퀴인 전륜이 방향을 바꾼다. 그것이 캐빈에 전해지면 요잉 모멘트(루프 꼭대기에 핀을 꽂았을 때 그 핀 주변에 작동하는 회전방향의 힘)가 발생함으로서 차량의 중심선에 나란하게 장착되어 있는 후륜에 코너링 포스가 전해진다. 이때 엔진 컴파트먼트 부분의 횡방향 굽힘 강성이 낮으면 응

답의 지연이 커질 뿐만 아니라 차선을 변경하고 나서 직진으로 자리를 잡을 때의 「수습」도 나빠진다. 그래서 프런트 부분의 횡(橫) 굽힘 강성의 향상이 요구된다.

티아나의 보디 설계에 있어서는 프런트 글라스 하단의 카울 톱과 그 중앙에서 좌우 댐퍼의 정상부분을 연결하는 라인으로 「X」문자를 그리듯이 X타입 카울 톱 구조가 사용되었다.

티아나의 보디 설계를 담당한 PV 제2제품 개발부 차체 부품·설계 그룹의 하치시카 노구미 주간이 폴리카보네이트 제품의 스케일 모델을 갖고 와 보여주었다. 원치수에 충실하게 축소되어 있어서 스폿 용접의 타점도 실제 보디와 똑같다. 「이 모형을 손에 들고 구부려 보면 구형에 비해 강성이 높아졌다는 것을 체감할 수 있다」고 한다. 엄밀하게는 좌측에 핸들이 배치된 알티마 모델이지만 티아나와 골격이 거의 똑같다. 상당히 고가의 모형이기 때문에 많이 만들지는 않는다고 한다.

테일러드 블랭크에 의한 복합 판의 두께 구조(複合板厚構造)

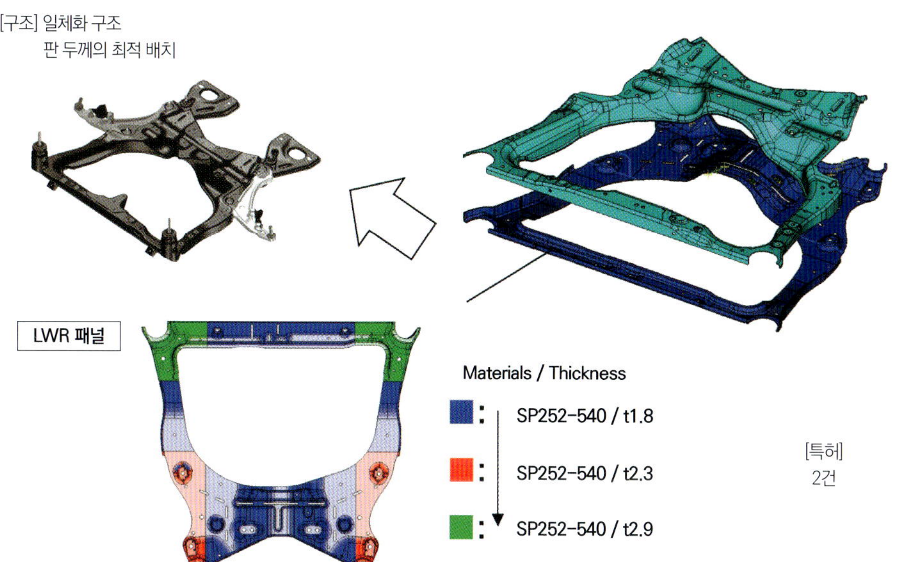

프런트 부분은 사이드 멤버뿐만 아니라 서브 프레임도 테일러드 블랭크화 되어 있다. 색으로 분류된 부분은 모두 540MPa 소재이지만 판 두께는 짙은 청색이 1.8mm, 적색이 2.3mm, 녹색이 2.9mm이다. 이와 같은 가공이 가능해진 것도 충돌 안정성 향상에 크게 도움이 되었다.

나아가 A필러가 시작되는 곳에서 좌우 펜더로 연결되는 삼각 코너 부분에 배치되는 후드 리지의 앞 끝부분에는 좌우 프런트 사이드 멤버 쪽으로 비스듬하게 연속되는 새로운 조인트 멤버를 휠 아치의 전방에 설치하였다. 각각의 부재는 보디 전체의 움직임 속에서 최적의 균형을 이루도록 설계되었다.

이러한 구조가 효과를 나타내어 프런트의 굽힘 강성은 85%가, 비틀림 강성에서는 40%가 각각 구형의 모델에 비하여 향상되었다고 한다. 보디의 전체에 사용되는 강판의 종류는 왼쪽 페이지 우측위 원 그래프와 같은데 X카울 톱 구조, 새로운 조인트 멤버, 후드 리지 모두 초고장력강이다. 충돌의 충격을 받는 프런트 사이드 멤버를 포함하여 고장력강의 강도 레벨이 구형의 모델보다 한 단계 올라가 있다.

성형성(成型性)의 문제를 극복하면서(당연히 철강 메이커의 서포트가 있다) 초고장력강을 적극적으로 사용하고 있는데 그 목적이 충돌할 때 보디의 변형을 억제하는 것뿐만 아니라 조종 안정성이나 승차감, 심지어는 진동의 모드를 포함한 쾌적성까지라는 점이 흥미롭다. 연강을 사용하는 부분과의 균형을 살펴가면서 운전자나 동승자가 느끼는 쾌적성이나 주행 감각은 최종적으로 시작차를 통한 시범주행에 의해 튜닝이 되었다.

한편, 보디를 옆에서 봤을 때의 세로(縱)방향의 굽힘 강성에 대해서는 노면으로부터의 입력을 직접 받는 앞뒤 댐퍼의 정상부위로 진동이 발생되지 않도록 이곳이 세로방향 굽힘 모드의 「매듭」이 되도록 모드를 컨트롤 하였다. 앞뒤 쇽업소버의 정점을 잇는 라인은 세로방향 굽힘의 발생에 의해 「∪」「∩」가 되어 보디를 젖히는 움직임이 발생하지만 댐퍼의 위치에서는 진동이 발생되지 않는 설계를 하고 있다.

이러한 설계가 가능한 배경에는 시뮬레이션 기술의 진보가 있다. 또한 닛산에서는 실제의 보디 구조를 충실하게 재현하는 폴리카보네이트 제품의 스케일 모델을 제작하는 경우가 많은데 컴퓨터 화면 상에서가 아니라 실제로 손으로 만져서 확인하는 것이 가져다주는 효과는 클 것이다.

프런트 부분의 내충돌 구조는 서스펜션의 로어 암과 엔진 마운트, 스티어링 랙을 고정하는 서브 프레임을 540MPa의 초고장력강으로 판의 두께를 바꾸는 테일러드 블랭크에 의해 만들어지고 있다. 아무리 고장력강이라 하더라도 강성을 높이기 위해서는 판의 두께가 필요하다. 얇은 고장력강은 강도에는 효과가 있지만 강성에는 기여하지 않는다. 강성은 두꺼운 연강을 사용함으로서 얻는 것이 일반적이다. 티아나의 프런트 서브 프레임은 지지하는 소재인 동시에 정면으로 충돌할 때에는 충격 흡수에도 이용된다. 그 때문에 각 부분마다 판의 두께를 바꿈으로서 강도뿐만 아니라 강성적인 측면으로도 배려하고 있다.

티아나에 사용된 새로운 D플랫폼은 북미 전용 모델인 알티마, 맥시마 및 무라노에 각각 적용되고 있는데 플랫폼으로서의 총 생산대수가 많았기 때문에 손이 많이 가는 개발이 가능했던 것은 아닐까. 또한 티아나만 한정해서 말하자면 지금껏 일본보다도 중국이 메인 시장이어서 중국의 현지에서 생산되고 있다. 악로(惡路)가 많은 중국을 시작차로 달려보는 것도 마무리하는데 효과적일 것이다. 중국에서의 티아나는 고급자동차에 속하는데 오너가 뒷자리에 앉는 경우도 많다. 뒷자리의 거주공간과 뒷자리에서 느끼는 보디의 「흔들림」은 중국시장의 요구였던 것이 아닌가 하고도 느껴진다. 보디 전체로 보자면 고장력강을 스폿 용접으로 모두 사용한다는 일본적 설계의 가장 새로운 형태로 여겨진다.

또 한 가지의 특징이라면, 티아나의 화이트 보디에는 부분보강을 위한 패치워크(patchwork)가 적다는 것이다. 신규로 개발한 플랫폼으로서의 순수한 골격을 정성 들여 설계한 결과일까. 패치워크의 중량이 무겁지 않다는 것을 생각하면 분할이 큰 패널을 중심으로 마무리하는 심플한 보디 셸 효과는 설계자의 상상 폭을 넓혀주는 재료로도 쓰일 것 같은 느낌이 든다. 향후의 마이너 체인지에서도 강성이나 강도를 위한 부분보강을 하지 않아도 될 만큼의 결론을 기대해 본다.

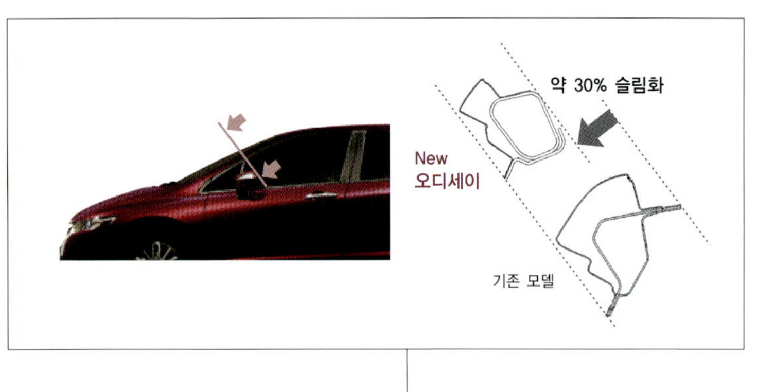

오디세이는 하이드로 포밍(forming)으로 만들어진 파이프를 A필러로 사용하고 있다. 루프 사이드의 스티프너(stiffener) 쪽과 A필러 근원의 스티프너 쪽 사이에 성형 파이프 재료를 대고 아크 용접을 한다. 강도를 떨어뜨리지 않고 필러를 가늘게 만들 수 있었다. 종래의 구조는 판의 두께가 다른 프레스 재료를 3개 합쳐서 용접했었다. 가장 얇은 외판이 데미지를 입지 않도록 용접하려면 연구가 필요하지만 파이프 재료로 바꿔 아크 용접을 하는 편이 만들기 쉬울 것으로도 생각된다. 한쪽 면 스폿 용접도 사용되고 있지만 아직 3개를 합치는 것은 무리인 것 같다.

Steel Auto BODY | Chapter 4

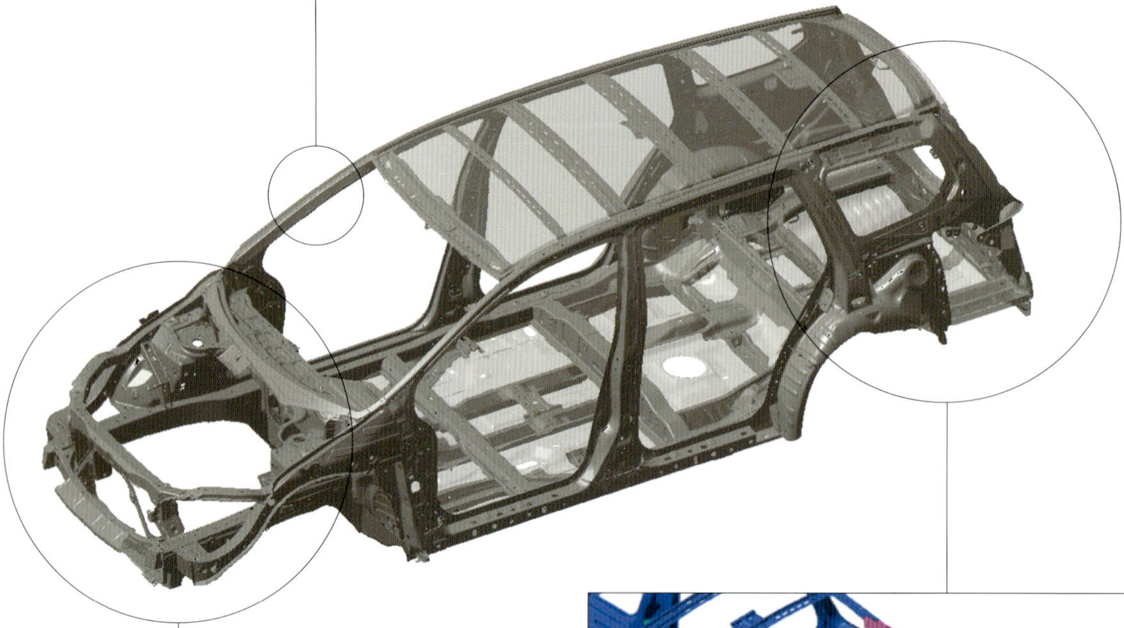

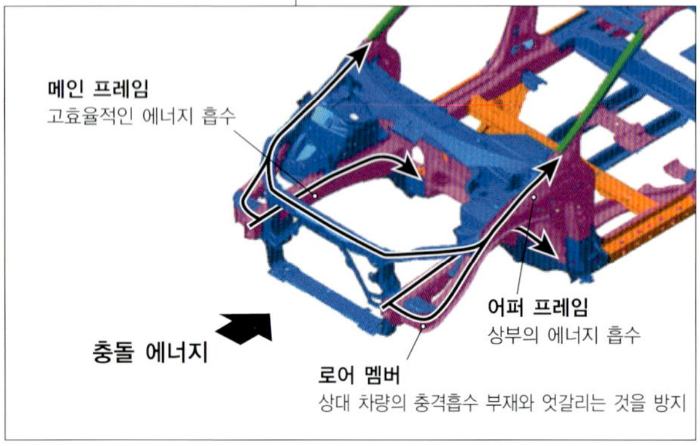

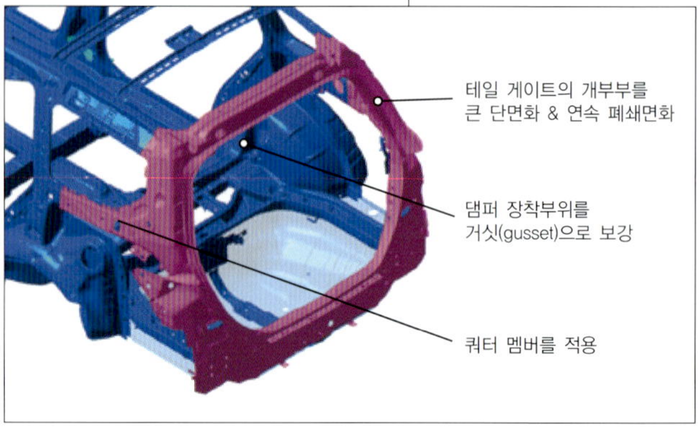

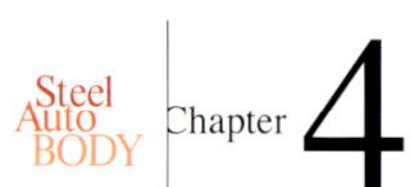

Steel Auto Body 최신 사례 —— for Safety

탑승객 보호와의 트레이드오프를 최소한으로 줄이기 위한 보디 설계

충돌 에너지를 얼마나 많이 흡수하느냐가 안전보디에 있어서의 큰 테마이다. 그런 한편으로 충돌안전 대책에 관한 진전이 보디 중량의 증가 원인으로 작용하는 마이너스 측면이 들어났다. 가볍고 강도가 높은 보디에 대한 새로운 도전이 요구되고 있다.

본문 : 마키노 시게오(Shigeo MAKINO)
사진&일러스트 : 혼다(HONDA) / 볼보(VOLVO)

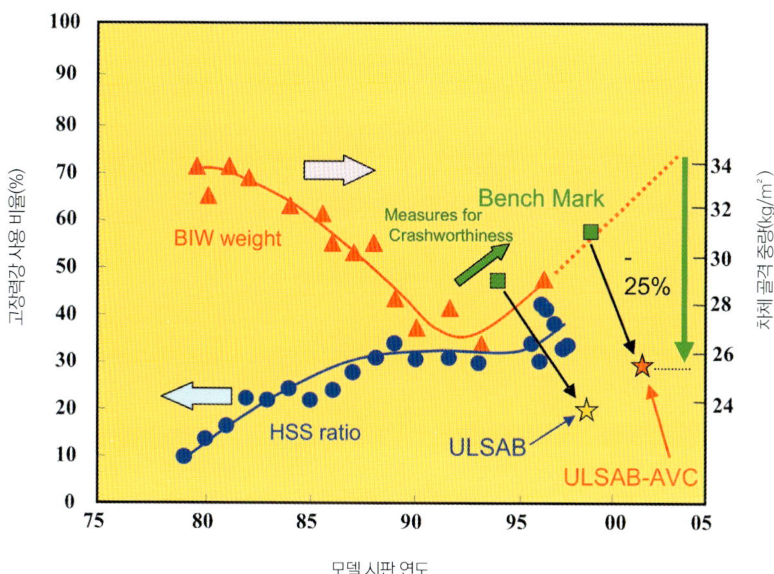

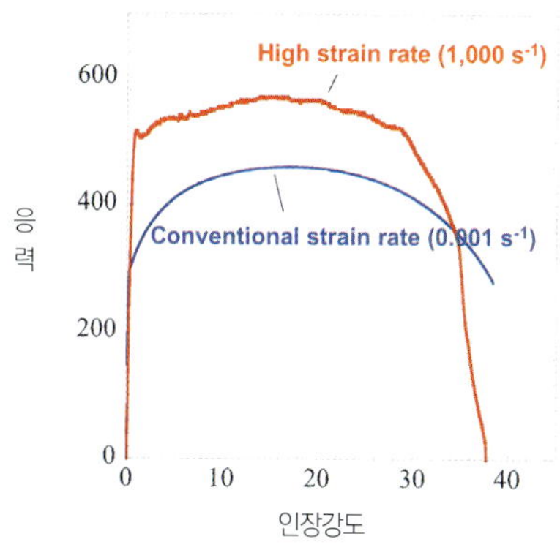

고속으로 충돌할 때 강은 에너지의 흡수 능력이 높다. 라는 데이터이다. 이 「변형도의 속도 의존성」은 알루미늄 계통에는 없는 특성이다.

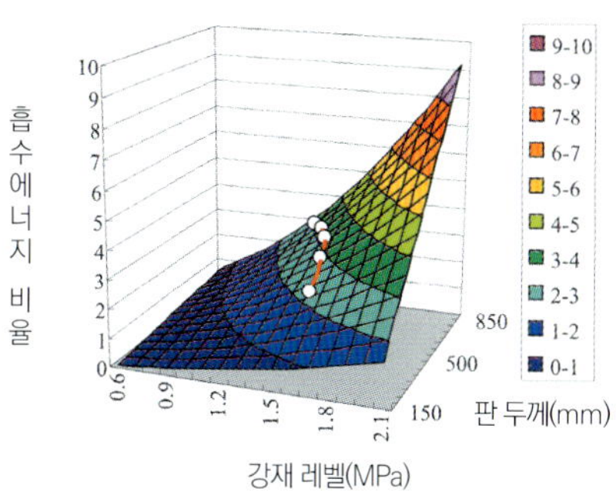

판 두께와 가공경화의 이상한 관계. 어느 변형 이상에서는 판 두께 감소의 영향이 가공경화 효과를 웃돌면서 흡수 에너지가 감소한다. 그래프 속의 플롯은 1.6mm 두께 590MPa급 강판이다.

위 그래프에서 연도와 함께 투영면적당 화이트 보디(BIW = Body In White)에 대한 고장력강(HSS) 사용률이 상승하고 있다는 것을 알 수 있다. 1990년대 전반까지 계속해서 줄어들었던 골격의 중량이 충돌안전 규준(canon) 강화로 인해 상승으로 전환되었다. 「이러한 상태로는 점점 무거워진다」라는 위기감이 세계의 주요 철강 메이커가 참여한 1994~1998년의 ULSAB(Ultra Light Steel Auto Body) 프로젝트를 낳게 되며, 나아가 1990년의 ULSAB-AVC(Advanced Vehicle Concept)로 계승되지만 그때까지의 성과가 아직 시판차의 레벨에는 이르지 못한다.

그래프 출처 : 신일본제철철강연구소 가공기술연구개발센터

안전성을 위해 연비나 조종 안정성, 운전시야가 제한되는 현상

충돌 안전성 추구라고 하는 테마는 보디 중량의 증가를 용인함으로써 달성되었다. 강도가 요구되는 부분에는 고장력강을 이용함으로서 판의 두께를 삭감하는 효과를 얻고 있기는 하지만 근 10년 정도는 차량중량이 증가하는 추세에 있다. 「어딘가에서 브레이크를 걸지 않으면」하는 생각은 엔지니어에게 공통된 것이지만 양산 자동차에는 비용적인 제약도 있다.

혼다 오디세이에서는 충돌대책으로 비대화된 부분을 개량하려는 시도가 몇 가지 있었기 때문에 소개할까 한다. 먼저 A필러를 980MPa급 소재를 사용한 하이드로 포밍으로 성형하였다는 점을 들 수 있다. 단면의 형상을 결정하기 위한 「외측 형상뿐인 금형」안에 파이프 소재를 넣고 내부에 고수압(高水壓)을 겲으로서 파이프를 금형 형상으로 성형하는 방법이다. 종래에 비해 A필러의 단면적을 30%나 줄였다. A필러의 경사각이 큰데도 불구하고 서브 A필러가 필요 없기 때문에 시야가 크게 개선되어 있다.

프런트 주변에서는 앞면 충돌 시의 에너지를 플로어 쪽에 분산시키려는 의도를 알 수 있다. 라디에이터 서포트까지 크게 변형될 경우에는 A필러 방향으로의 분산도 이용하지만 파이어 월에서 바닥면 방향으로의 부하 경로(load path)가 메인이라고 생각된다. 리어 주변에서는 테일 게이트 개구부를 연속적인 폐단면으로 만들어 후방충돌의 충격을 C필러 방향으로 보내는 쿼터 멤버가 추가되었다. 후륜 바로 위로 횡단 소재를 설치할 수 없는 왜건 타입의 결점을 리어 주변에서 보완하겠다는 설계다. 보디 전체적으로는 고장력강의 사용 비율이 50%까지 올라갔다.

비용적인 제약이 없으면 알루미늄 합금을 사용하는 방법도 있다. BMW 5시리즈의 프런트 섹션을 알루미늄 주체로 설계하고 있는데 사용되는 알루미늄의 중량은 30.4kg으로

서 만약 이것을 철로 바꿔 같은 성능을 얻으려 했을 경우에는 37.5kg이 된다는 데이터가 있다. 경량화의 효과는 크다. 그러나 강으로 바꾸면 비용은 약 40%가 낮아진다. 재료를 바꾸는데 있어서는 비용이 발생한다는 사례라 할 수 있다.

다만, 프런트 사이드 멤버와 같이 큰 충돌 에너지를 흡수해야 하는 부위에서는 강의 장점을 살릴 수 있다는 실험 데이터가 있다. 신일본제철연구소 가공기술연구개발센터에 의한 우측 상단의 그래프는 440MPa 소재를 통상(Conventional)의 인장시험에 걸었을 경우와 자동차가 충돌할 때 발생하는 동적 변형의 속도에서 응력~변형 선도(線圖)이다. 충돌할 때는 10의 6승만큼 배가되지만 강은 변형 속도의 상승과 함께 변형 저항이 상승한다는 특성을 나타내고 있다. 고속 변형의 특성이 뛰어난 강을 잘 사용하면 실력 이상의 강도를 발휘시키는 것도 가능하다는 것이다.

또한 「자동차의 경우는 박판이 프레스 성형된 다음 열처리 도장이 되기 때문에 충돌할 때는 초기 변형도 + 열처리 효과에서의 고속 변형의 특성을 볼 필요가 있다」는 척도에서 보면 연강은 효과가 크다. 반대로, 고장력화 됨에 따라 이 효과는 엷어진다. DP강과 TRIP강은 연강과 동등한 고속 변형 특성의 상승이 확인되고 있다. 가장 새로운 고장력강은 같은 강판 프레스라 하더라도 더 뛰어난 성능을 발휘한다는 것이다.

성형 방법도 강판의 강도에 영향을 미친다. 신일본제철에 따르면 「성형 방법에 따라 다르지만 성형 초기의 변형에 의한 가공경화로 강도가 상승하는 것과 동시에 판의 두께가 감소한다. 축압 붕괴 시의 하중이나 흡수 에너지는 부재의 강도와 판의 두께에 의존한다. 성형 초기에 변형이 작을 때는 가공경화로 인해 흡수 에너지가 증가하지만 일정 변형 이상에서는 판 두께 감소의 영향이 가공경화의 효과를 웃돌면서 흡수 에

너지가 감소할 것이 예상 된다」라고 한다. 강재의 성능은 성형과 접합에 따라 바뀐다.

그런 한편으로 시뮬레이션 기술의 진보는 강재를 적재적소에 사용하는 것에 기여하고 있다. 현재, 충돌 시뮬레이션은 「어떻게 찌그러지는가」뿐만 아니라 「어느 부분의 접합부터 벗겨지는가」까지도 예측할 수 있게 되었다. 이것은 철강의 메이커가 부품 레벨의 응력 변형에 관한 예측 데이터를 충돌 시뮬레이션에 집어넣을 수 있도록 연구한 결과다. 실제, 신형자동차를 개발하는 현장에서는 충돌 테스트의 실시 횟수는 줄어들고 최종적인 확인만 하는 경우도 볼 수 있다. 시뮬레이션의 정밀도 향상이 두드러진다.

충돌 안전성의 향상이 자동차의 유저와 회사에 가져다 준 혜택은 모두 헤아릴 수 없을 정도이다. 그러나 최후의 최후까지 「이 자동차의 승객을 지키는」것은 바꿔 말하면 에고이즘이기도 하다. 그래서 상대 쪽 보행자나 자전거, 더 중량이 가벼운 충돌상대 차량을 지키는 양립 가능성(compatibility)이라는 사고가 생겨났다. 이러한 안전이라는 바탕의 확대 가운데서도 강재의 진보는 많은 혜택을 가져왔다.

그래도 아직 트레이드오프(trade-off) 관계에 있는 것들은 많다. 중량과 상반되는 연비. 보디가 잘 찌그러지지 않도록 하기 위해 희생되는 시야. 그리고 비용. 해소해야 할 이율배반적 요소 속에 현재의 자동차가 있다. 다양한 종류의 강재를 적재적소에 사용하는 연구는 이 트레이드오프 관계를 조금씩 개선하는 수단으로 매우 유효하다고 생각된다. 나머지는 설계자가 자동차를 「어떻게 생각하느냐」이고, 자동차 메이커가 어느 단계에서 과감한 보디의 구조개혁과 신규 투자에 나서느냐 하는 것이다.

새로운 접합기술 「레이저 빛」

용접부분의 형상은 완전히 자유
레이저를 스폿 용접으로 대체 할까

유럽에서 유행하고 있는 레이저 빛에 의한 강판 용접.
스폿 용접이 주류인 일본에서도 사용하는 예가 조금씩 증가해 왔다.
접합기술도 또한 강판과 함께 진화하고 있다.

본문 : 마키노 시게오(Shigeo MAKINO)
사진 & 일러스트 : 닛산(NISSAN)

● 루프와 사이드 스트럭처의 용접단면

● 후거의 레이저 용접부위

● 리어 파슬 셸프의 레이저 용접

● 보디 사이드와 실의 레이저 용접

고에너지인 레이저 빛을 사용하여 강판을 용접하려는 시도는 1990년대에 시작되었다. 처음에는 용접이 아니라 강재를 절단하는데 사용되었다가 테일러드 블랭크의 보급과 함께 자동차 메이커에 널리 확산되었다. 특히 독일에서 사용이 증가하였는데 VW이나 BMW에서는 종래의 아크 용접 및 저항 스폿 용접 대신에 레이저를 사용하게 된 것이다. 그 중에서도 VW는 레이저 용접의 비율이 상당히 많은 메이커이다.

일본에서는 닛산이 2000년부터 레이저 용접을 도입함으로서 일본 내에서는 가장 레이저 용접이 앞서가고 있다. 처음에는 스카이라인부터 시작해 현재는 페어레이디Z, GT-R, 규슈 공장 및 미국의 미시시피 공장에서도 사용되고 있다.

닛산 차량생산기술본부 차량기술개발시작부 엑스퍼트 리더인 모리 세이와에게 닛산에서의 현황에 대해 물었더니 「후거에서는 약 7m를 레이저 용접으로 마무리하고 있다」고 한다. 보디 용접 라인에서의 실제 작업은 상단의 사진대로이다. 레이저 용접을 플랜지부에 사용하면 비틀림 강성에서는 2~20%의 향상 효과가 있다고 한다. 「플랜지 근원에 가까우면 가까울수록 효과는 크다」고 모리는 말한다. 그러나 「스폿 용접을 전제로 한 보디의 설계에서는 레

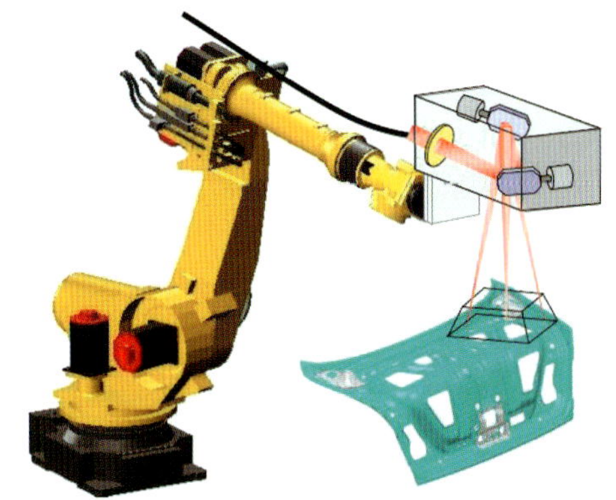

● 다축 로봇과 리모트 레이저 용접 헤드

6축 로봇의 헤드 부분으로 레이저 발진기로부터의 광파이버 케이블을 유도하여 내부의 미러를 3축 제어함으로서 목표로 한 위치에 레이저 빛을 쏘인다. 리모트 레이저의 로봇화는 닛산이 자랑하는 부분이다.

● 자동차 보디에 있어서의 접합기술 사용 비율

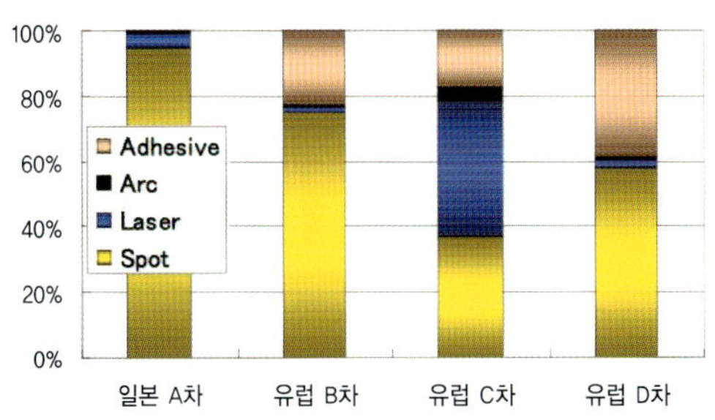

닛산의 모리가 정리한 그래프. 일본 A차는 후거다. C차는 아마도 VW 골프로 생각된다. Adhesive(접착제)는 웰드 본드와 함께 다임러가 많이 사용하는데 접착제의 개발도 독일에서는 왕성하게 이루어지고 있다. 스폿 용접이 좋다거나 나쁘거나가 아니라 각각의 사정과 사고방식의 차이를 나타낸 그래프로서 봐주기 바란다.

● 보닛 후드 안쪽의 리모트 용접 부위

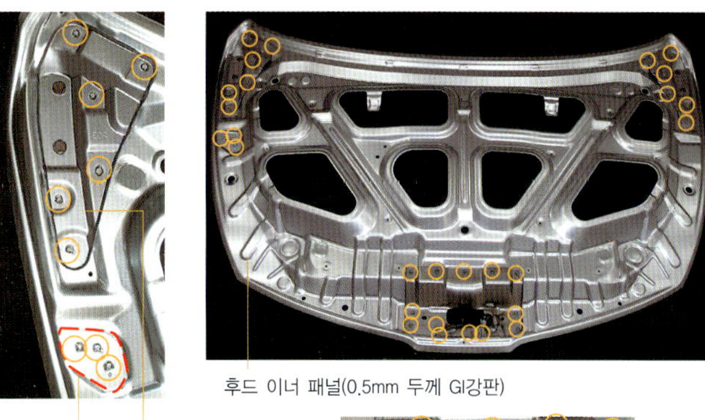

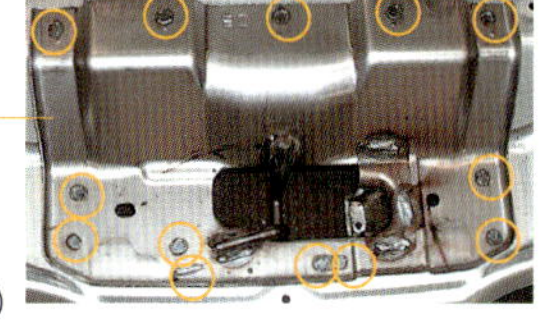

후드 이너 패널(0.5mm 두께 GI강판)

로드 서포트

힌지부 리인포스먼트 (1.2mm 두께 GA강판)

후드 록 리인포스먼트 (1.2mm 두께 논 코트 강판)

● 트렁크 리드 안쪽 면의 리모트 용접 부위

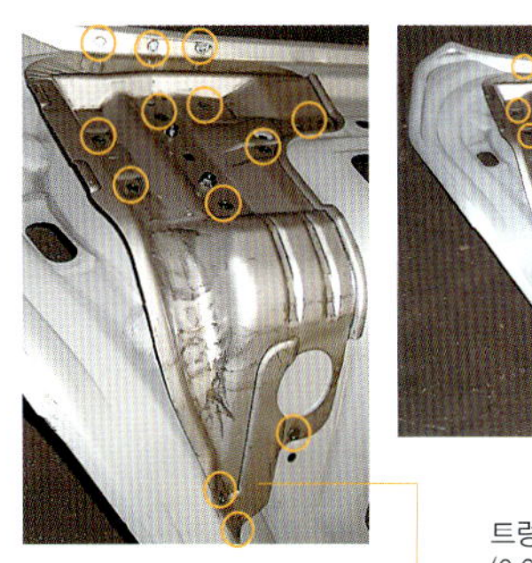

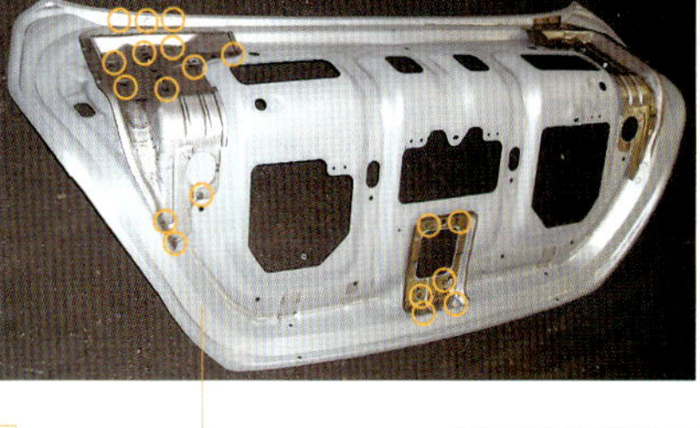

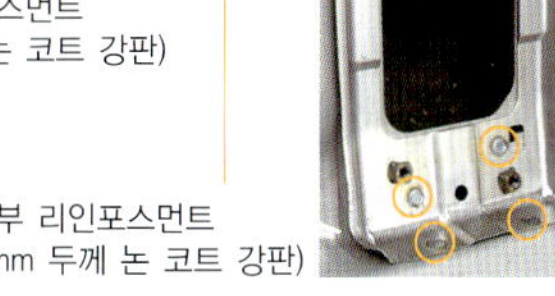

트렁크 리드 이너 패널 (0.65mm 두께 GA강판)

힌지부 리인포스먼트 (1.4mm 두께 논 코트 강판)

로크부 리인포스먼트 (0.9mm 두께 논 코트 강판)

이저화한 효과가 제대로 나타난다고 단정할 수 없다. 레이저 선 용접으로 하면 선 용접화한 효과는 있지만 비용을 포함하여 정말로 레이저화해서 접합에 효과가 있는 장소를 선정하는 것이 포인트다」라고도 말한다.

후거에서는 루프의 스티치 부분은 저항 스폿이 물리적으로 들어가지 않기 때문에 레이저화 되었다. 사이드 실 부분은 순수하게 접합강도를 높이기 위해서이다. 위 그림에서 실 부분의 용접이 파선(破線)을 하고 있는 이유는 「사이에 리인포스먼트가 있거나 없거나 하기 때문」이라고 한다. 이 부분은 외판의 판 두께 0.75t에 1.4t의 이너나 1.6t의 리인포스먼트 등이 겹쳐진다. 용접 속도는 매분 4~5m다. 레이저화하는데 있어서는 이 부분이 GA(합금화 용융 아연도금) 강판이라는 것이 최대 난관이었다.

「GA 강판끼리 딱하고 붙어 있는 상태에서 레이저 빛을 쏘면 철과 아연의 융점 차이가 나타나 철이 녹으면 아연이 날아가 용접 불량의 원인이 된다. 그 때문에 강판에 미리 0.2mm 높이의 엠보스 가공을 한 다음 에어 실린더로 부재를 밀어붙여 자동적으로 0.2mm의 최적인 틈새가 되도록 연구하였다」

또한 후거의 리어 파슬 셸프 면은 「양쪽 서스펜션으로부터 입력이 있는 부분에서, 여기는 접합의 강도를 높이기 위해 레이저를 사용」하게 되었다고 한다. 정확히 C필러 안쪽 부분으로서 스폿 건도 쉽게 들어갈 수 있는 부분이지만 차량의 성능(상품성)을 위해 레이저화되었다.

위 사진은 옷파마 공장에 도입된 리모트 레이저 용접 로봇과 그것을 사용한 보닛 후드 및 트렁크 리드 안쪽 면의 레이저 스폿 용접이다. 예를 들면, 합계 32점이 티더의 트렁크 리더는 통상적인 저항 스폿 용접이라면 102초가 소요되지만 리모트 레이저에서는 22초면 끝이 난다. 미러의 움직임만으로 타점을 바꾸기 때문에 작업이 신속하다. 로봇 쪽이 6축이고 미러는 3축이다. 합계 9축을 효율적으로 제어하는 노하우는 자사가 개발한 것이라 한다.

유럽에서는 게이트형의 대형기계에 레이저 빛 장치를 장착한 리모트 레이저기를 볼 수 있는데 로봇 끝에 장착된 모습은 아직 본적이 없다. 모리는 「대형설비가 아니라 로봇으로 한다는 것에 애썼다」고 한다. 레이저 빛이 닿아 강판이 녹은 부분은 깨끗한 「C」자가 되는데 정학한 미러 제어와 용접 품질의 확보는 쉽지 않았을 것이다.

「정확하게 접합이 되었는지의 확인은 광학 센서가 담당하고 있다. 레이저 빛이 강판에 닿아 부재가 녹을 때 나오는 빛의 파장을 감시하여 그 주파수로 용접의 불량을 감시한다. 공정 후에 눈으로 하는 검사도 있어서 확실하게 100% 레이저로 접합한다는 방침」이라고 하지만 유럽에서는 「레이저 선 용접의 길이를 확보하여 그 안에서 다소의 용접 불량은 용인한다」는 방식이라는 것도 들었다. 닛산의 경우는 완벽주의를 철저히 하고 있다.

위 그래프는 모리가 작성한 것으로 구체적인 자동차명은 적혀 있지 않지만 유럽 C차가 VW 골프임에는 틀림이 없을 것이다. VW의 자료에 의하면 5세대 골프의 레이저 용접의 길이는 70m나 된다. 다만 골프 후에 시판된 현행 파사트에서는 레이저 용접의 길이가 줄어 있다. 골프는 「과잉 용접」이었기 때문인지도 모른다. 유럽 D차에서는 접착이 많이 사용되는데 접착제를 바르고 나아가 그 위에다 스폿으로 고정하는 웰드 본드의 경우도 많다.

접착과 레이저 선 용접이 많이 사용되는 유럽의 자동차는 연속용접의 장점이 중시되어 있을 것이다. 일본에서는 스폿 용접이 대부분인데 그 이유는 저항 스폿에 특화된 강판이 있다는 것과 싼 로봇 때문이 아닐까 한다.

Chapter **6**

Steel Auto Body의 미래

경량화를 위해 보디 설계를 재검토 한다.
최신 소재의 기술을 살린 차세대의 철 차체로

충돌안전 성능의 향상으로 보디의 중량은 증가하였다.
그러나 연비의 향상을 위해서는 중량을 줄이지 않으면 안 된다.
소재의 조달과 제조에 있어서 비용의 상승을 억제하면서 하는 경량화는 보통 수단으로는 안 된다.
지금 설계의 현장에서는 착실한 구조 소재의 검토 작업이 꾸준히 진행되고 있다.

본문 : 마키노 시게오(Shigeo MAKINO)
사진 : 스미요시 미치히토(Michihito SUMIYOSHI)
일러스트 : 미쓰비시 모터스(MITSUBISHI MOTORS)

자동차는 너무 무거워졌다…, 솔직히 이렇게 생각한다. 왜 무거워졌는지 말하자면 최대의 원인은 충돌안전성에 대한 요구 때문일 것이다. 과연 자동차 메이커는 차세대 자동차의 보디를 어떻게 생각하고 있을까. 그에 관해 미쓰비시 자동차공업 보디설계부의 마미츠카 모리요시 부장에게 들어 보았다.

도어 등과 같은 덮개를 제외한 화이트 보디의 현상은 「예를 들어 갤랑 클래스에서 봐도 약 350kg. 단순하게 비교할 수는 없지만 몇 세대 전과 비교하면 50kg 정도 무거워졌다」고 한다. 자동차 전체에 대해서는 「보디 설계부의 업무는 보디만 설계하는 것이지만 흔히 우리들 사이에서 이야기되는 것은 보디가 무거워지면 자동차 전체로는 그 늘어난 중량의 1.3배 만큼 무거워진다는 것이다」라고 한다.

보디가 50kg 무거워졌을 때 자동차는 65kg으로 무거워진다는 계산이다. 무게가 증가되면 항속거리를 확보하기 위해 연료를 많이 저장하게 되고, 연료가 증가하면 그것을 수용하는 연료 탱크가 커지게 되며, 타이어도 커져야 하고 장비도 커지는 등등의 추측은 쉽게 상상할 수 있다. 그런 중량의 파급 효과가 1.3배인 것이다.

반대로 생각하면 화이트 보디의 중량을 가볍게 하면 자동차 전체가 더 가벼워진다는 말이 될 것이다. 현재 1.3톤인 자동차는 1톤으로 할 수 있다. 다만, 경량화는 교통정리가 어렵다고 생각된다. 각 지자체의 예산요구와 마찬가지로 엔진에서 몇 kg, 트랜스미션에서 몇 kg, 시트에서 몇 kg 등과 같은 목표를 제시해도 그것을 부서별로 납득이 되는 단계에서는 저항이 있을 것이다. 상품성과 비용과

관련된 부분이고 지금까지의 「덧셈」을 갑자기 「뺄셈」으로 바꾸는 것은 어려울 것이다.

「지금 그런 프로젝트가 계획되고 있다. 보디뿐만 아니라 파워 패키지나 장비품까지 포함하여 어떻게 경량화 할 것인지에 대한 테마에 착수해 있다. 사실 자동차 1대에서 차지하는 보디 중량의 비율은 근 10년 동안 그다지 변한 것이 없다. 보디도 무거워졌지만 트랜스미션이나 시트도 무거워졌다. 모든 부분에서 가볍게 해야 하는 것이다」

보디가 무거워진 최대의 이유는 역시 충돌 대책일 것이다. 특히 유로 NCAP(Euro New Car Assessment Program)나 JNCAP(Japan New Car Assessment Program)와 같은 정보 공개형의 충돌안전성 평가가 이루어지게 된 이후 자동차의 메이커는 「라이벌 타사와 비교된다.」는 이유로 충돌의 대책에 박차를 가하였다.

「그런 속에서 널리 행해진 것이 패치워크다. 기존의 설계 보디에 부분적인 보강을 해 운전석과 동승석의 생존 공간을 확보하는 것이다. 충돌 요건이 앞으로 어떻게 바뀔지 모르는 상황에서 신규 개발의 플랫폼마저도 없으면 장래에 대한 예측을 반영한 보디의 설계가 안 된다. 패치워크는 어쩔 수 없었다. 그러나 이로 인해 보디부품의 점수는 막대한 양이 되었다. 이것을 리셋하지 않으면 안 된다」

분명 근 몇 년간, 신형 차량의 자료에는 마치 패치워크 부위를 자랑하는 것 같은 도판(圖版)이 많았다. 작은 보강 판이 많이 사용되고 있다. 합계하면 상당한 중량에 이른다. 「그런 여파가 생산 현장에 가 있다」고 마미츠카 부장도 말한다. 충돌대책은 패치워크와 고장력강, 탑승객 구속장치

(시트 벨트나 에어백)에 의한 구속 타이밍의 핀 포인트 튜닝이었다고 필자는 생각한다. 기존의 생산설비 속에서는 이런 것은 어쩔 수 없는 것이기도 하다.

「주행하고, 선회하고, 정지하는 요소에서 중요한 것은 강성이다. NVH(Noise, Vibration, Harshness)도 강성이다. 그러나 충돌의 대책에는 강도가 필요하다. 강도를 찾은 결과 고장력강이 많이 사용 되었다. 다행히 고장력강을 사용하면 필요한 압괴(壓壞)의 강도에 대해 강판의 질량을 삭감할 수 있다. 구부러지지 않아야 할 곳, 축압괴 방향으로 막아내야 할 곳, 그것과 연강과의 균형으로 보디 전체의 모드를 컨트롤할 목적으로 고장력강의 사용은 넓어졌다」

무엇보다 마미츠카 부장은 「현재의 고장력강을 사용하는 방법에 대해 만족하지 않는다」고 한다. 보디 구조의 자체를 한번 리셋하는 것을 생각하고 있다.

「심플하게 생각하고 싶다. 힘이 가해지는 부분은 분산이 좋은지, 고장력화한 강한 구조의 일부로 받는 쪽이 좋은지. 이것을 보디 전체로 생각해 본다. 현상과는 다른 골격이라면 예를 들어 엔진 블록과 같이 파괴되지 않는 것을 모드 컨트롤로 사용하는 방식의 발상도 있으므로 발상이 바뀌면 고장력강을 어떻게 사용할지의 선택지도 달라진다.」

그럼, 패치워크를 제외하고 맨 보디로 현재의 충돌요건을 충족시킬 만한 설계가 되면 어느 정도의 경량화가 가능할까. 마미츠카 부장은 「아주 대략적인 사견이라도 10~15%는 가벼워질 것」이라는 의견이다. 그렇다면 골격을 만드는 방법까지 포함하여 새로운 사고의 보디를 설계하면 20% 이상의 경량화는 가능하다는 얘기도 된다. 보디에

보디 구상과 용조(溶組) 공법의 통합(기능 향상과 생산성)

생산성 향상
인라인 프로세스 보증
용접 품질향상

미쓰비시 「아우터 래더」의 보디 조립 요령. 언더 보디는 갤랑 포르티스 등과 공유하여 생산라인의 설비도 거의 동일하다. 보디 설계에 따라 양산요 건은 매우 중요하다.

미쓰비시자동차 미즈시마제작소의 보 디 용접라인. 공간의 절약을 위한 다차 종 혼합방식이기 때문에 공정의 배치나 운송방법에는 세세한 일본적 노하우가 응축되어 있다. 공통부분 이외는 서브 라인화 되어 메인 라인의 택 타임(takt time)이 매우 짧다.

서 20% 가볍게 하면 자동차 전체로의 파급효과는 크다.

「보디 쪽만 이상적인 이야기길 한다고 시작되지는 않기 때문에 그 목표치는 다양하게 검토하고 있다. 그리고 보디 설계의 변경은 접합 기술이나 생산설비와 세트로 생각해야 하기 때문에 전체적인 합의가 필요하다」

이 이야기는 여기저기서 듣게 된다. 다행히도 표면처리 를 하여 스폿 타점과 통상적인 금형 성형이 가능한 고장력 강판을 590MPa을 넘은 상태에서 입수할 수 있는 일본은 「강재에 대한 편리적인 요구」와 같은 상황이라고 필자는 생 각한다. 반대로 골격 안에 780MPa과 같은 초고장력강이 들어가고 그것과의 균형으로 연강도 부분적으로 두께가 증 가되어 주행과 NVH의 요구는 어쨌든 「고성능」이라는 요 구가 모델 체인지를 할 때마다 겹치면서 결과적으로 보디의 강성을 너무 높게 한 것이 아닌가 하고 느껴진다. 그런 지적 이 자동차 메이커의 실험부분에서 나오기 시작하고 있다. 마미츠카 부장도 「충돌 대책의 결과 음향 모드를 포함하여 특성이 신경질적으로 된 것인지도 모른다.」고 말한다.

「경량화에 대한 필요성은 수 년 전부터 논의 되었지만 좀 처럼 드라이브가 걸리지 않았다. 그것이 CO_2 배출규제의 출 현으로 확 바뀌었다. 이것을 기회로 어떤 결론을 냈으면 한 다. 그리고 역시 양산 자동차의 보디를 철 이외로 만드는 것 은 바꿀 수 없다. 새로운 경량의 보디를 철강 메이커가 어떻 게 서포트해 줄 것이냐에 관한 이야기도 시작되고 있다」

개인적으로는 CFRP(Carbon Fiber Reinforced Plastics)나 카본은 10년 후라도 양산 자동차로 들어오지 않을 것으로 생각한다. 철에 대한 기대가 그만큼 크다는 것 도 취재를 통해 실감하였다.

갤랑 포르티스의 보디. 여기서 보이는 것만 해도 센터 터널의 상부와 A필러 바로 밑에는 440MPa 소재, 보디를 횡단하는 2개의 멤버나 B필러 에는 590MPa 소재가 사용되며, 사이드 실은 980MPa 소재를 사용한다. 플로어 등 연강부분 은 요철 가공으로 면강성과 진동모드를 제어하고 있다.

마미츠카 모리요시

미쓰비시자동차공업 기술개발본부
보디설계부장

연결하기
고정하기
끼우기
강하고 가벼운 보디를 위해

주행하기 위해서, 선회하기 위해서, 정지하기 위해서 자동차 보디에는 강도가 요구된다.

그러나 무리하게 강도를 증가시키다 보면 중량이 늘어난다.

작금의 상태에서 자동차에 가장 필요로 하는 효율이 떨어져서는 본말전도가 아닐 수 없다.

그래서 각 자동차 메이커에서는 강하면서도 가볍다고 하는 상반된 요건을 충족시키기 위한 다양한 수단을 연구하여 최신의 보디를 만들어내고 있다.

예를 들면 고장력 강판이나 경합금, 수지소재 등 방법이 여러 가지가 있다.

그러다보니 보디의 접합을 위한 새로운 기술이 요구되기에 이르렀다.

새로운 소재를 사용하기 위해 지금의 접합 기술은 어디까지 진화해 왔을까.

그에 따라 자동차 보디는 어떻게 변화해 갈 것인가.

취재협력 : 링컨 일렉트릭 저팬, 신일본제철, 혼가기술연구소,
미쓰비시자동차공업, 스미토모3M, TS텍

도해특집 : 연결하기 · 고정하기 · 끼우기

CHAPTER 01

Construction of Car Body

보디 접합의 실제사례

자동차의 효율을 높이기 위한 방편 가운데 보디의 진화는 멈출 기색이 없다.
재료의 변화, 형상의 연구, 공법의 복잡화 등등.
그 방향성은 실로 다양할 뿐만 아니라 현재의 진행형이기도 하다.
이 장에서는 특징이 있는 3종류의 자동차 보디를 예로 들어 어느 부위에 어떤 접합의 기술이 사용되었는지 실제의 사례를 통해 살펴볼까 한다.

보디는 강한 편이 좋다. 게다가 강하면 강할수록 좋다. 금속이 휘는 것을 이용하여 충격을 흡수한다는 이미지도 있지만 실제로 자동차가 주행 중에 충격을 흡수하는 것은 서스펜션과 타이어다(실내에서는 시트가 이것을 담당한다). 이들 섀시 부품이 올바로 설계한대로 동작하기 위해서는 장착점인 보디가 강고하지 않으면 안 된다.

그러나 강도는 무게에 연결되기 쉽다. 강하고 가벼운 보디를 어떻게 실현할 것인가에 대하여 자동차 메이커는 다양한 지혜를 짜내고 있다. 그런 수단 가운데 하나가 재료를 바꾸는 것이다. 예를 들면, 종래의 강재를 대신하여 경금속을 이용하는 것이다. 가장 현실적인 재료가 알루미늄 합금이다.

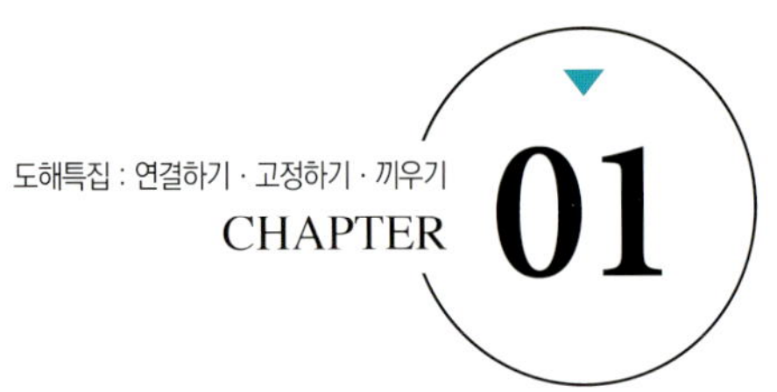

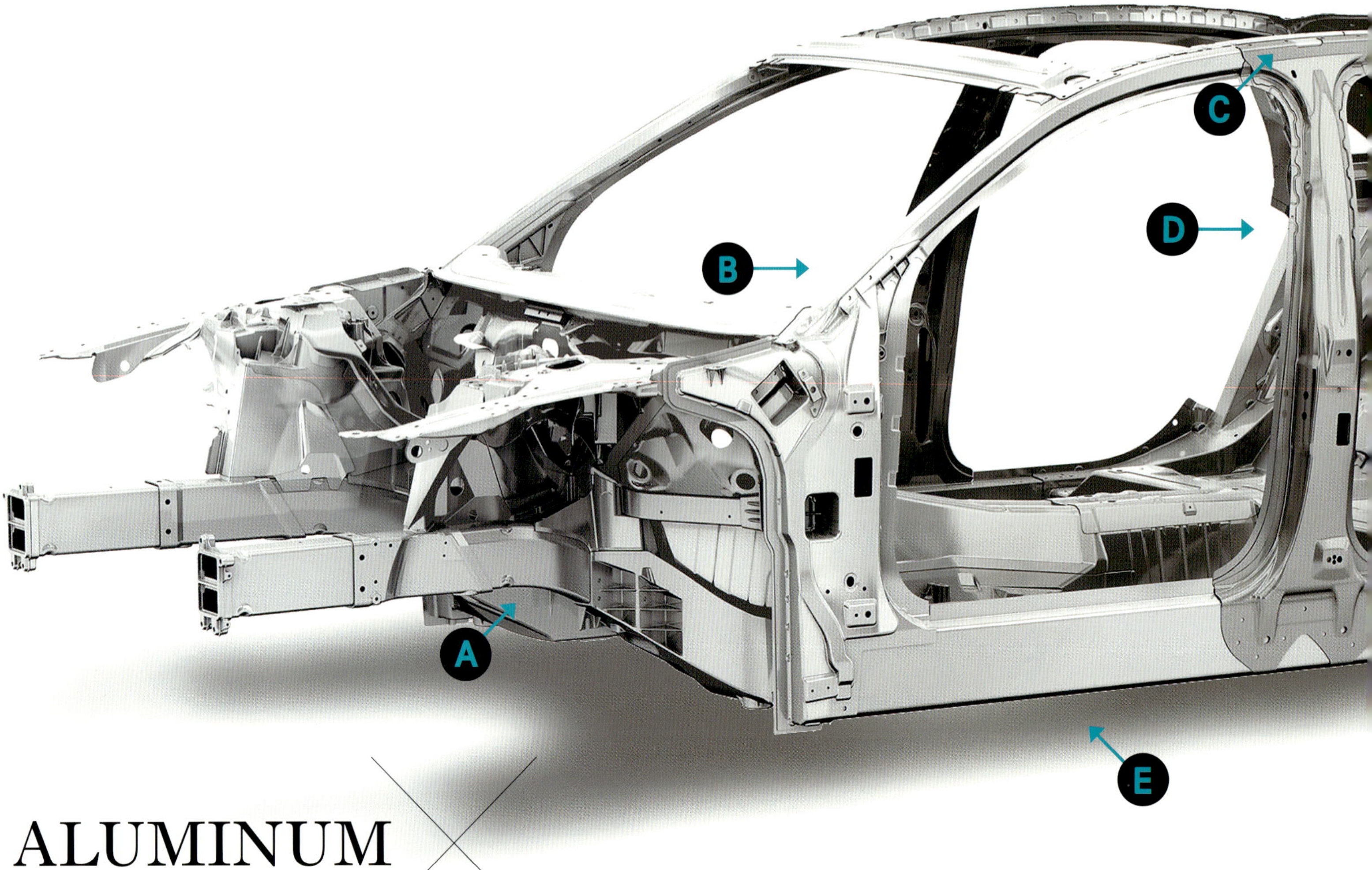

ALUMINUM × SEAMLESS WELDING

알루미늄 × 연속용접 Audi A8

보디의 알루미늄화를 탐욕스러울 만큼 진행하는 아우디. 그 플래그십 모델이 A8이다.
3세대 째인 현행 모델은 초대에 이어 유로 카 보디 상을 수상하였다. 거기에 사용된 접합기술에 대해 살펴보자.

본문 : MFi 피겨 : AUDI, 하세가와 다카히사(LEJ)

문제가 되는 것은 보디 부재(部材)를 조립하는데 있어서 종래와 똑같은 접합 방법을 사용할 수 없게 되는 것이다. 알루미늄끼리는 물론이고 강재와의 접합에 있어서는 더 곤란해진다. 이런 것들을 해결하기 위해 종래의 저항 용접과는 다른 특별한 방법과 노력이 필요하기 때문에 알루미늄 보디 차량은 어쩔 수 없이 고가가 될 수밖에 없는 것이 실정이다.

아우디 A8은 올 알루미늄 보디를 갖춘 기술의 결정체이다. 한 마디로 알루미늄이라고는 하지만 다양한 종류를 이용하기 때문에 접합하는 방법도 여러 가지다. 이런 방법들을 통해 아우디 A8은 2010년 유로 카 보디 상을 수상하였다.

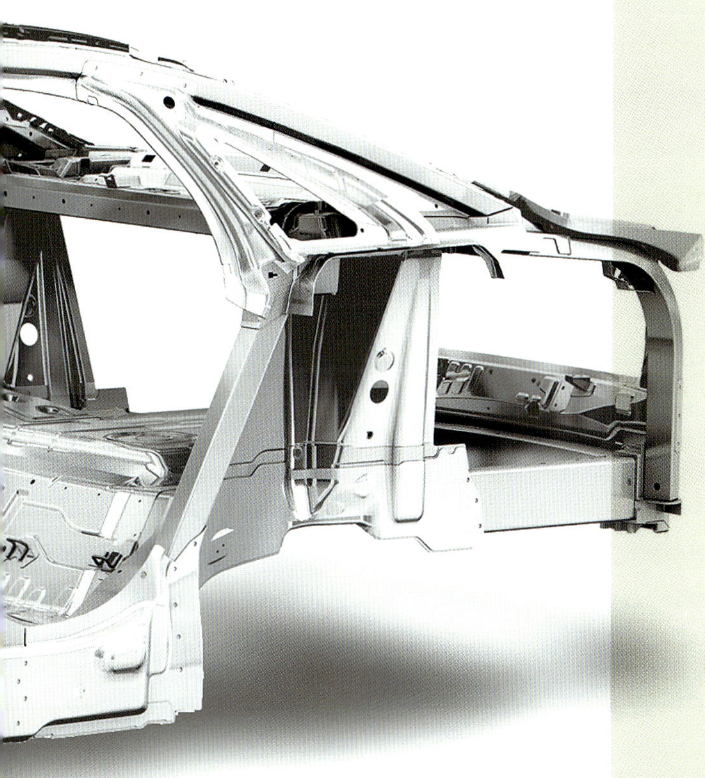

아우디 A8의 보디 부재

청색이 알루미늄 인발 소재, 적색이 알루미늄 주조 소재, 녹색이 알루미늄 패널 소재, 그리고 회색만 강재를 나타낸다. 부재의 비율은 순서대로 22%, 35%, 35%, 8%다. 13종류나 되는 알루미늄 소재를 사용한다. 중량은 231kg으로 동등한 스틸 보디에 비해 약 40%나 가볍다고 한다.

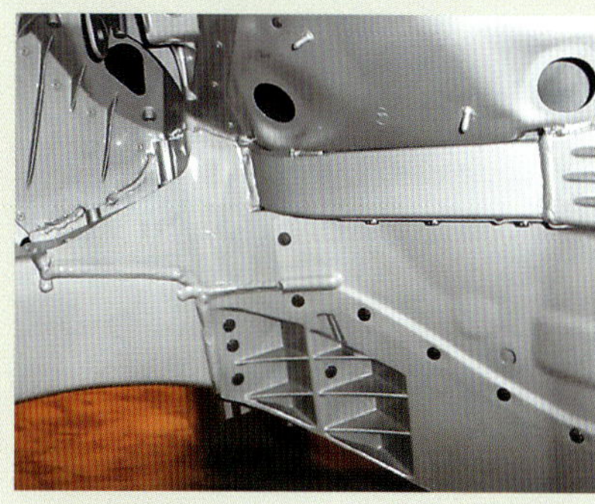

A. MIG 용접

P.036

연속 용접. 프런트 사이드 멤버(좌측 : 인발 소재)와 로워 패널(우측 : 주조 소재)의 접합에 MIG 용접을 이용한다. 파워 플랜트를 탑재하고 또한 충돌할 때는 플로어로 충격을 분산시키는 부위에만 접합강도가 요구된다.

B. 레이저 용접

P.038

연속 용접. 루프 프레임(인발 소재)인 A필러 부분에 레이저 용접을 사용한다. 운전자의 시인성을 감안하면 A필러는 가느다란 편이 좋다. 반면에 강도도 확보해야 한다. 연속 용접을 이용함으로서 이들의 요건을 충족한다.

C. FDS

P.040

현행 A8은 올 알루미늄 보디는 아니다. B필러에 고장력강을 사용하기 때문이다. 이종 소재를 사용할 뿐만 아니라 매우 중요한 접합부위이기 때문에 아우디는 FDS라 약칭하는 결합방법을 루프 프레임과 B필러 접합부에 사용하였다.

D. SPR

P.040

A8은 보디 전체적으로 1847군데를 펀치 리벳으로 632군데를 셀프 탭핑 스크루로 처리하였다. 그 가운데 리벳은 셀프 피어싱 리벳과 사전에 구멍을 뚫은 부위에 이용하는 솔리드 펀치 리벳 2종류를 이용한다

E. 레이저 용접

P.038

사이드 실 하부에는 연속 용접(레이저)으로 처리. 측면 충돌에 대비하여 B필러와 함께 높은 강도가 요구되는 부위다. 또한 루프 패널과 루프 레일의 접합에도 레이저 용접을 이용한다. 시공할 때의 변형을 최소로 억제하여 미관까지 배려한다.

STEAL
SPOTWELDING

철 × 스폿용접   Nissan SKYLINE

자동차 보디 용접의 주류가 스폿 용접이다.
점으로 접합하는 이 방법에는 어떤 특징과 장점이 있는 것일까.

본문 : MFi   피겨(FIGURES) : 닛산

닛산 스카이라인

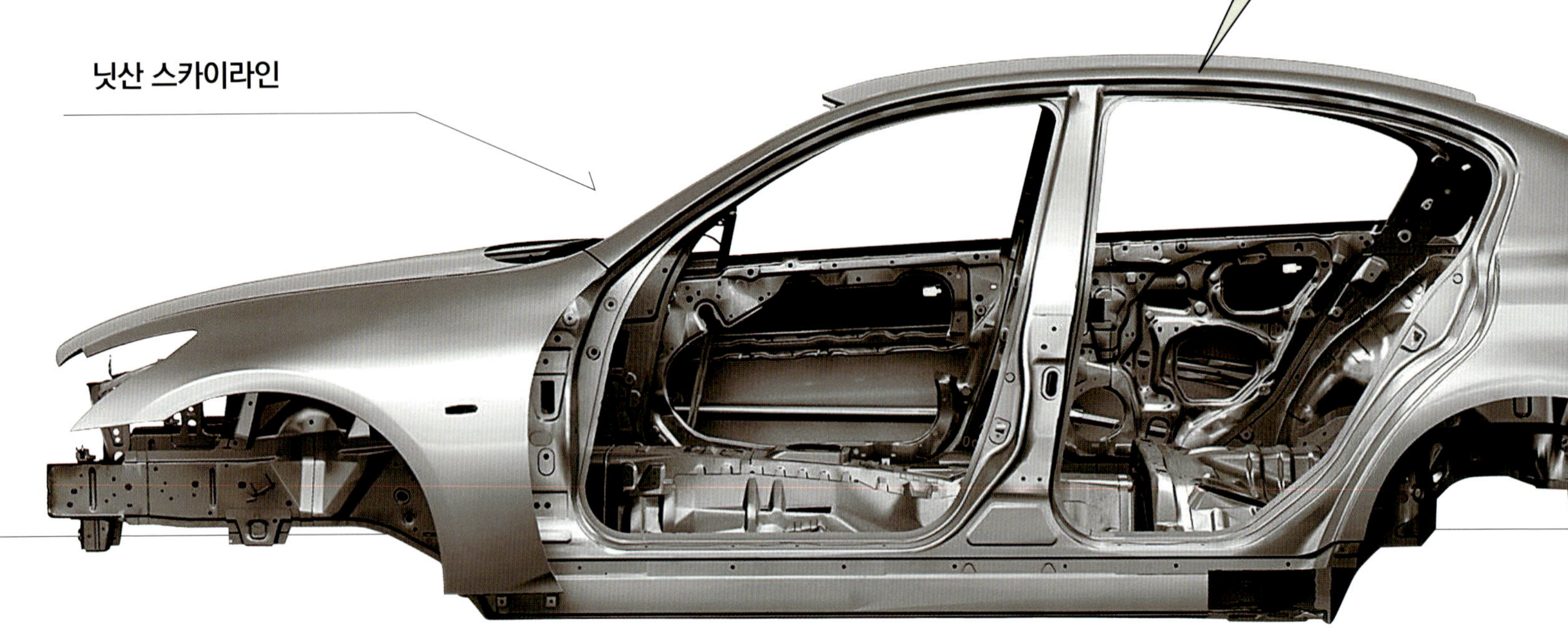

> ## 스폿 용접
>
> # P.034
>
> 자동차의 보디 접합에 있어서 가장 많이 사용되는 방법이 스폿 용접, 즉 흔히 말하는 점 접합이다. 타점의 피치나 타점의 지름 등에 각 회사마다 많은 노하우가 있어서 스폿 방법이 각 차량의 특징으로 보디에 나타난다.

봉재(棒材)를 사용하여 사각형을 만들 때 최소한의 접합인 경우에는 4군데만 접합하면 끝이 난다. 그러나 4점만 접합해서는 힘을 가하였을 때 평행한 4변의 형상에 변형이 발생하기 때문에 변형의 억제를 위해, 예를 들면 4곳의 접합부위에 덧판을 대 접합부위를 증가시키거나, 위에서 사각형 판을 대고 접합하거나, 대각선 쪽으로 봉재를 추가하여 접합하는 등의 수단을 취하면 된다. 자동차 보디에 대해서도 마찬가지로 강성을 확보하고 싶으면 접합부위나 면적을 증가시키면 된다는 것을 쉽게 상상할 수 있을 것이다.

그러나 불필요하게 접합부위나 면적을 증가시키지 않는 이유가 있다. 자동차의 보디는 금속으로 만들어져 있어서 접합하는 방법으로 용접이 일반적일 뿐만 아니라 현실적이다. 부위나 면적을 증가시킨다는 것은 그만큼 부재에 가해지는 열이 증가된다는 얘기로서 치수의 변형을 초래할 수 있는 것이다.

동시에 생산 소요시간이 증가되는 것과도 직결되고 비용적인 문제도 발생한다. 필요 최소한의 접합으로 어떻게 목적을 달성하느냐, 설계자가 머리를 쥐어짜야 하는 포인트 가운데 하나이다.

자동차의 보디 생산에서 가장 널리 사용되고 있는 스폿 용접은 그런 요건을 해결하는데 가장 현실적인 접합 기술이다. 국소적으로 열을 가하기 때문에 변형이 적고 강성을 높이고 싶으면 타점을 증가시키면 된다(물론 한계는 있지만).

경기용 차량의 세계에서는 보디의 강성을 더 높이기 위해 종래의 타점 사이에 스폿을 더 많이 때리는 경우도 있다. 스폿 용접을 위한 보디의 형상을 갖춰야 한다는 점, 폐단면에는 시공할 수 없다는 점, 밀폐성이 없다는 등의 조건도 있지만 형상과 재료를 연구해 소화하고 있다는 것이 현재의 상태이다.

12세대 째를 맞은 현행 V36형 닛산 스카이라인. 사진은 4도어 세단의 보디로서 이 외의 가지치기 버전으로 2도어 쿠페와 5도어 SUV가 있다. 플랫폼은 FR-L형으로 모두 V6 엔진＋AT를 앞차축보다 뒤쪽에 세로배치로 탑재하고(프런트 미드십), 후륜을 구동한다(4WD 사양도 있음). 선대 V35 스카이라인에서 콘셉트를 지켜가며, 개발되었으며, 특히 조종 안정성과 승차감에 직결되는 동적인 비틀림 강성의 향상에 심혈을 기울였다.

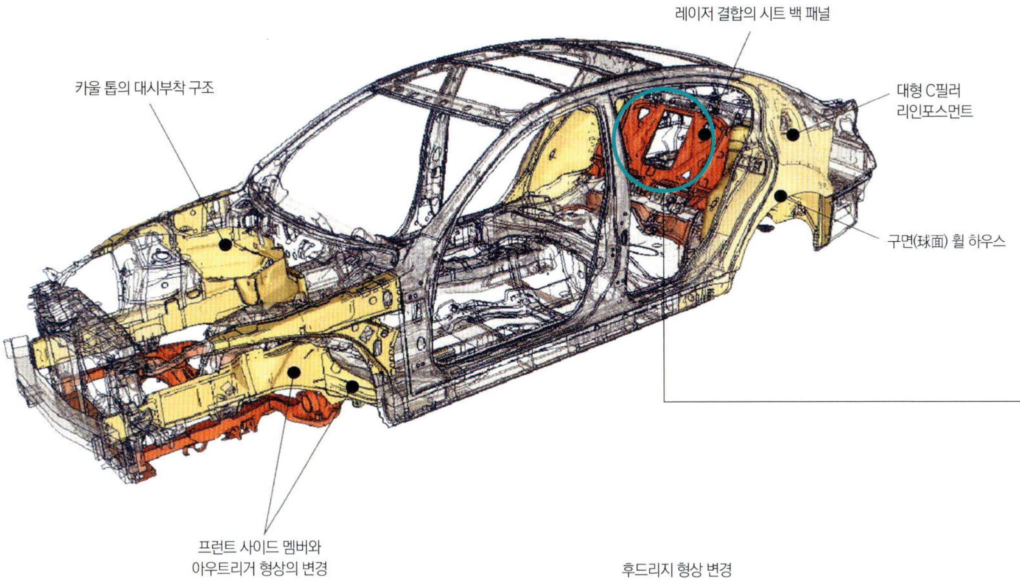

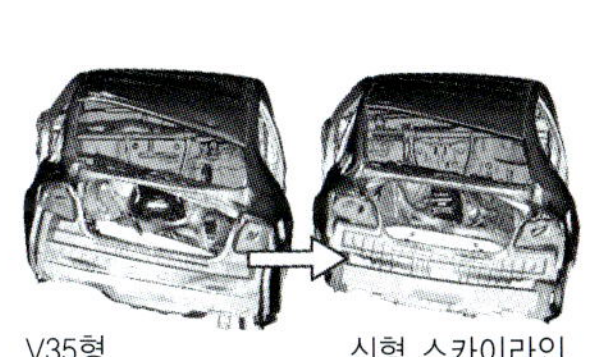

스카이라인에 사용된 레이저 용접

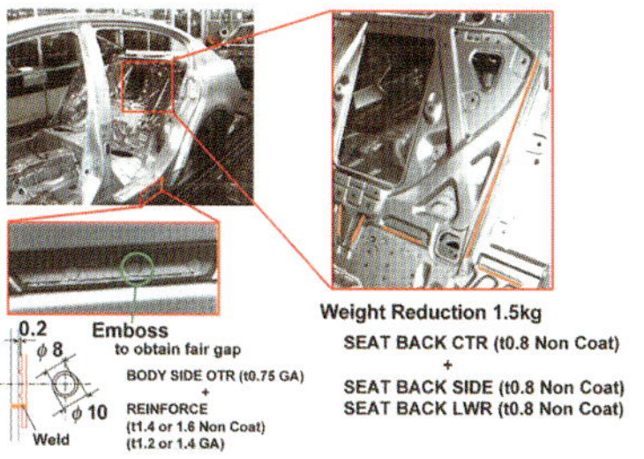

리어 시트 백 × 리어 파슬 셀프의 접합에 레이저 용접을 사용. 연속 접합을 통해 변형을 최소한으로 줄인다. 세단은 개구부가 많기 때문에 강성이 떨어지기 쉬운데 V36 스카이라인 세단에 있어서는 「상당한 강성」이라고 한다.

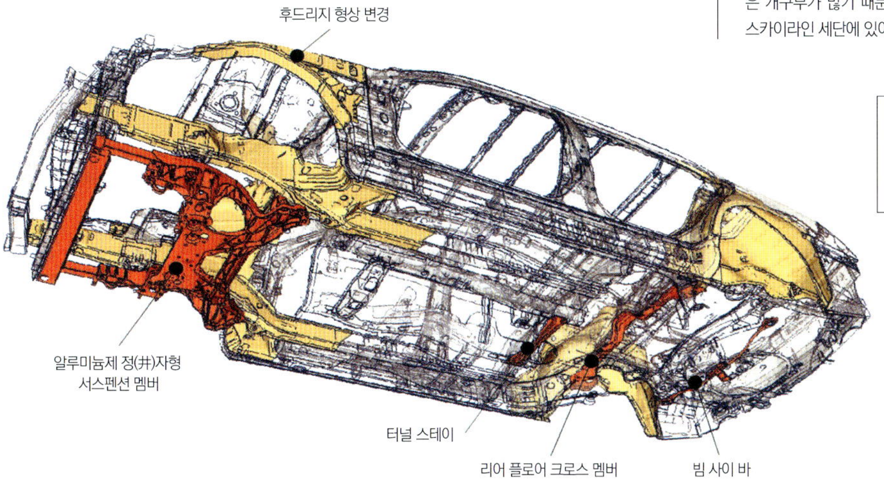

차체 전체의 비틀림 강성 비교
사내 측정값

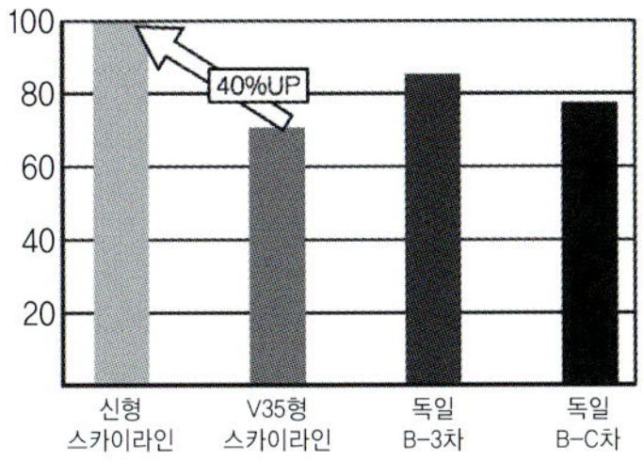

차체 프런트 횡(가로) 굽힘 강성 비교
사내 측정값

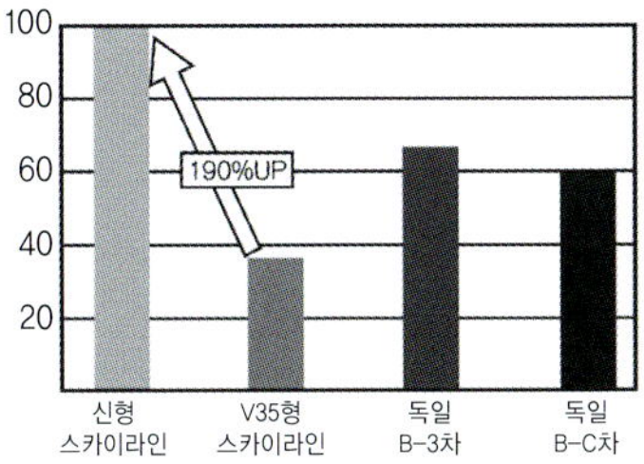

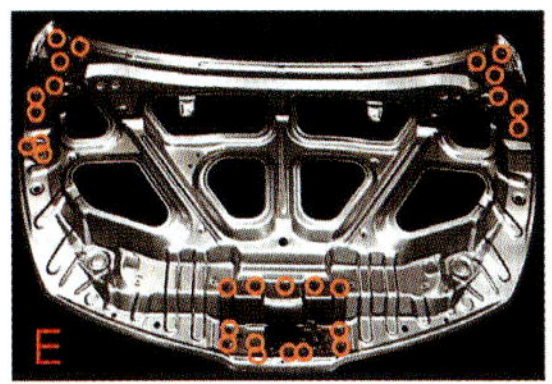

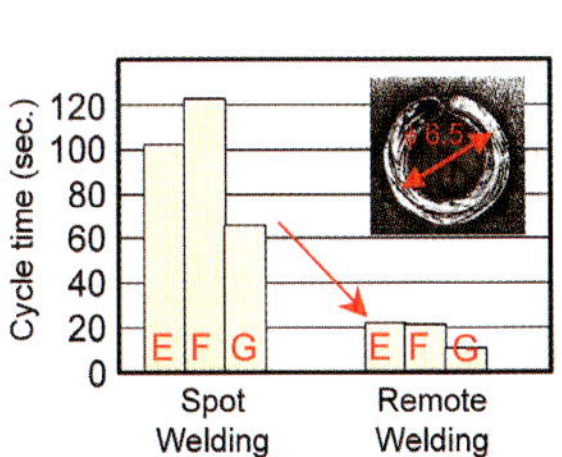

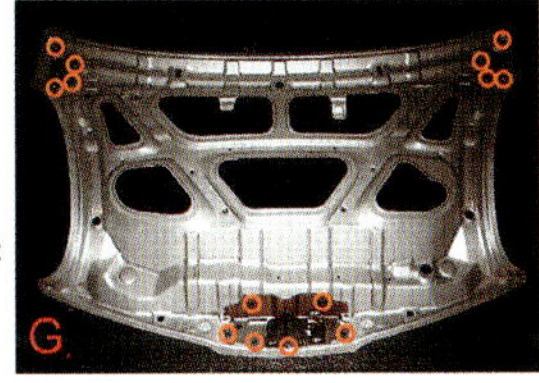

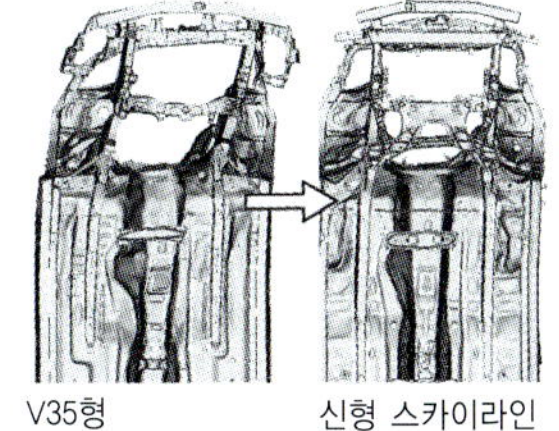

차체 비틀림 강성의 비교

V35와 V36 스카이라인 그리고 독일의 라이벌 2차와의 비틀림 강성을 비교한 그래프. 그림은 V35와 V36에 있어서 같은 포인트에 동등한 외력을 가했을 때의 변형을 증폭 시뮬레이션 한 것. 구형에 비해 40% 증가한 숫자가 결과로 나타난다.

프런트 횡(가로) 굽힘 강성 비교

마찬가지로 V36을 포함한 4차의 비교 그래프. V36 스카이라인은 구형에 비해 190%나 향상. 여기에는 V35에 비해 350점의 스폿 용접과 아크 용접 20곳의 증가, 그리고 레이저 용접 길이의 증가(2600mm→8200mm)가 기여한 결과이다.

티더와 라티오에 이용한 리모트 레이저 용접

이것들은 스카이라인이 아니라 티더와 라티오 차량이다. 트렁크 후드 접합에 리모트 레이저 용접을 이용하였다. 최대 장점은 사이클 타임의 단축. 특히 레이저 용접은 시공 사이에 시간 단축을 계산할 수 있기 때문에 대폭적인 시간 단축에 성공하고 있다.

로터스 에보라의 차체 구조에는 3가지 커다란 특징이 있다. 먼저 보디가 일반적인 승용자동차와 달리 모노코크(응력 외피) 구조가 아니라는 것이다. 섀시와 일체화된 프레임에 서스펜션이나 파워 트레인 등 주행에 필요한 기능 부품이 모두 장착되며, 노면의 반력은 모두 프레임이 받아들인다.

두 번째 특징은 그 프레임의 구조에 알루미늄 합금을 많이 사용했다는 점이다. 엔진의 중량을 지지하는 부분은 강(綱)이지만 프런트 서스펜션과 스티어링 랙을 지지하는 앞부분, 탑승객이 타는 캐빈인 중앙부분은 알루미늄으로 만들어져 있다. 그리고 세 번째 특징은 멀티 파워 트레인의 대응이다. 내연기관뿐만 아니라 전동 모터 등의 탑재도 감안하고 있다.

이러한 구조는 자동차의 콘셉트를 따른 것임과 동시에 설비비가 들어가는 생산라인이 아니라 접합하는 부재를 고정하는 지그와 손에 쥐는 핸드 툴에 의한 조립을 가능하게 하였다.

통상, 양산 메이커의 경우는 방대한 자동 용접 설비를 도입한다. 알루미늄 합금의 경우는 구조 접착제와 SPR(셀프 피어싱 리벳)을 조합하거나 MIG(Metal Inert Gas) 용접(불활성가스로 실드한 선 용접), 저항 스폿 용접, 마찰 교반 용접 등이 이용되는데 어느 것이든 자동 용접으로 할 경우는 설비가 방대해진다. 고성능 자동차를 소량 생산하는 메이커인 로터스는 그 규모와 상품에 적합한 소재·접합하는 방법과 설비를 선택한 셈이다.

로터스 에보라E 하이브리드

엔진 등의 주행에 필요한 유닛을 얹고, 외피를 씌운 상태. 사진은 엔진 + 전동 모터에 의한 하이브리드(혼합 동력) 사양으로 통상 버전은 도요타제의 2GR-FE형 3.5 ℓ V6 엔진을 탑재한다. 중량물과 노면의 반력을 받아들이는 것은 우측 사진의 포트 같은 형상의 프레임이라는 것을 알 수 있다. 뒷좌석 후방에 있는 「ㄱ」자 같이 생긴 형태의 파이프와 거기서 연장된 스테이(MIG 용접)는 강으로 된 파이프 소재로서 롤 오버(橫轉)할 때 탑승객의 보호를 담당한다.

ALUMINUM
ADHESION

| 알루미늄 | 접착 | 체결 | Lotus EVORA

강판을 프레스 성형하려면 금형과 프레스기가 필요하며, 그밖에도 정확하게 접합할 경우는 그 설비도 상당히 커진다.
소량으로 생산하는 고성능의 자동차를 가볍게 만들기 위해
로터스는 범용 소재를 많이 사용한 알루미늄 합금의 프레임과 카본 수지의 외피를 선택하였다.

본문 : 마키노 시게오(Shigeo MAKINO)　사진 : 로터스(LOTUS), 마키노 시게오

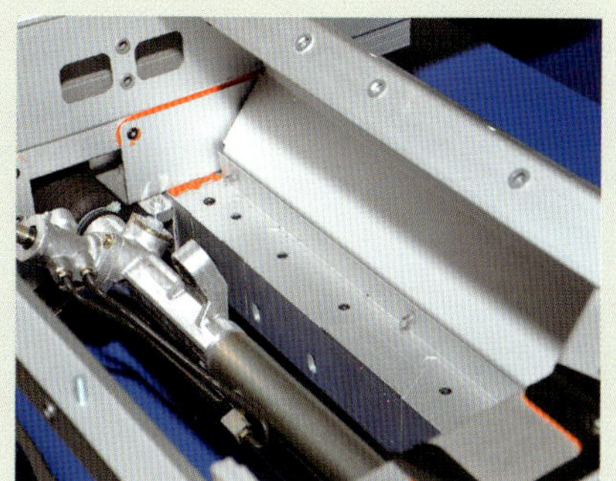

A. 접착 / 리벳

P.040

부재의 틈새를 통해 빨갛게 보이는 것이 구조 접착제이다. 알루미늄 판 / 접착제 / 알루미늄 판으로 되어 있으며, 심지어 SPR(Self Piercing Riveting)을 박고 로(爐)에 넣어 약 180℃로 접착제를 경화시킨다. 아우디나 재규어도 똑같은 접합방법을 알루미늄 보디의 시판차에 사용한다.

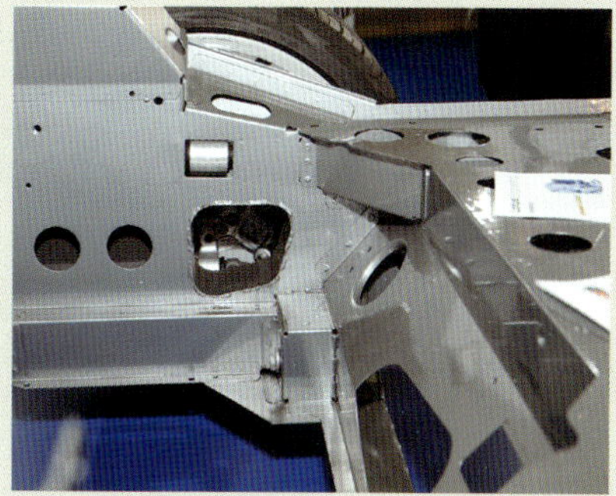

B. MIG 용접 / 스폿 용접

P.034/036

MIG는 아르곤 가스(이산화탄소 혼합인 경우도 있다)로 용접부분을 덮음으로서 대기 중의 산소 영향을 차단하는 선 용접이다. 강재나 알루미늄 소재 모두 적용할 수 있다. 저항 스폿은 국소적으로 전류를 흘려 모재를 녹여서 분자를 결합시키는 방식이다.

C. 접착 / 리벳

P.040

탑승객의 공간이 되는 부분은 깊은 욕조 모양을 하고 있다. 접합은 구조 접착제와 SPR이다. 차량을 횡단하는 가로방향으로 크로스 멤버, 세로방향으로 스트링어가 들어가 면의 강성을 확보한다. 폐단면을 한 알루미늄 압출 소재가 많이 사용되고 있다.

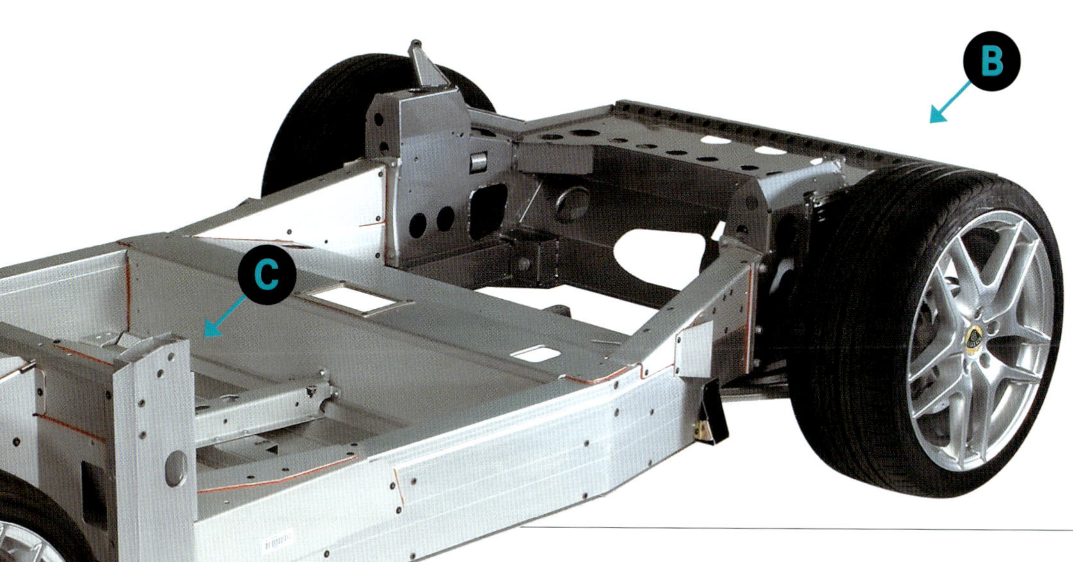

프레임에 사용되는 압출 소재는 단면 형상이 21종류나 되며, 모두 열처리 합금인 6000계(마그네슘 / 실리콘 혼입)로 통일되어 있다. 판의 소재는 비열처리 소재인 5000계(5754재)를 사용한다. 재활용할 때는 판과 폐단면 소재로 나누면 된다.

리벳 건

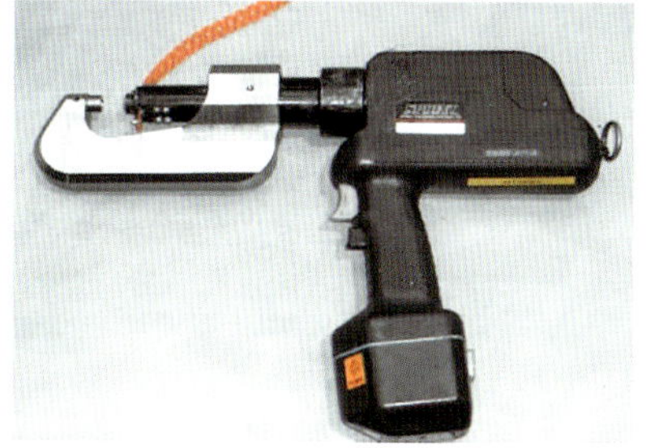

SPR을 박기 위한 전동 핸드 건. 끝부분에 부재를 끼운 다음 방아쇠를 당기면 리벳이 박힌다. 재규어 등에서는 다간접(多間接) 로봇의 암에 건을 연결하여 한 번에 자동으로 박지만 로터스는 이 건만을 사용한다.

보디 소재

설계의 형상을 레이저로 절단한 다음 필요에 맞게 굽힘 가공된 알루미늄 부재는 이와 같이 팰릿(pallet)에 실려 생산라인에 공급된다. 이 부재를 순서대로 지그 위에 늘어놓고 지시에 따라 리벳을 박는다. 저항 스폿 용접은 소형 서보(servo) 건으로 이루어진다. 조립 정밀도는 부재에 박힌 위치 지시점(로케이션 포인트) 간의 치수를 X / Y / Z 축으로 계측해 확보한다.

02
CHAPTER

Various Methods of Body Jointing
보디 접합의  종류

앞 장에서 살펴봤듯이 자동차의 보디 접합은 부위나 형상, 소재 등에 따라
다양한 수단으로 구분하여 사용하고 있다.
접합의 종류에 따라 잘 하는 것과 그렇지 않은 것이 있으며,
현재 보유한 생산 설비와도 관계되어 있다.
이 장에서는 그런 접합의 종류에 대해 그림의 해설과 함께 살펴보도록 하겠다.

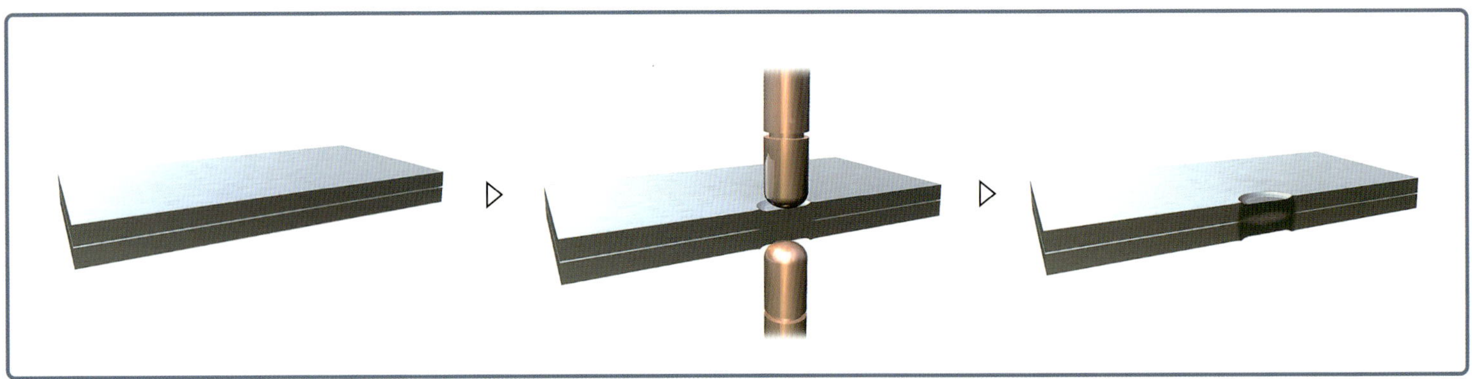

강판이야 말로 스폿 용접과 잘 맞는다.

2장(3장도 됨)의 박판이 겹쳐진 부분에서 1곳을 끼워 넣듯이 양쪽에서 전극으로 꽉 누른다. 그러면 약간의 틈새에 있던 모재들끼리 압착력에 의해 부분적으로 접촉한다. 이 상태에서 큰 전류를 흘리면 「전류는 저항 값이 가장 작은 장소를 흐른다.」는 성질에 따라 모재들끼리 접촉되어 있는 장소로 전류가 흐른다. 이때 금속이 가진 전기 저항에 의해 전류의 흐름이 방해를 받으면서 전극이 접촉되어 있는 부분이 발열한다. 이 발열로 금속이 녹아 「너깃(nugget)」을 형성하여 접합된다. 강(철)은 전기 전도율이 금, 은, 동이나 알루미늄보다 낮기 때문에 전류를 흘렸을 때의 저항이 크고, 그 만큼 발열도 크다. 그러나 열전도율도 낮기 때문에 국소적인 열이 잘 냉각되지 않는다. 그래서 저항 스폿 용업과 조합이 잘 맞는다는 것이다.

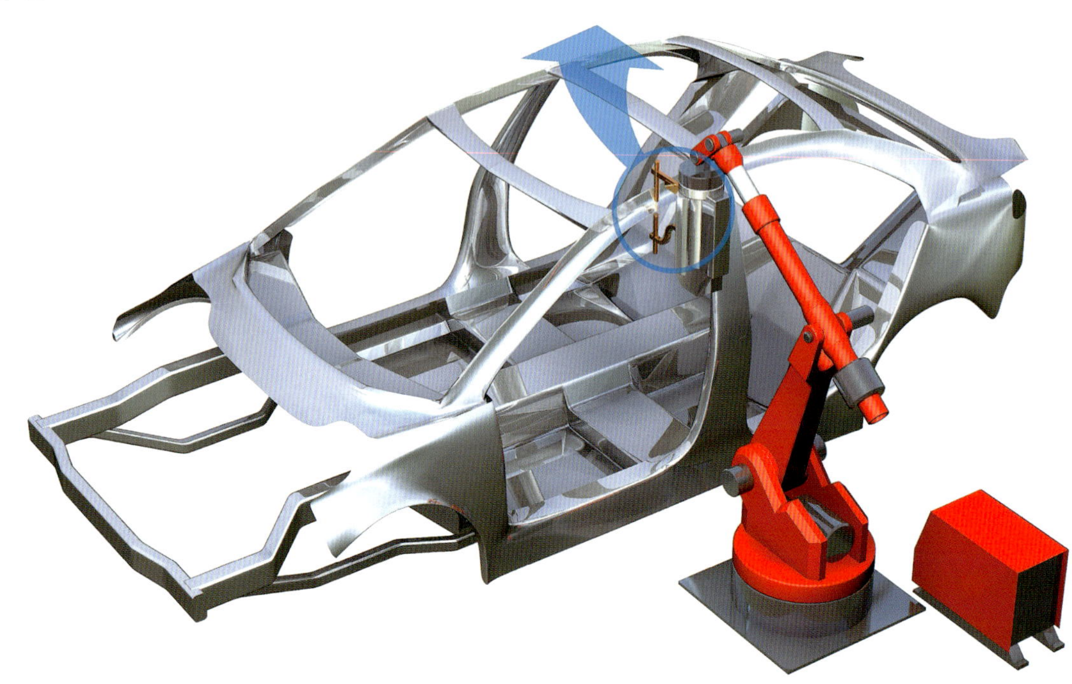

접합의 종류. 1
용접 『스폿 용접』
SPOT WELDING

현재의 양산 승용자동차 보디의 구조는 대부분이 강제의 박판을 조합하여 접합한 것이다.
그 때문에 금속의 전기 저항을 이용한 저항 스폿 용접이 대부분의 자동차에 이용되고 있는데 특히 일본에서는 접합의 99%가 이 방법이다.
용도가 넓고, 싸며, 확실할 뿐만 아니라 많은 노하우가 축적되어 온 접합하는 방법의 대표는 역시 용접이다.

본문 : 마키노 시게오(Shigeo MAKINO)   일러스트 : 구마가이 토시나오(Toshinao KUMAGAI)   사진 : 세야 마사히로(Masahiro SEYA), 미쓰비시, 아우디, 사브

▶ 자동차 보디의 자동 용접 라인

다관절 로봇의 암 끝부분에 용접기기를 장착하고 생산 모델에 맞추어 자동으로 용접한다. 인간이 하기 어려운 작업의 자세도 로봇에게는 어렵지 않다. 타점의 둘레 길이는 3~4.25√T로 관리된다.

▶ 스폿 타점의 간격은 25mm까지?

자동차의 스폿 타점끼리의 거리는 보통 50mm로서 이것은 세계 공통이다. 부위에 따라서는 25mm까지 좁히지만 이보다 더 간격을 좁히면 전류의「분류」가 쉽게 발생하여 모재가 녹지 않아 접촉이 불량해질 확률이 높아진다.

▶ 수 천 암페어의 전류를 흘리는 전극 끝부분

왼쪽 사진에서「ㄱ」자 모양을 한 부분의 양쪽에 전극이 있다. 끝부분은 팁이라 불리는 전기 저항이 작은 동합금 등으로 만들어져 있다. 전류가 흐르는 동안에 오염물이 부착하기 때문에 정기적으로 팁은 교환된다.

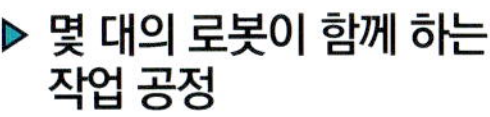

▶ 몇 대의 로봇이 함께 하는 작업 공정

양산 자동차의 자동화 보디 용접 라인에서는 사진과 같이 하나의 스테이션에 몇 대의 용접 로봇이 함께 배치되어 단시간에 작업을 마무리한다. 타점 순서나 각 타점의 전류값 등은 모두 프로그램 되어 있다.

▶ 대형 서보 건을 사용한 수작업

전류 값과 압착력을 제어할 수 있는 서보 건을 작업자가 다루고 있는 광경. 당연히 건은 위에 매달려 있으며, 경우에 따라서는 보조 동력을 이용한다. 인건비가 싼 나라에서는 로봇보다 사람의 손을 사용하는 경우가 많다.

일본의 자동차 메이커가 저항 스폿(단순히 스폿이라고도 한다) 용접을 많이 이용하는 이유는 로봇을 사용한 자동설비라도 양산에 있어서 1타점 당 비용이 100원 이하로 내려가는 가격적인 장점 때문이다. 일본은 구미에 비해 저항 스폿 설비가 싸다. 또 하나의 이유는 강재 메이커의 지원이다. 저항 스폿 용접에 적합한 유럽과 미국에는 잘 없는 특수 스펙의 자동차용 박판을 개발하여 그것을 싸게 공급해 준다. 이 두 가지 이유가 합해지면서 일본 자동차는 저항 스폿 용접이 압도적인 비율을 갖고 있다.

저항 스폿 용접의 성공률은 매우 높아졌다. 일본 자동차 메이커에서는 5~10ppm 정도의 불량률을 자랑한다고 한다. 모재의 성질에 맞추어 전류 값을 바꿀 뿐만 아니라 전류를 흘리는 0.3초 정도 동안 전류 값의 피크를 적절하게 제어하고 있다는 점, 모재에 맞추어 클램프(압착)력을 바꾼다는 점의 두 가지 이유 때문이다. 또한 용융 아연 도금을 사용하는 일본만의 독특한「GA 강판」용접에서는 녹여낸 아연이 가스 상태가 되어 너깃(모재들끼리 서로 녹아 분자 구조가 섞인 부분)에 들어가는데 이에 대한 대책

도 진행되어 왔다.

남은 문제는 분류다. 타점 간격을 너무 좁히면 전류를 흘려도「인접한 타점」으로 분류됨으로서 용접에 필요한 온도에 도달하지 못 한다. 25mm 간격 이하인 경우 자동라인 내에서는 불량률이 50%까지도 나온다. 냉각되고 나서 타점을 더 때리는 방법이나 모재의 프레스 정밀도의 향상으로 16~17mm까지 좁힐 수 있다는 연구보고도 있는데 앞으로가 기대된다.

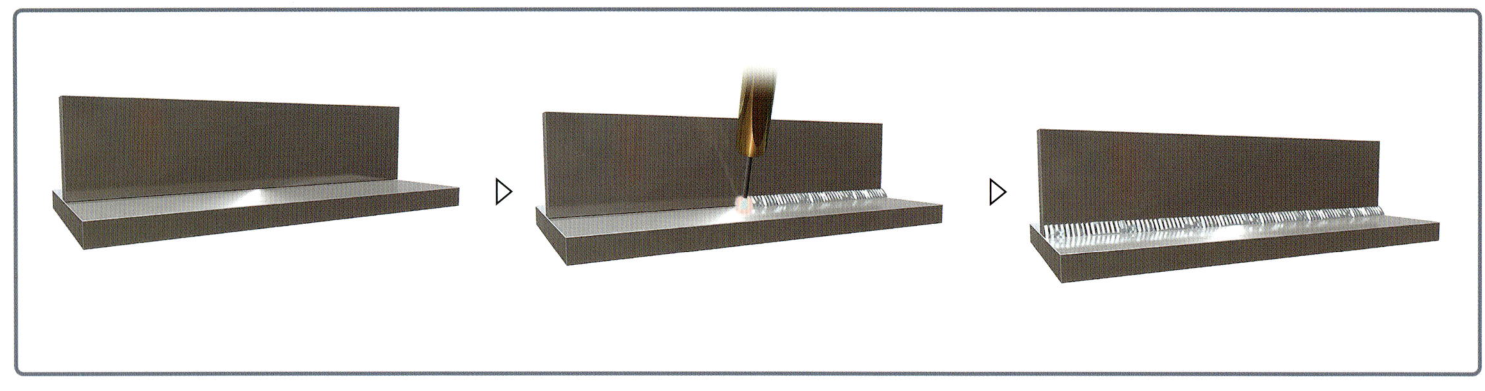

**아크의 열로 금속을 녹여가면서
용가재를 덧붙여 나간다.**

토치에서 발생하는 아크를 이용하여 접합 대상인 금속을 녹임으로서 용접을 하는 것이 아크 용접이지만 금속을 녹이는 것만으로는 만족스러운 접합은 할 수 없다. 이것은 방전 현상을 이용하는 아크가 접합면에는 도달하지 않고 바깥에서 보이는 범위의 금속 표면밖에 미치지 않기 때문이다. 그래서 아크 용접에서는 이 표면부분에 금속들끼리 융합이 되도록 용가재(용접봉이라고도 한다)를 녹여가면서 덧붙이는 방식으로 용접을 한다. 용해한 용가재가 금속 위로 떨어지면 동그란 형상이 되긴 하지만 기본적으로는 액체이기 때문에 중력의 영향을 받아 흐르려고 하는 성질을 갖는다. 이 성질을 가능한 역행하지 않도록 용가재를 면에 덧붙여가면서 이웃한 면과 이어나가는 것이 용접의 기본 원리이다.

접합의 종류. 2

용접 『아크 용접』

ARC WELDING

용접이라고 했을 때 아마도 누구나가 떠올리는 것이 아크 방전을 이용한 이 방법일 것이다.
섬광이 튀기는 아크 방전에서 발생하는 고열을 통하여 금속을 용해하면서 접합하는 방식이다.
몇 가지 종류가 있지만 자동차에 이용되는 것은 주로 MIG 용접(Metal Inert Gas arc welding)과 TIG 용접(Tungsten Inert Gas are welding)이다.

본문 : 다카하시 잇페이(Ippei TAKAHASHI)　일러스트 : 구마가이 토시나오(Toshinao KUMAGAI)　사진 : 링컨 일렉트릭, 하세가와 다카히사(LEJ)

MIG와 TIG는 토치 쪽의 전극이 다르다

자동차 생산에 사용되는 아크 용접은 주로 MIG 용접과 TIG 용접의 2종류다. 이들의 차이는 토치(아크를 발생하는 부분)의 전극에 있다. MIG 용접에서는 토치의 끝부분에 자동으로 공급되는 와이어 형상의 용가재가 전극을 겸하고 있으며, TIG 용접에서는 토치의 끝부분에 텅스텐제의 전극이 설치되어 있다. MIG 용접은 접합 대상의 금속에 어스선을 연결하고 토치를 대면 용접이 시작되는데 반해, TIG 용접에서는 별도로 용가재의 준비가 필요하다. 한편 알루미늄 용접에 필요한 교류를 사용할 수 있는 것은 TIG 용접이다.

▶ 아우디와 알루미늄 그리고 TIG 용

아우디의 예. 2009년 아우디의 시범. 아우디는 1994년의 A8부터 MIG 용접에 착수. 알루미늄 캐스트 소재와 압출 소재의 혹은 패널 소재의 접합에 사용한다. R8에서는 총 용접의 길이가 99m, A8에서는 25m라고 발표하고 있다.

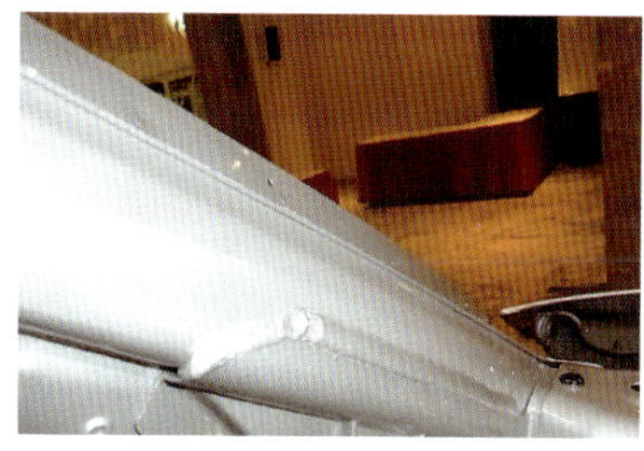

▶ 알루미늄 보디 형성을 위해

아우디 A8 보디의 MIG 용접 부위. 왼쪽은 A 필러 안쪽과 카울 톱을 잇는 부위. 왼쪽 아래는 프런트 사이드 멤버와 로워 패널의 접합 부위. 아래는 프런트 사이드 멤버의 각도를 달리한 사진.

아크 용접은 대전류로 방전을 하면 발생하는 아크 현상을 이용하는 것으로서 이 아크 용접에 있어서 모든 의미에서 중요한 포인트라 할 수 있는 것이 거의 순간적으로 금속을 액상화시키는 고온이다. 용접의 현장을 본 적이 있는 사람은 알 것이라 생각하지만 용접을 할 때는 금속이 노랗게 빛나면서 번쩍이는 상태가 되는데 조금 가감을 달리하면 뚝뚝하고 방울이 지면서 떨어진다. 이런 상태에서 잊어서는 안 될 것이 산화라고 하는 현상이다. 아무런 대책도 세우지 않으면, 금속과 산소의 반응이 급격하게 진행되어 너덜너덜해지는 것은 쉽게 상상할 수 있다

그래서 이용하는 것이 실드 가스라고 불리는 가스를 불어줌으로서 용접 작업을 하는 부분의 산소를 차단하는 방법이다. 이 실드 가스는 아르곤 등과 같은 불활성 기체를 주성분으로 하는데 자동차 생산에 이용되는 상기 2종류의 용접법 양쪽을 다 사용한다. 이들 용접법뿐만 아니라 산소의 차단은 용접에 있어서 필수적인 요소로서 실드 가스를 불어주는 이외에도 몇 가지 방법이 존재하지만 자동차 섀시와 같이 비교적 얇은 소재로 구성되는 구조부재에는 이 방법이 이용되는 경우가 많다.

금속이라면 아무 것이나 일체화할 것 같은 아크 용접이지만 왼쪽 페이지에서도 소개했듯이 중력의 영향 등 사실은 제약이 많다. 그 때문에 수작업으로 하는 경우에는 숙련을 필요로 하지만 자동차 생산 현장에서는 이것들을 자동화하고 있다. 그에 있어서 노하우와 노고가 반영되어 있다는 것은 말할 필요도 없다.

레이저 용접의 구조와 특징

에너지의 밀도를 높이기 위해 집광(集光)한 레이저는 조사(照射)범위를 상당히 좁힐 수 있다. 「돋보기로 태양 빛을 모아 종이를 태운 적이 있죠. 그것과 똑같습니다」라는 기술자의 말을 통해 레이저 용접의 이미지가 쉽게 떠오를 것이다. 즉, 레이저 용접에 있어서도 돋보기=집광기의 역할이 상당히 커서, 시스템의 중요한 포인트라 할 수 있다. 용접 속도가 매우 빨라 같은 아크 용접과 비교해도 확연히 차이가 날 정도다. 또한 레이저 자체는 발진기에서 발생되고 있어서 제어성이 풍부하기 때문에 용접 부위 간의 이동속도나 다음 공정에서의 진행도 뛰어나며, 작업성이 현저히 높다. 반면에 장치의 도입이나 유지관리에 비용이 들어가는 단점도 지적된다.

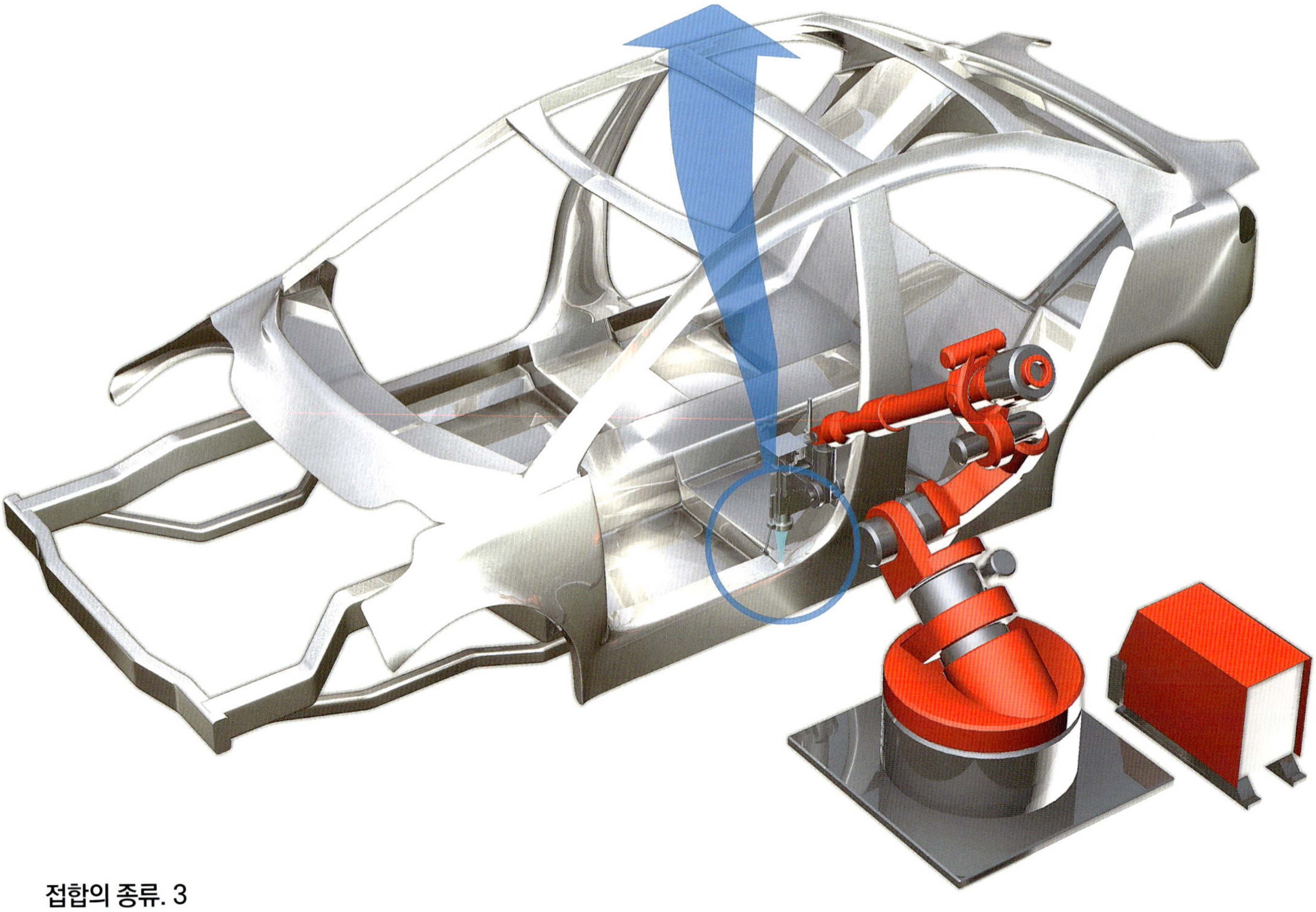

접합의 종류. 3

용접 『레이저 용접』

LASER WELDING

높은 에너지를 가진 레이저를 쏘아 모재를 용융시켜 접합한다.
같은 용접이지만 레이저 용접의 구조는 스폿과 아크와는 근본적으로 다르다.
유럽을 중심으로 사용되고 있는 레이저 용접의 장점과 단점에 대해 살펴보자.

본문 : MFi   일러스트 : 구마가이 토시나오(Toshinao KUMAGAI)   사진 : 링컨 일렉트릭, 아우디, 하세가와 다카히사(LEJ)

▶ 아우디의 레이저 용접

보디를 알루미늄화 하고 있는 아우디는 일찍부터 레이저 용접에도 착수해 왔다. 사진은 2009년의 테크니컬 데이 때 알루미늄 테스트 피스. 아주 좁은 범위에 조사되어 연속으로 용접되는 모습을 볼 수 있다.

▶ 링컨 일렉트릭의 레이저 용접

스폿이나 아크와 방식이 다르기 때문에 레이저 용접에서는 모재 쪽에 통전시킬 필요가 없다. 또한 조사 각이나 용입의 깊이 등을 자유롭게 제어할 수 있다는 것도 특징으로 레이저만 닿으면 속이 깊숙한 곳도 접합할 수 있다는 장점도 있다.

▶ 아우디 A8의 루프 부분

루프 패널은 면적이 크고 얇기 때문에 극도로 열을 받으면 변형을 일으켜 보디 쪽의 좌우 패널과 치수가 맞지 않게 된다. 종래는 네 귀퉁이만 점으로 붙이고 실재로 밀봉했었다. 레이저 용접에서는 그런 문제도 모두 해결할 수 있다.

▶ 아우디 A8의 사이드 실

중요 구조 부재인 사이드 실은 폐단면이기 때문에 용접이 어려운 부위다. 레이저를 이용하면 쉽게 연속으로 용접이 가능하고 강도도 얻을 수 있다. 주행 중의 변형 억제는 물론이고 만일의 측면 충돌 때에도 뛰어난 효과를 발휘한다.

유럽 메이커를 중심으로 사용이 진행되고 있는 레이저 용접은 연속 접합의 일종이다. 보디 패널을 접합하는 데 점이 아니라 선으로 연결하면 강성은 향상이 된다. 아크 용접으로도 연속 용접은 가능하지만 레이저 용접에서는 열의 변형을 최소한으로 억제할 수 있다는 큰 장점이 있다.

레이저(LASER)란 Light Amplification by Stimulated Emission of Radiation : 유도 방출에 따른 빛의 증폭을 말한다. 단일 파장이고, 지향성이 뛰어나기 때문에 퍼지지 않고 직진하는 특성을 갖는다.

「어느 에너지 준위(準位)에 있는 원자 또는 분자가 외부로부터의 전자파 충격을 받아 그 강도에 비례하여 위상이나 주파수가 같은 전자파를 방출하는 현상. 메이저·레이저에 이용. 유도 방사.」는 대사전에 의한 해설이고 레이저 용접에 있어서는 발진기에서 발진된 레이저를 집광기나 미러를 이용하여 모재에 조사함으로서 접합이 이루어진다. 앞서 언급한대로 단일 파장이라 지향성을 갖기 때문에 집광렌즈를 이용하면 현저하게 에너지 밀도를 높일 수

있다. 아주 좁은 부위를 깊게 녹여 들어가거나, 넓고 얇게 녹이는 등 제어의 자유도가 높은 것이 특징이다.

그러나 한편으로는 메인터넌스의 빈도가 높고, 비용이 늘어나는 단점이 지적된다. 집광기가 레이저 용접의 가장 핵심이라 정기적으로 렌즈를 연마하고 교환할 필요가 있기 때문에 그 동안에는 당연히 시공을 할 수 없다. 렌즈 자체도 고가인 재료를 사용하고 있기 때문에 운전자금의 절약이 레이저 용접의 과제 중 하나로 다루어진다.

Self-Piercing Riveting

2장 이상의 판재를 체결하는 수단으로 리벳의 하부를 모재에 체결하는 동시에 변형시킴으로서 뺄 수 없는 구조로 만든다. 우측 그림으로도 알 수 있듯이 리벳은 관통하지 않고 모재를 감싸 변형되면서 일체화한다. 시공할 때는 밑에서 받침대를 대야 하기 때문에 압착 공구가 들어갈 만한 공간이 필요하다. 알루미늄끼리 연결하는 방법으로 많이 사용되는 이유는 알루미늄은 열 및 전기의 전도율이 강재보다 높고 스폿 용접을 위해 건을 갖다 대도 전기 에너지가 사라져 저항 용접이 이루어지지 않기 때문이다. 그래서 같은 점 접합이면서 기계적 수단을 이용하게 되었다. 통상적인 리벳 시공 때와 같이 미리 구멍을 뚫어둘 필요도 없기 때문에 강도 저하의 우려가 적다는 것도 특징이다.

리벳 예

볼트 체결 예

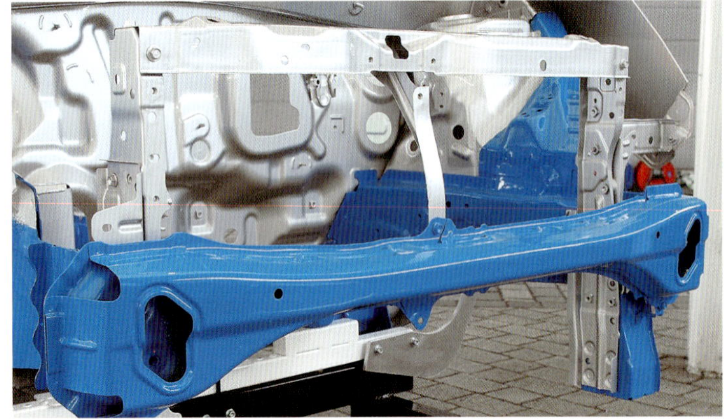

(상) 테슬러 모델S의 섀시로서 프런트 서스펜션의 주변이다. 이 자동차는 알루미늄 보디로 구성되어 있어서 여기에서는 압출 소재의 메인 프레임과 주조 소재의 서스펜션 멤버의 체결 부위를 중심으로 리벳이 박혀 있다.
(하) 다이하스 미라이스의 보디. 라디에이터 서포트 및 멤버 빔은 프런트 사이드 멤버와 볼트 · 너트로 체결된다.

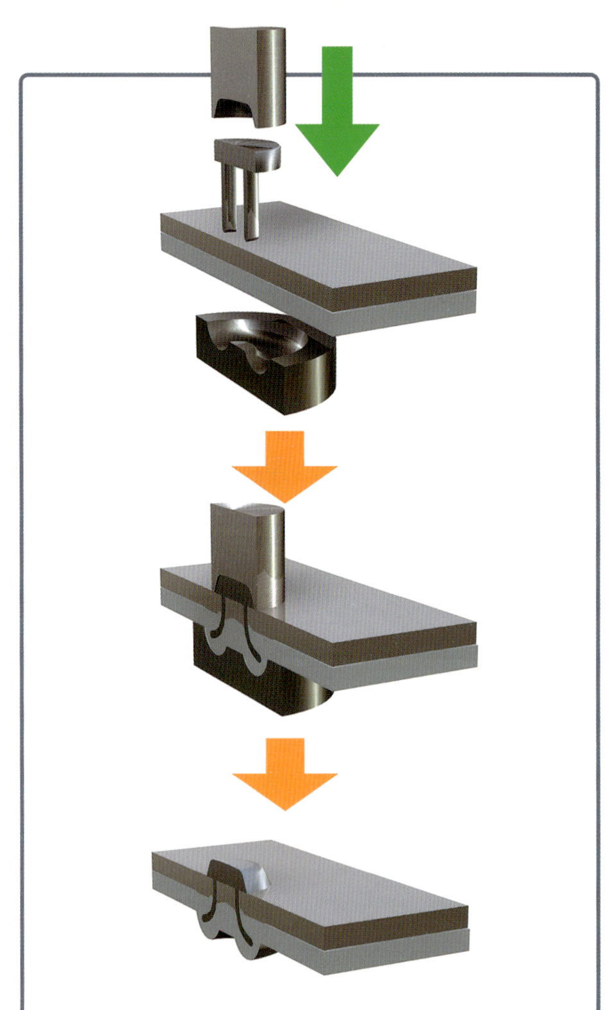

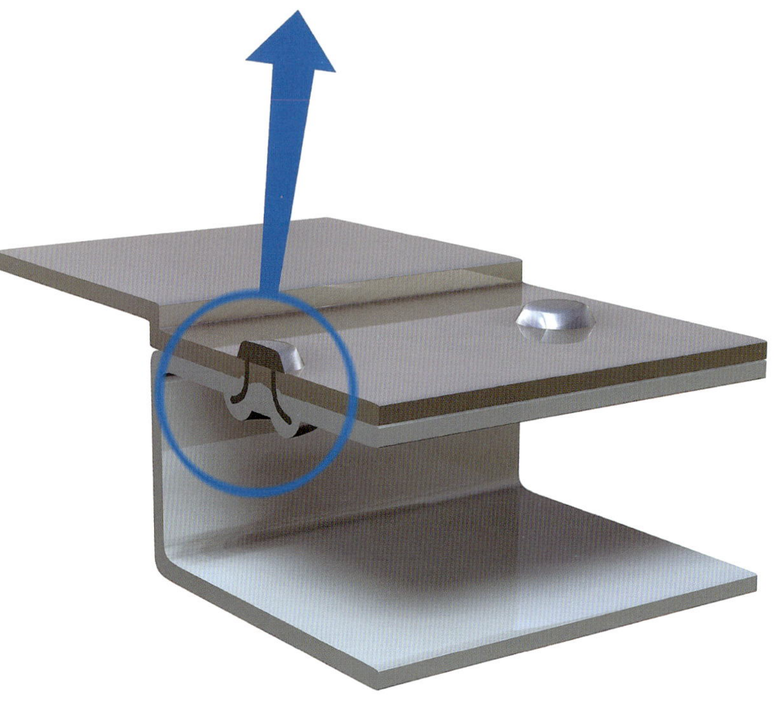

접합의 종류. 4

『체결』 / 『접착』
FASTENER / ADHESION

체결과 접착은 모재에 열을 가하지 않고 접합하기 때문에 소재의 변화가 일어나지 않고, 치수의 안정도도 높다.
주로 알루미늄 소재의 접합에 이용되는 경우가 많으며, 부위에 따라서 시공법도 다양하다.
앞으로의 가능성을 크게 간직하고 있는 접착과 함께 그 구조에 대해 살펴보자.

본문 : MFi 피겨 : 구마가이 토시나오(Toshinao KUMAGAI), 아우디, 재규어, MFi

Solid Punch Riveting

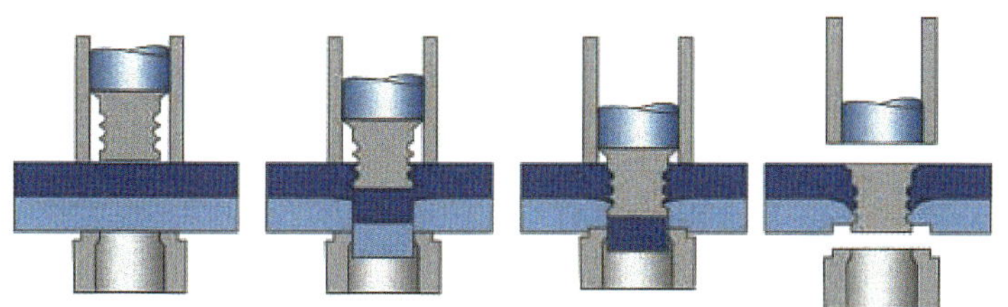
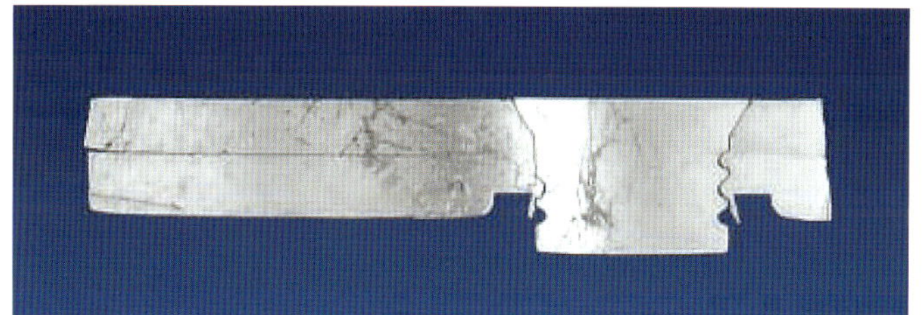

아우디의 알루미늄 접합기술 가운데 하나. 구멍이 뚫리지 않은 2개의 판재에 대해 쐐기모양의 원통부재를 강제적으로 눌러서 결합한다. 가공 면이 평평해지기 때문에 예를 들면 TT에서는 루프나 필러 주변 등 미관을 손상시키지 않는 부분에 이용된다. 약칭은 SPR이며, 까다롭기 때문에 주의할 것.

AUDI

Flow Drill Screwing

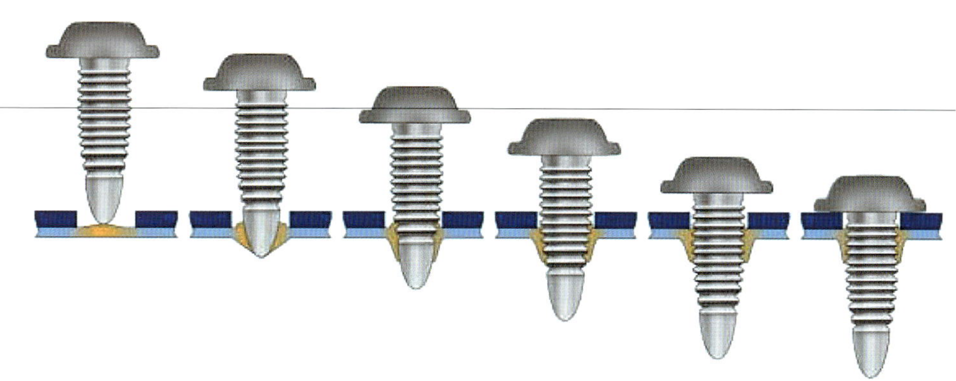

올 알루미늄 보디에서 바뀌어 중요 부재에는 강재를 이용하게 되었기 때문에 알루미늄과의 접합하는 수단으로 사용된 것이 이 FDS다. 소위 말하는 나사 고정의 일종으로 전해부식에 대한 대책 때문에 강재와 알루미늄 사이에는 접착제를 바르고 시공한다. 사전에 모재에는 구멍을 뚫어둘 필요가 있다. 나사 고정이기 때문에 체결부위를 다시 분리시킬 수 있다는 것도 장점이다.

접착 예

(좌) 재규어의 예. 프런트 윈도우를 장착하고 있는 모습으로 윈도우를 장착한 후 접착제로 주변을 접착한다. 글라스, 수지, 금속이라고 하는 이종 소재의 접합으로서 현재는 접착이 주류다. 윈도우 글라스는 보디의 강성에도 기여하는 부재라서 확실하게 장착할 필요가 있다. 또한 접착제를 이용함으로서 높은 밀폐성도 실현한다.
(우) 테슬러 로드스터의 섀시. 빨갛게 보이는 부분이 접합 부위에서 삐져나온 접착제로서 리벳 고정과 더불어 확실한 체결이 이루어진다.

두 개 이상의 물체를 매개의 부재를 사용하여 기계적으로 접합시키는 방법이 체결이다. 지금까지 설명해 온 여러 가지의 방법과 크게 다른 것은 체결에는 결합한 부위를 한 번 더 쉽게 분리할 수 있는 수단이 있다는 것이다. 구체적으로는 나사류를 이용하면 공구로 탈착할 수 있다. 접합한 후에도 분리할 가능성이 있는 곳 – 예를 들면 라디에이터 서포트나 범퍼 빔 등의 구조부재, 도어 힌지 등의 가동부위 등에 많다 – 에 대해서는 볼트와 너트로 고정하도록 설계한다.

물론 체결에도 분리가 되지 않는 방법이 있는데 그때는 리벳을 이용한다. 용접할 수 없는 부위나 맞지 않는 소재들을 체결하는 등에 사용하며, 한 번 체결하면 쉽게 분리할 수 없다. 그러나 한편으로는 용접과 달라서 체결부위를 파괴하면 다시 분리할 수 있다는 것도 특징이다.

나사류, 리벳류 모두 기계적 강도를 높이고 싶으면 스폿 용접처럼 체결부위 수를 증가시키거나 혹은 나사와 리벳의 소재를 고강도의 것을 이용하면 된다. 대개는 모재와 다른 금속을 이용하게 되는데 그때는 전해부식이 생기지 않도록 수단을 강구할 필요가 있다.

접착은 주로 수지를 이용하는 접착제를 매개로 해서 두 개 이상의 물체를 붙이는 방법이다 부재들을 크게 가공하지 않아도 되기 때문에 열 변형이 일어나지 않고 밀봉성이 뛰어나다는 등의 장점이 있지만 접착 면적을 크게 하지 않으면 강도를 확보할 수 없다는 점, 수지를 주체로 하기 때문에 고열에 약하다는 점, 접합 수단으로 역사가 짧기 때문에 시간의 경과에 따른 데이터가 적다는 점 등이 약점으로 거론된다.

FSW용 툴. 아래쪽 원통부분에서 솟아난 가는 부분이 프로브(probe)로서 마찰열로 인해 연화된 금속 소재에 들어간다. 그 주변의 평면부분은 솔더. 작업 중 마찰열의 대부분을 만들어 낸다.

FSW에 의해 접합된 부분을 절단한 모습. 표면에 툴의 흔적이 남아있긴 하지만 열의 영향을 거의 받지 않기 때문에 접합부분을 포함하여 단면의 상태가 거의 균일하다.

액체로 하지 않고
고체 그대로 마구 돌린다.

금속을 완전히 녹이지 않고 마구 돌린다는 말이 바로 이해가 되지 않을지 모르지만 녹아내린 초콜릿을 연상하면 쉬울 것이다. 손을 대지 않고 놔두면 그 형상을 유지하지만 손으로 누르면 간단히 변형이 된다. 금속에도 비슷한 상태가 존재하는 것이다. 이것을 툴로 마구 돌리는 것인데 초콜릿의 사정과는 조금 다른 것은 FSW에서는 녹아내리는 상태가 툴 주변에서만 일어난다는 점이다. 툴이 이동하기 시작하면 그 주변에만 온도가 급격하게 상승하고 지나가면 빠르게 차가워진다. 열 영향이 최소한으로 끝나는 것은 이 때문이기도 하다. 고체 상태이기 때문에 액체처럼 중력의 영향으로 흐르지 않아 상향 자세의 작업이 가능하다는 장점도 존재한다.

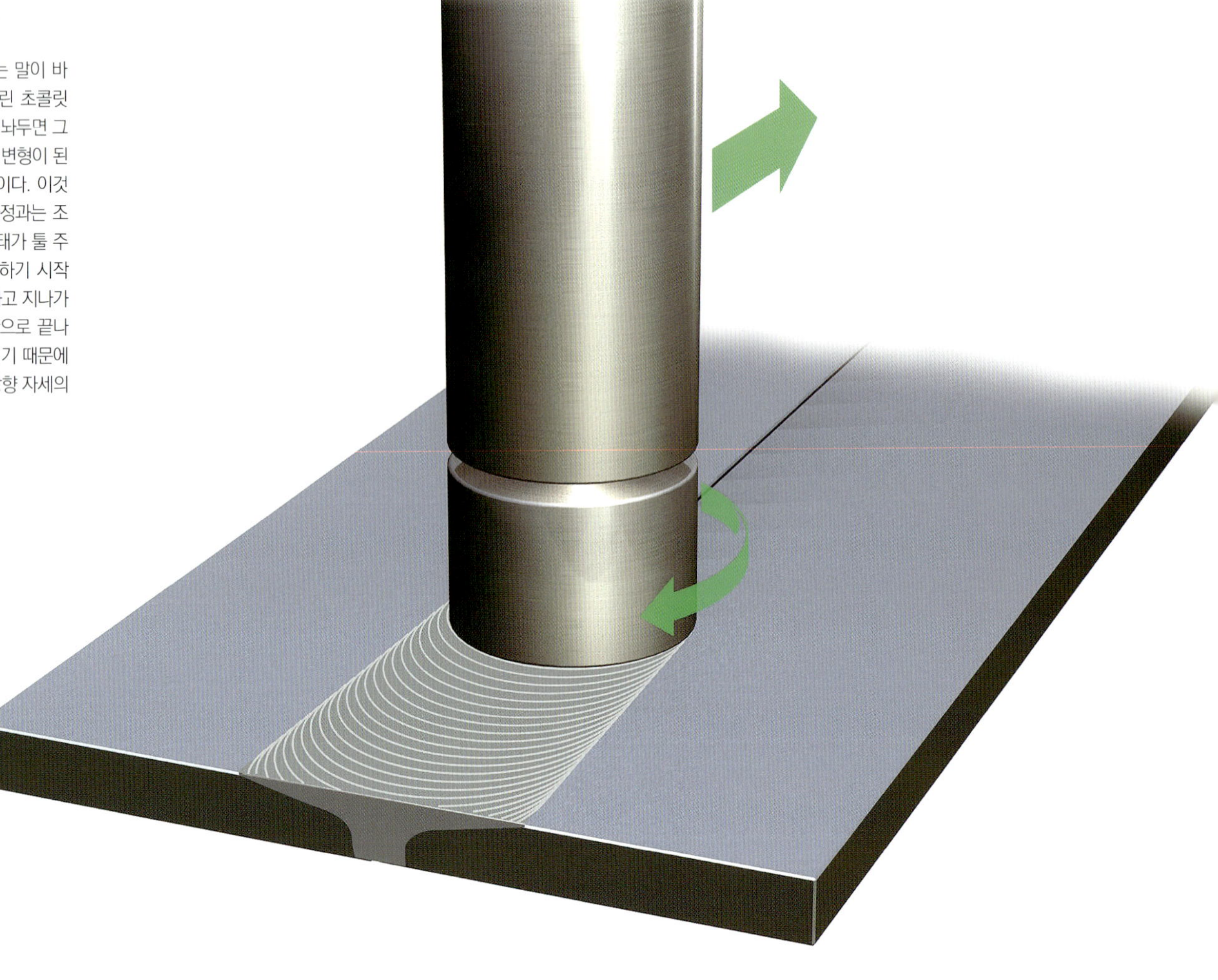

접합의 종류. 5

『마찰 교반 접합』
FSW – Friction Stir WELDING

고속으로 회전하는 툴과 소재 사이에 발생하는 마찰열을 이용하는 접합 기술이 FSW이다.
소재의 융점보다 훨씬 낮은 온도에서 접합이 이루어지기 때문에
산화나 변형 등과 같은 열의 영향을 최소한으로 할 수 있다.

본문 : 다카하시 잇페이(Ippei TAKAHASHI)　피겨 : 구마가이 도시나오(Toshinao KUMAGAI), 세야 마사히로(Masahiro SEYA), 마쯔다

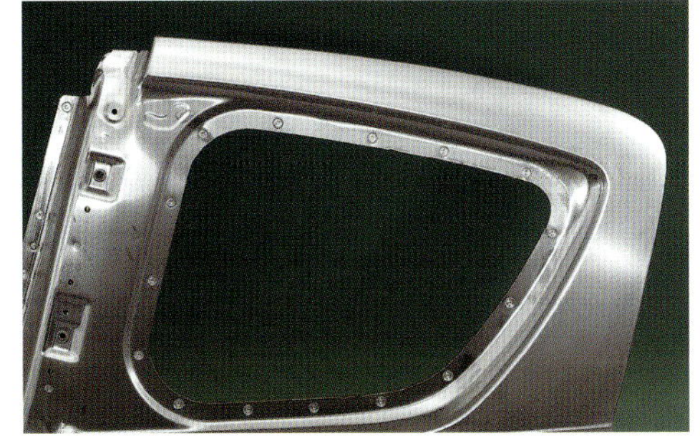

마쯔다 RX-8의 뒤쪽 도어(위)와 보닛(아래). 둘 모두 아우터 패널, 이너 패널 모두에 알루미늄으로 되어 있으며, 그 조립 공정의 대부분에 SFW(Spot Friction Welding)이라 불리는 마찰 교반에 의한 스폿 용접이 이용된다. 이것은 말하자면 FSW의 스폿판이라고도 할 수 있는 마쯔다가 독자적으로 개발한 기술이다. 우측은 뒤쪽 도어를 SFW로 조립하고 있는 모습.

▶ 마쯔다 RX-8 예

열이 쉽게 없어지기 때문에 대전류를 필요로 하는 알루미늄용 저항 스폿을 SFW로 바꿈으로써 제조할 때의 소비 전력 삭감을 도모하면서 접합에 있어서의 확실성을 높이는데도 성공하고 있다. 소규모 설비로 끝나는 것도 SFW가 가진 장점 가운데 하나다.

1080(○)	>99.8% Al	1~12.0mm	○ 가능	◎ 매우 넓음	
1100(H14)	>99.0% Al				
3004(○재)	Al-Mn 계				
5052(○재)	Al-Mg 계	4~12.0mm	○	△ 좁음	
5083(○재)					
6061(T6재)	Al-Si-Mg 계	4~6mm	○	◎	
6N01(T5재)	Al-Si-Mg 계				
2017(T4재)	Al-Cu-Mg 계	6.0mm	○	△	
7075(T6재)	Al-Zn-Mg 계	6.0mm	○	△	
7N01(T6재)	Al-Zn-Mg 계	6.0mm	○		
1200FD	>99.0%	4.0mm	○	△	
5083FD	Al-Mg 계	6.0mm	○	△	
MC1	Al-Mn-Zn 계	3.0mm	○	△	
무산소동	>99.99%	3.0mm	×	−	
탄소강	0.1C-0.3Si-0.5Mn-Fe	3.0mm	곤란		
스테인리스강	18Cr-8Ni-Fe				

출처 : 알루미늄 합금의 마찰 교반 접합(FSW)과 철도차량에 적용

아직도 연구 개발의 여지가 많은 FSW

원래 FSW는 영국의 연구기관인 TWI(The Welding Institute)에서 개발된 기술로서 기본적인 부분의 특허에 대해서는 곧 기한이 다가오기도 해서 응용기술의 개발이나 연구가 활발하게 이루어지고 있다. 그리고 사실은 FSW의 접합에 관한 메커니즘도 완전하게 해석되었다고 말하기 어려운 부분이 있다고 한다. 사진에 나타난 것처럼 현재 상황은 기본적으로 알루미늄계 소재에 이용되는 경우가 많지만 스틸계의 강재에 대한 응용범위 확대는 기대되는 분야 가운데 하나다. 현재는 툴의 수명 등에 문제가 있긴 하지만 장래에는 열을 적게 집어넣고, 용접하기 어렵다고 여겨지는 고탄소강 등의 접합까지 가능해지면 소재의 조합에 대한 자유도가 지금보다 한층 높아진다.

근래, 용접을 대신할 새로운 접합기술로 주목받고 있는 것이 FSW(Friction Stir Welding : 마찰 교반 접합)이다. 동일한 면상에 맞대는 형태로 배치한 2개의 접합할 소재에다 고속으로 회전하는 툴을 누른 다음 거기서 발생하는 마찰로 가열하는 동시에 교반(攪拌)하여 인접한 소재를 섞어 접합하는 방식이다.

용접과 크게 다른 것은 온도이다. 용접이 대상인 소재에 융점 이하의 온도를 가하여 소재를 액화시켜 작업하는 「용융 결합」인데 반해, FSW는 융점이하에서 소재가 부드러워지는 정도로 가열하여 고체(固相) 상태로 섞어주는 「고체상태의 결합」이다.

비교적 저온으로 작업할 수 있기 때문에 소재에 대한 열의 영향을 최소한으로 할 수 있다. 즉, 융점 660℃인 알루미늄의 경우는 400~500℃에서 이 「유동성을 가진 고체」 상태가 된다. 기본적으로는 고체이기 때문에 중력에 의해 흐르는 경우는 없지만 회전하는 툴에 휘감겨 붙는 형태로 교반되어 서로 섞인다. 필요한 것은 툴의 회전과 그 이동에 소비되는 에너지뿐이다.

툴의 회전수는 수 백rpm부터 높아야 2000rpm 정도가 되기 때문에 전기로 열을 발생시키는 용접과 비교하면 훨씬 적은 에너지만 있어도 되는 것이다. 이것도 FSW가 가진 큰 장점 가운데 하나다.

툴을 소재에 밀어줄 필요가 있기 때문에 안쪽에서 눌러줄 수 없는 자루형태(saccate)의 부재나 3차 곡면처럼 접합이 어려운 분야도 있지만 조건만 맞으면 많은 면에서 용접을 능가하는 것이 FSW이다. 탄생 이후로 20년 정도밖에 지나지 않은 새로운 기술인만큼 아직도 발전할 여지가 남아 있다.

스패터 프리에 대한 도전

효율적으로 용접하기 위한 기술

자동차 보디를 효율적으로 접합하는 방법으로 가장 많이 사용되는 용접에 있어서는 모든 면에서의 수단이 강구된다.
용접되는 쪽에는 어떤 요건이 있을까. 용접하는 장치 쪽에는 어떤 진화가 있을까.
자동차 생산현장에서 계속해서 이루어지는 견실하긴 하지만 확실한 진보를 하드와 소프트 양 측면에서 살펴보겠다.

본문 / 피겨 : 하세가와 다카히사(Takahisa HASEGAWA / 링컨 일렉트릭 저팬 기술부 부장)

그림1 스폿 용접의 용접 불량 요인 계통도

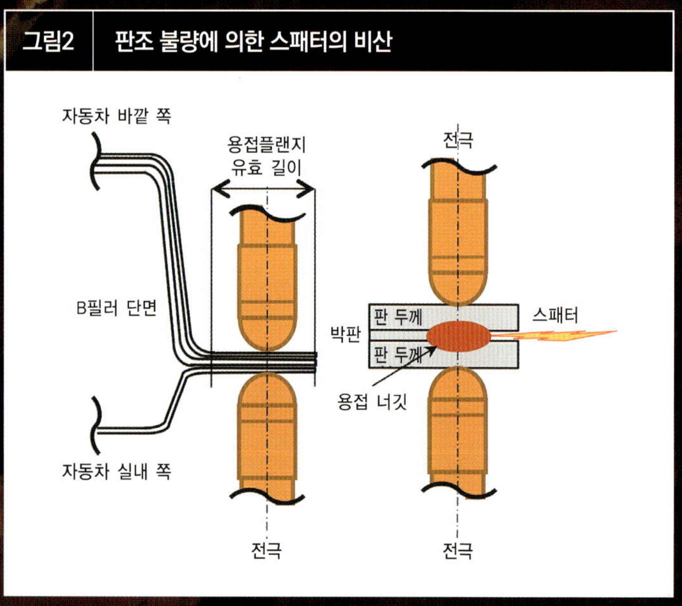

그림2 판조 불량에 의한 스패터의 비산

자동차 보디는 용접, 기계적인 접합, 용착 등과 같이 용접하는 재료의 종류나 재질에 따라 다양한 접합방법 가운데 최적의 방법을 선정함으로서 효율적으로 재료를 접합하여 제품을 만들어내고 있다. 용접의 신뢰성에 있어서도 나날이 발전하는 용접기의 기술 혁신, 그리고 각 회사의 관리 기술의 향상을 바탕으로 용접의 불량률이 수 십PPM(100만분률) 이내로 줄어들었다.

한편 기존에는 용접이라고 하면 스패터(spatter)가 튀는 것이 용착되어 있다는 증거였다. 그러나 근래에는 스패터의 비산에 따른 비효율이 주목을 받으면서 각 용접기 및 로봇 메이커가 스패터의 비산을 감소시키는 기술 개발을 진행하여 용접 기술자가 이 기술을 사용함으로서 「스패터 프리」라고 하는 키워드가 떠오르기에 이르렀다. 이번에는 자동차의 보디용으로 사용되고 있는 스폿 용접과 래더 프레임 등에서 많이 사용되고 있는 아크 용접 2가지의 공법에 대해 설명해 보겠다.

1. 용접기 성능의 향상

스폿 용접의 용접 타이머는 1980년대부터 제어 기술이 아날로그로부터 마이크로 컴퓨터화 되었다. 용접의 조건을 디지털로 설정할 수 있게 되고, 용접의 조건을 세밀한 부분까지 설정할 수 있어서 근래에는 255가지나 되는 용접의 조건을 설정할 수 있는 제품까지 나오면서 사용자가 더욱 세밀한 부분에 걸쳐 조정할 수 있

게 되었다. 또한 차체의 경량화와 더불어 강판의 고장력강판화가 진행되어 용접의 타점마다 가압력의 조정이 필요해짐으로서 전극의 가압방식이 에어 제어 실린더에서 서보 모터 제어로 바뀌었다.

이로 인해 지금까지 가압력을 용접의 타점 별로 변경하는 것이 곤란했지만 서보 모터 제어화와 더불어 용접의 타점 별로 가압력을 바꾸는 것이 쉬워졌을 뿐만 아니라 가압력의 편차도 적어지면서 용접의 품질 향상으로 이어지고 있다. 또한 스폿용접의 고속 용접. 즉 로봇의 용접 작업 이외의 시간인 타점 간의 이동시간을 단축시키기 위해 로봇 암 부분에 탑재되는 용접 트랜스의 경량화를 꾀함으로서 용접 타이머가 교류 타이머에서 인버터 제어 타이머로 바뀌고 있다.

아크 용접에서는 1990년대에 미국의 링컨 일렉트릭사가 STT(Surface Tension Transfer) 용접 모드를 내놓았다. SST 용접 모드는 스패터를 크게 줄여 저입열(低入熱)로 용입의 깊이를 얻을 수 있는 용접모드로서 CO_2 아크 용접에서도 스패터를 줄일 수 있는 용접 모드이다. 일본의 아크 용접 메이커 각사도 오리지널 스패터 프리 용접 모드를 개발하여 이 용접 모드를 탑재한 아크 용접 전원을 내놓음으로서 사용자가 스패터를 삭감하는 생산 활동에 공헌하고 있다. 최근에는 지금까지 아크 용접의 약점이었던 고속 용접 모드의 개발이 진행되면서 아크 용접에 있어서도 용접 속도 2000cm/min까지 가능해진 용접 모드가 각사에서 발매되고 있다.

2. 용접 스패터의 발생요인과 그 낭비

오늘날에는 자동차 메이커의 비용 삭감 가운데 하나로 용접 스패터의 삭감이라는 테마가 있다. 이것은 스패터가 비산되었을 때 부가가치 없는 작업 및 작업 로스를 삭감하겠다는 대처이다. 스패터가 비산할 때의 낭비로는 ① 제품에 스패터가 부착되어 제거하는 일, ② 스패터가 지그와 공구에 부착되어 제품의 정밀도가 바뀌는 일, ③ 설비에 스패터가 부착되어 설비의 고장이 발생함으로서 설비의 로스가 발생하는 일, ④ 전류가 과도하게 흐르는 낭비 즉 전류량의 낭비 등이 거론된다. 스패터가 발생하는 요인 가운데 가장 큰 요인으로는 용접 전류로서 용접 전류가 높으면 스패터가 튀게 되고 전류를 낮추면 용접 불량이 발생되어 용접의 강도를 유지할 수 없기 때문에 균형 잡힌 용접 전류 값을 설정하는 것이 중요하다. 또한 스패터 발생에 기인하는 요인으로는 용접 전류뿐만 아니라 각 부품의 치수 정밀도, 부품의 형상, 조합도 크게 기인한다. 그림1은 용접 불량 조건의 요인 계통도를 나타낸 것이다. 스패터는 용접 전류뿐만 아니라 구성부품의 상태에도 크게 기여한다.

예를 들어, 용접 불량 조건의 부품구성–판조(板組)에 있어서 구성부품인 판 두께에 극단적인 두꺼운 판(厚板)과 얇은 판(薄板)의 차이가 있을 때 두꺼운 판을 충분히 용착시킬 만큼의 전류를 흘리면 얇은 판에 있어서는 과대전류가 되어 얇은 판의 부품이 녹으면서 스패터가 발생된다. 또한 용접을 하기 위해 필요한 플랜지 길이도 확보되지 않으면 용접할 때의 용접 너깃 형성의 프로세스로 패널(재료)이 부족하여 팽창력에 의해 스패터가 발생되는 경우도 있다(그림2). 때문에 용접 조건의 최적화뿐만 아니라 용접 대상물, 즉 구성부품의 부품형상, 판조 구성 등까지 주의를 기울이는 것이 중요하다.

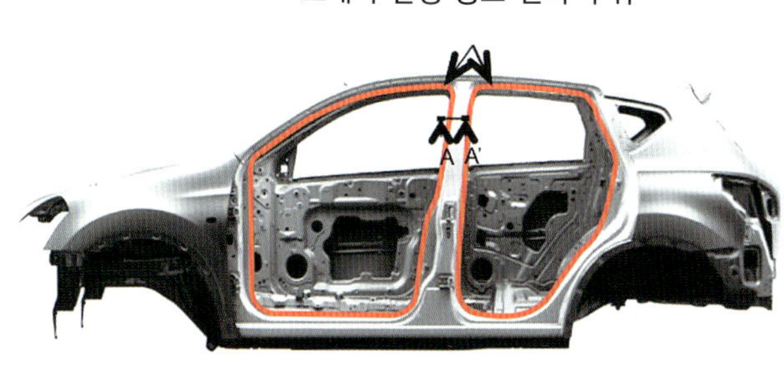

그림3 | 스패터 중요 관리 부위

3. 스패터 삭감 대처 (신차 개발~양산까지)

용접 불량에 대한 대응 방법에 있어서 자동차 메이커 각사의 대처를 간단하게 살펴보자. 자동차의 신차개발 프로세스는 디지털 단계(디지털 시작(試作))와 피지컬 단계(시작차의 생산)의 2가지 단계로 나눠지며, 그 후에 양산 단계로 옮겨 간다. 이번에는 각 단계(phase)에 있어서 차체 공정의 스폿 용접시 스패터 삭감의 대처에 대해 간단하게 설명하겠다.

먼저 디지털 단계에서는 제품생산은 하지 않기 때문에, CAD 데이터를 통해 디자인 단계에서 생산기술 요건인 용접 품질의 양품 조건 : 부품 형상, 재질, 패널 조합 등과 대조해 봄으로서 이미 생산현장에 설치되어 있는 용접기의 사양 내에서 용접이 가능한지 여부를 점검한다. 점검을 통해 모델 동결(차체 사양 결정)까지 생산기술 요건에서 벗어난 부품을 모두 요건 내로 집어넣는 작업을 한다. 이 단계에서의 작업을 소홀히 하면 다음 단계에서 설계 변경이 필요해져, 설계 변경에 따른 낭비적인 비용이 발생하므로 매우 중요한 프로세스다. 또한 차체 사양의 결정과 동시에 각 용접의 타점에 적절한 용접 조건을 이 단계에서 결정한다.

피지컬 단계에서는 실제 차량(시작차)을 생산하게 되는데 생산기술 부문으로서는 이 단계의 품질 목표를 달성함으로

표1 | 용접 불량 조건의 관리 항목

분 류	관리 항목
사람(Man)	중요 보안 부위 용접 관리자의 지명
기계(Machine)	용접기의 컨디션
재료(Material)	재료 / 재질 변경
	부품 형상
방법(Method)	용접 조건

그림4 | 패널 어셈블리 불량에 의한 스패터 발생의 메커니즘

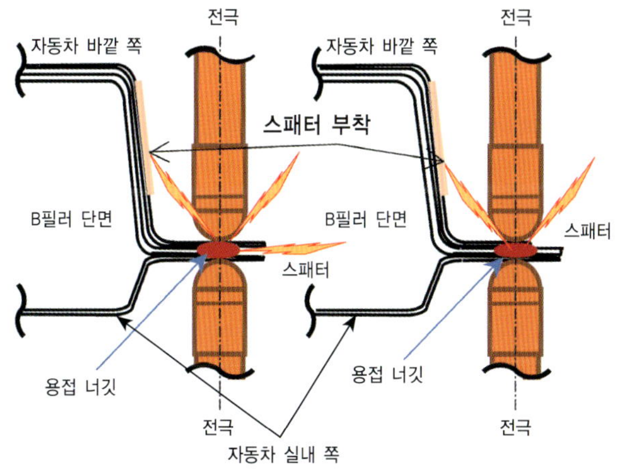

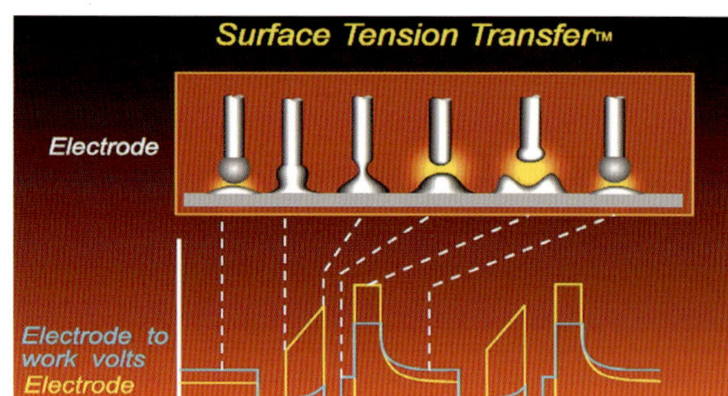

T₁ : 확실하게 단락(전압0V) ⇒ 전류를 정지시킴 ⇒ 용적(溶適)성장 방지 ⇒
　　표면 장력으로 용적이 부드럽게 이행(용착량의 고효율화)
T₂ : 용융지 안정기 ⇒ 순간적으로 대전류 ⇒ 용적의 이행 완료를 검출
T₃ : 아크 재생 직전을 검지 ⇒ 급팽창, 페이즈 현상 방지 ⇒ 전류를 억제하여 스패터의 비산을 억제
T₅₋₆ : 용융지 안정기 ⇒ 대전류 ⇒ 용융량을 확보
T₆₋₇ : 비교적 낮은 전류 ⇒ 아크력의 절감 ⇒ 스패터 억제

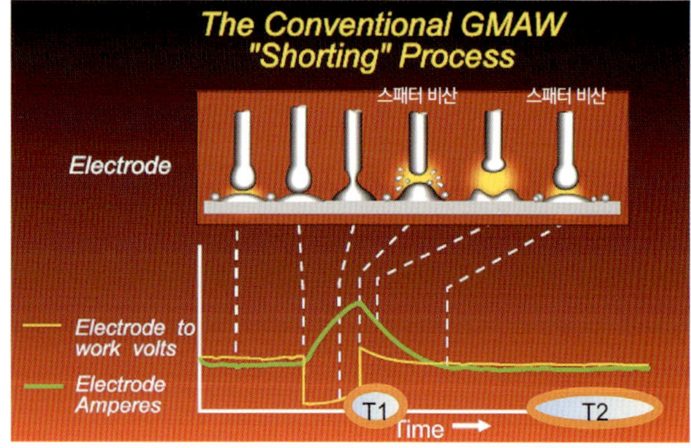

T1 : 대전류로 아크 재생 ⇒ 페이즈(phase) 현상에 의해 가스의 급팽창 ⇒ 스패터 비산
T2 : 비교적 높은 전류를 유지 ⇒ 덩어리가 크게 만들어져 강한 아크력 발생 ⇒ 스패터 비산

서 양산의 개시까지 즉 시판 자동차의 생산 때까지 통상적인 품질에 이르도록 만들어야 한다. 용접의 품질에서는 먼저 규정된 용접 너깃의 지름이 생성되는지를 모든 용접을 통해서 확인한다.

그리고 그 다음에 스패터가 발생하는 중요 관리부위(그림3)의 스패터 삭감 활동을 한다. 이 부분에서 스패터가 많이 발생하면 차체의 외부 표면에 스패터가 부착되어 후 공정에서 스패터를 제거하는 등 부가가치가 없는 작업을 없애기 위해서다. 구체적으로는 용접의 조건에 대해서는 추천의 조건을 사용하여 규정의 너깃 지름의 생성에 대한 확인이 끝났기 때문에 이 단계에서 중요한 것은 어셈블리의 정밀도를 향상시켜 스패터의 비산을 저감시키는 것이 주요 작업이다. 패널 어셈블리의 정밀도가 나쁨에 따라 스패터가 비산하기 때문에 예를 들어 용접면의 패널간 틈새와 용접의 플랜지 등을 이 단계에서 수정해 나가는 것이 중요하다.

그림4에 그런 예로서 패널의 용접 플랜지의 길이가 맞지 않을 때 스패터 발생의 메커니즘을 나타낸 것이다. 그림에서도 알 수 있듯이 용접 플랜지의 길이가 맞지 않으면 플랜지 끝을 용접하는 것과 마찬가지의 현상이 되는데 용접 중에 전류를 흘려서 너깃을 형성하는 도중에 패널이 없어지게 되고 그 결과 스패터로서 튀어나가 차체에 부착하게 된다.

마지막으로 양산 단계에 들어가면 시작차에 적용한 품질을 유지 관리하는 것이 중요한데 여기서 요구되는 것이 관리의 기술이다. 대표적인 예(표1)로서

4M(사람= Man, 기계 = Machine, 재료 = Material, 방법 = Method)의 변경 관리와 예방 보전을 들 수 있다.

변경 관리는 4M의 관점에서 변경이 있었을 때의 이력과 변경시의 품질을 확인하는 방법이 나타나 있다. 예방 보전 기술로서 부적합 제품을 「발생시키지 않는다.」 「조속하게 고친다.」 「재발시키지 않는다.」는 3대의 원칙을 토대로 부적합 제품 발생의 낭비 및 로스를 억제하기 위해 용접기술자는 지금까지의 경험과 지식을 활용하여 각사의 부적합을 「발생시키지 않기」 위한 예방 보전 기술, 「조속하게 고치기」 위한 트러블 슈팅 매뉴얼 등 각사마다 독자적인 관리 기술을 갖고 있다. 거기에는 각사의 기술이 집약되어 있다.

4. 아크 용접의 스패터를 삭감하는 방법

스패터의 비산 억제에 있어서 스폿 용접기와 아크 용접기의 큰 차이는 스폿 용접의 경우는 용접기술자가 용접의 조건을 더욱 치밀하게 설계하는데 반해 아크 용접은 각 용접 메이커가 「스패터 프리」라는 용접 모드를 개발하여 각사마다 독자적인 스패터 프리의 용접 모드를 갖춘 제품을 사용하는 상태에서 용접기술자가 용접조건을 치밀하게 설계하고 있다는 점이다. 그 때문에 각 메이커의 스패터 프리 용접 모드의 기술경쟁이 이루어짐으로서 실제 용접 어플리케이션을 통

해 용접기술자가 구분해서 사용하고 있다. 스패터의 비산에 따른 냉비나 로스는 스폿 용접과 마찬가지지만 아크 용접의 경우는 위에서 설명한 사실 때문에 메이커의 기술에 의존하는 비율이 스폿 용접보다 크다.

아크 용접에 있어서 스패터의 발생이 잘 되는 상황이란 비산하기 쉬운 용융 상태에 대전류에 의한 전자력과 전류의 급증에 의한 급격한 열팽창이 발생하여 큰 힘이 작용하는 것이 스패터의 발생을 일으킨다. 간단하게 말하자면, 단순히 전류를 낮추면 스패터는 줄일 수 있지만 전류를 낮추면 잘 녹지 않기 때문에 용접기 메이커의 각사에서는 스패터를 줄일 수 있을 뿐만 아니라 잘 녹일 수도 있는 용접 모드의 개발이 요구되고 있다. 그림5는 기존의 용접 모드인 CV(Constant Voltage : 정전압) 모드에 있어서의 스패터 발생 메커니즘을 나타낸 것이다. 단락할 때(직전) 급격하게 전류가 상승하여 높은 전류 상태로 아크를 재생하기 때문에 스패터가 비산하기 쉬운 상태가 된다.

한편으로 능률을 떨어뜨리지 않고(효율적으로) 스패터를 줄이는 포인트는 다음과 같다.

① 스패터가 쉽게 비산하는 용융상태를 만들지 않을 것.

② 스패터가 쉽게 비산하는 상태일 때는 전류를 억제할 것.

③ 스패터가 잘 비산하지 않는 상태일 때는 전류를 올려 용융량을 확보할 것.

그림6은 모두에서 소개했던 링컨 일렉트릭사의 STT 모드(스패터가 적고, 용입의 깊이를 얻을 수 있음 ⇒ 용착량이 증가함)의 메커니즘이다.

그림7은 종래의 CV 모드와 STT 모드의 전류 파형을 배열하여 비교한 것으로 그 설명은 표2에 정리하였다. 그림2와 표2로부터 STT 모드가 종래의 CV 모드와 비교하여 효율적으로 접촉한다는 사실을 알 수 있다.

STT 모드는 풍부한 경험과 실적이 있어서 세계적으로 사용되고 있다. 개발 이후 15년이나 경과한 현재도 항상 최고의 퍼포먼스를 발휘할 수 있도록 나날이 개량을 거듭하여 현재는 120KHz까지 제어 분해 능력이 향상되어 있다.

그림8의 용접 전원은 링컨 일렉트릭사의 Power wave series R/S350의 용접 전원이다.

이 전원은 350A 클래스의 자동차 아크 용접에 주로 사용되는 용접 전원으로 위에서 소개한 STT 용접 모드, 이번에는 소개하지 않았지만 Rapid X라고 하는 고속 펄스 용접 모드를 탑재하고 있다.

차량의 경량화에 따른 재료 변경에 대한 대응 및 효율적인 설비(소형화 등)의 도입과 더불어 용접 속도의 향상 등 용접 기술자로부터 다양한 요구가 있다. 우리들의 용접 전원 메이커는 이러한 요구에 대응할 수 있는 용접 전원의 개발과 그 어플리케이션 개발에 한층 속도를 높여 대처해 나가지 않으면 안 된다. 그리고 우리들의 용접기 메이커는 항상 고객(자동차 메이커)의 소리를 경청해 가면서 용접기를 개발함으로서 생산기술 요건을 적어도 완화할 수 있도록 용접기를 제공하고 고객에게 매력적인 제품생산으로 공헌해 나가는 것이 필요하다.

표2 | CV와 STT 모드 전류 파형의 각 페이즈 비교표

시간	상태	CV	STT
T1	단락	전류 중 : 스패터 중간	전류 0A : 스패더 적음
T2	단락 아크 재생	전류 대 : 스패터 많음	전류 0A : 스패더 적음
T2–T3	안정기	전류 감소 : 용융 중간	전류 대 : 용융 많음
T3–T4	용적 성장	전류 중 : 스패터 중간	전류 소 : 스패더 적음

매년 가을에 독일 바드나우하임에서 개최되는 유로 카 보디는 자동차 보디의 소재 및 접합기술의 국제회의인 동시에 각 자동차 메이커가 최신작을 프레젠테이션하는 장소이기도 하다. 그 프레젠테이션 내용에 대해서는 이 회의에 모인 엔지니어에 의해 투표가 이루어진 다음 그 해의 「가장 혁신적인 보디 설계」로 선정된다.

우측 페이지에 2005년부터 2010년까지 6년 동안 프레젠테이션에 참가한 차량에 대해 사용한 소재와 접합하는 방법을 정리하였다. 개최가 유럽 더구나 자동차 기술을 선도하는 독일에서 개최되는 등의 이유로 자동차를 싸게 만드는 노력보다도 얼마나 가볍고 나아가 타사가 하지 않는 기술을 이용하여 가볍고 튼튼하게 만드느냐 하는 점에 중점을 두는 경향을 보인다.

상세한 것은 우측 표를 참고로 하고 여기서는 6년 동안 등장한 획기적이라 할 만한 모델을 소개할까 한다.

먼저 2005년의 메르세데스 벤츠 S클래스다. 외부 패널에 알루미늄을 사용하고 강(鋼)과의 접합은 구조 접착제와 레이저 용접을 사용하였다. 접착제를 바른 위에다가 스폿 용접이나 웰드 본드를 사용한 부위도 있다. 헤밍(hemming)부분에 접착제를 발라 실제(seal劑) 대신으로 사용하는 방법도 사용되었는데 이로 인해 강판의 에지(edge)를 감추고 방청성능을 향상시켰다고 생각된다. 저항 스폿 용접의 타점은 구형 모델보다 2배나 증가한 약 6000점, 피치는 50mm이다.

표 보는 방법

세로는 각 연도에 유로 카 보디에서 프레젠테이션을 한 모델 이름. 가로는 부위명과 접합하는 방법. 분석과 정리는 필자인 마키노 시게오가 맡았다. 2011년 이후는 데이터가 정리되지 않아 게재하지 않음. 약어는 AHSS = 780MPa급 강, AI = 알루미늄 합금, C/MBR = 크로스 멤버, DB = 대시보드, DIB = 도어 임팩트 빔, DP = 이상강(二相鋼), HP = 열간성형, Mg = 마그네슘, RTM = 수지이송성형 카본소재, SMC = 시트성형 카본소재, TRIP = 변태유기 소성강, UHSS = 980MPa급 강. 숫자는 인장강도(MPa)를 나타낸다.

— 1 : 핫 프레스 강판
— 2 : 인장강도 590MPa 이상의 고장력강
— 3 : 알루미늄 합금
— 4 : 수지(카본 포함)
— 5 : 상기 이외의 소재

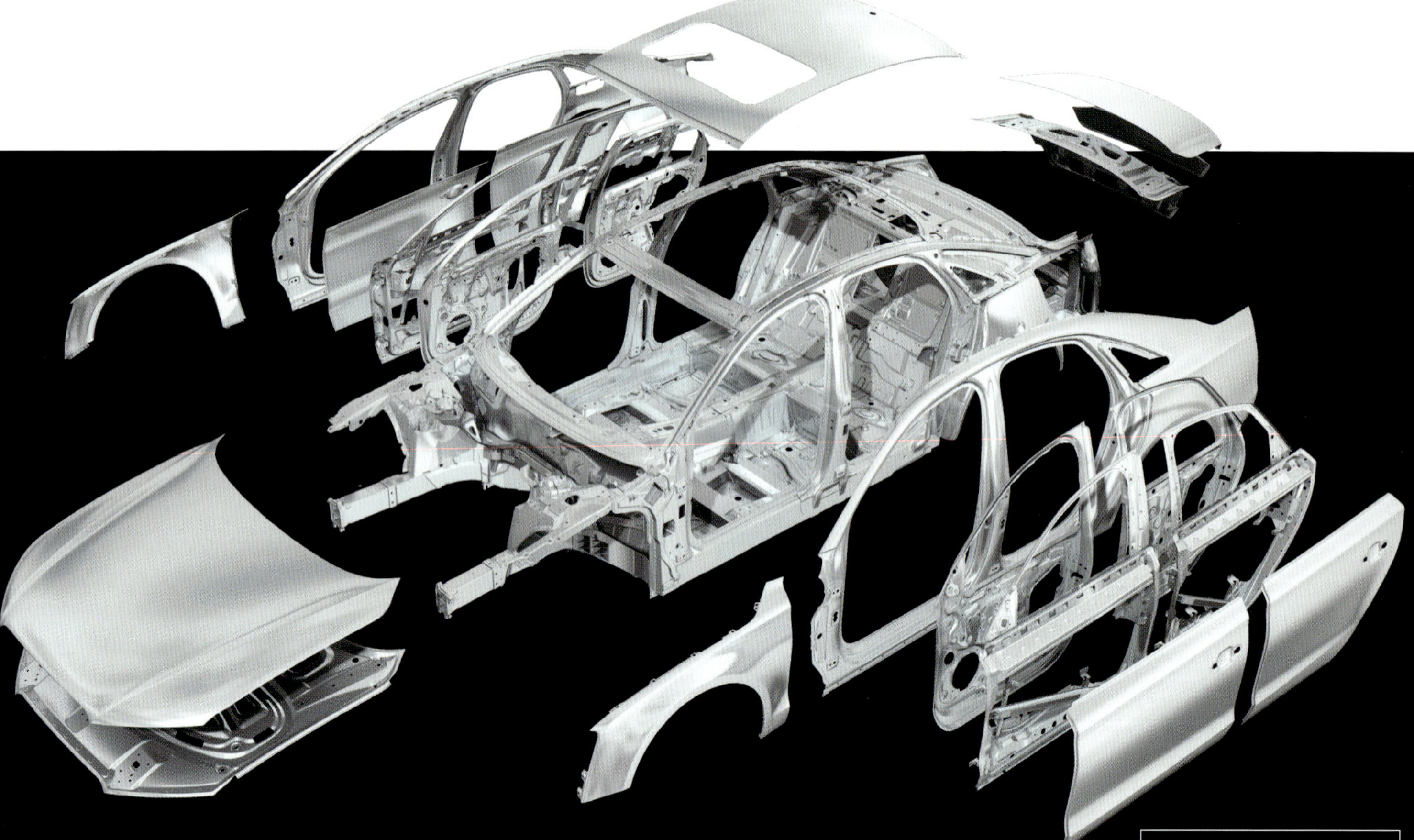

양산 자동차 보디의 경향은
「소재」나 「접합」 모두 다양화 되는 것

14회를 맞은 지난 2012년도 10월의 유로 카 보디에서는 8모델이 프레젠테이션에 참가했으며,
일본에서는 혼다가 신형 시빅을 선보였다.
여기서는 2005~2010년 6년 동안을 뒤돌아보고 보디의 소재와 접합하는 방법의 「유행」에 대하여 살펴보겠다.

본문 : 마키노 시게오(Shigeo MAKINO)   사진 : 아우디, MFi

양산 자동차 보디를 벤치 마킹하는 국제회의로서 정착한 유로 카 보디. 12회째에 해당하는 2010년은 아우디 A8이 최고 득점을 얻었다. 여기서 최고 득점을 얻는다는 것은 「소재 및 제조기술 면에서 가장 독창적일 뿐만 아니라 선진적인 보디」로서 「전 세계의 자동차 보디 엔지니어가 인정한다.」는 뜻이다. 아우디의 수상은 4번째다.

材料 (Material)

Year	Model	A-Pillar	B-Pillar	Roof-Rail	Roof-Cross	Sill	C/MBR	Tunnel	DB-UPR	DB-C/MBR	FR-SideFrame	RR-Frame	FR-Bulkhead	Hood	Fender	Door	Trunk-Lid	Roof	Bumper	DIB
2005	Mercedes-Benz S-class											○								
2005	BMW 3 Series	TRIP 700	○			○														
2005	VW Passat B6																			
2005	HONDA Euro-Civic																		DP 1180	DP 1180
2005	Volvo C70 Cabrio						○													
2005	Nissan FUGA					780				Mg										
2005	FAIT Punto		TRIP 800				○												TRIP 800	DP 1000
2005	OPEL Zafira						TRIP 700													DP 1200
2005	AUDI Q7				Pipe															
2005	Renault ClioIII		○?																	
2005	Toyota Prius		DP980 HP																	
2005	SAAB 9.3 SportsWagon																			
2005	Range Rover Sport									Mg										
2006	AUDI TT																			
2006	Citroen Picasso																		HP Al	Pipe
2006	Jaguar XK																			
2006	HONDA CR-V	TRIP 780		TRIP 780		TRIP 780	TRIP 780				TRIP 780								M190	Pipe
2006	Frod Galaxy/S-Max																			
2006	OPEL Corsa				DP 800	TRIP 700 DP 800														
2006	VW EOS (Open-type)																			
2006	Skoda Roomstar					DP 1200					TRIP 700									
2006	Bentley Cabrio	○				DP 980											SMC	Mg	○	
2006	Nissan NOTE					DP 980														
2006	Volvo C30						押出													
2006	GM Cadillac BLS																			HP Al
2006	BMW Z4 Coupe																			
2006	Toyota RAV-4																			
2007	FIAT500	DP 1000	patch work	DP 800	DP 800	DP 800								DP 1000 waist						DP 1000
2007	Renault LAGNAIII							HE 660												HE 660
2007	Mercedes-Benz C-class				○	TRIP 700														
2007	Volvo V70 & XC70		C 필러도																Al HP	
2007	Ford MONDEO																			
2007	HONDA Accord																		DP 1180	Pipe
2007	AUDI A5																			
2007	Nissan Quashqai					DP 980		HP	DP 980	DP 980										
2007	Land Rover Freelander2																			
2007	LADA 2116 Sedan																			
2007	RollsRoyce Phantom Cabrio												SUS							
2007	OPEL ANTARA																			
2008	Audi Q5		부분 열처리			980				부분 열처리										
2008	VW Passat CC																			
2008	Honda JAZZ																			
2008	Volvo XC 60				-														Fr:Al Rr:HP	YP>800
2008	Opel Insignia					980														
2008	Ferrari California	ハイテン	압출	-	-	압출	압출		Mg Casting	압출	압출						SMC		압출	
2008	Skoda Superb II																		Fr:HP Rr:DP	
2008	Renault Laguna-Coupé					○														○
2008	Toyota Avensis																		980	1450
2008	Citroën C5	○				DP 780	DP 780						AI							○
2008	Ford Fiesta					EHSS				DP600	DP600									
2008	Nissan Teana					980		980		780										
2008	Jaguar XF			DP600		DP600														
2009	VW Polo					AHSS														AHSS
2009	Skoda Yeti																			UHSS
2009	Opel Astra			DP	DP	DP	DP		DP/TRT		DP									
2009	Ford Fseries bodystructure					UHSS				UHSS										
2009	Lotus Evora		pipe	—									steel	RTM/ICS	RTM/ICS	SMC	RTM/ICS	RTM/ICS	steel	
2009	Jaguar XJ		GRP DP700																	
2009	Mercedes Benz E-class			Fr/AHSS	AHSS	AHSS			AHSS											
2009	Honda Insight																			
2009	BMW 5seriesGT					980														>700
2009	Audi R8 Spyder																SMC	-		
2010	Honda CR-Z	AHSS				AHSS														UHSS
2010	Citroën C4			AHSS																AHSS
2010	Alfa Romeo Giulietta	UP/HP	AHSS	AHSS	AHSS		AHSS	AHSS			LWR/AI		UP/AI LW/PL						압출	
2010	Volvo S60								AHSS		AHSS									
2010	Renault-Samsung SM5		HP		HP														압출	
2010	Saab 9-5	UP/HP	HP	HP	AHSS	UHSS					AHSS								압출	
2010	BMW 5series	UP/HP AHSS	HP	AHSS	AHSS	HP	UHSS		AHSS	AHSS	AHSS		HP						압출	AHSS
2010	Audi A8	주조	UHSS	압출		압출	압출		압출	압출	鋳造								압출	압출
2010	Aston Martin Rapide					압출			압출	압출	압출								압출	압출
2010	Ferrari 458 Italia	압출	압출			압출	압출		압출	압출	압출	압출							압출	압출
2010	Ford Grand C-Max	UP/HP AHSS					AHSS			AHSS	AHSS	AHSS								UHSS
2010	Opel Meriva	UP/HP		AHSS	AHSS		AHSS													AHSS
2010	Volkswagen Sharan	UP/HP																		AHSS
2010	Lexus LFA	FRP	FRP	FRP	SMC	FRP		FRP	FRP		주조	FRP	FRP	FRP	SMC	주조			FRP	압출

接合 (Joining)

Year	Model	CMT	Laser Welding	Laser Brazing	Plazma	Mech.Joint	Adhesive
2005	Mercedes-Benz S-class		○			○	
2005	BMW 3 Series		○			○	
2005	VW Passat B6		○			○	○
2005	HONDA Euro-Civic						
2005	Volvo C70 Cabrio		○				
2005	Nissan FUGA		○			○	
2005	FAIT Punto						
2005	OPEL Zafira					○	
2005	AUDI Q7			○ Roof	○ RR-Gate		
2005	Renault ClioIII					○	
2005	Toyota Prius					○	
2005	SAAB 9.3 SportsWagon						
2005	Range Rover Sport						
2006	AUDI TT		○			○	○
2006	Citroen Picasso		○				
2006	Jaguar XK					○	○
2006	HONDA CR-V						○
2006	Frod Galaxy/S-Max						
2006	OPEL Corsa						
2006	VW EOS (Open-type)	○					
2006	Skoda Roomstar	SPO		RR-Gate		○	
2006	Bentley Cabrio	○				○	○
2006	Nissan NOTE						
2006	Volvo C30					○ Roof	
2006	GM Cadillac BLS					○	
2006	BMW Z4 Coupe						
2006	Toyota RAV-4						
2007	FIAT500						
2007	Renault LAGNAIII		○				○
2007	Mercedes-Benz C-class						
2007	Volvo V70 & XC70		○ Roof	○ RR-Gate			
2007	Ford MONDEO	○				○ Roof	
2007	HONDA Accord						
2007	AUDI A5		○	○	○ Roof		○
2007	Nissan Quashqai						○
2007	Land Rover Freelander2						
2007	LADA 2116 Sedan						
2007	RollsRoyce Phantom Cabrio						
2007	OPEL ANTARA						
2008	Audi Q5		○				
2008	VW Passat CC		○				
2008	Honda JAZZ						○
2008	Volvo XC 60		○				
2008	Opel Insignia		○				
2008	Ferrari California					Riveting	
2008	Skoda Superb II		○				○
2008	Renault Laguna-Coupé						
2008	Toyota Avensis						
2008	Citroën C5						
2008	Ford Fiesta						
2008	Nissan Teana						
2008	Jaguar XF					SPR	○
2009	VW Polo		○		○	rivet	○
2009	Skoda Yeti		○		○		○
2009	Opel Astra						○
2009	Ford Fseries bodystructure						○
2009	Lotus Evora						
2009	Jaguar XJ					rivet	○
2009	Mercedes Benz E-class		○				
2009	Honda Insight						
2009	BMW 5seriesGT					rivet	
2009	Audi R8 Spyder					FDS-screw, rivet	
2010	Honda CR-Z						○
2010	Citroën C4						○
2010	Alfa Romeo Giulietta		○	○	○	○	○
2010	Volvo S60		○				○
2010	Renault-Samsung SM5		○				
2010	Saab 9-5		○				
2010	BMW 5series						
2010	Audi A8						
2010	Aston Martin Rapide						○
2010	Ferrari 458 Italia						○
2010	Ford Grand C-Max						○
2010	Opel Meriva		○				○
2010	Volkswagen Sharan						○
2010	Lexus LFA					○	○

2006년에 등장한 아우디 TT는 리어 플로어, 리어 펜더 이너, 리어 엔드 이너에 강판을 사용하고 그 이외는 거의가 알루미늄 합금이다. 화이트 보디에서 차지하는 중량의 비율은 강이 31%, 알루미늄이 69%로 발표되었다. 강과 알루미늄의 접합은 구조 접착제와 SPR(셀프 피어싱 리벳)이다. 아우디는 1994년에 발매한 A8에서 보디의 올 알루미늄화에 도전한 이후 온갖 방법을 사용하여 알루미늄의 이용방법을 자기 것으로 만들어 왔는데 TT에서 박판, 주조, 압출재를 적재적소에 이용함으로서 거의 결론을 냈다.

2007년은 피아트 500의 초고장력강 이용이 화제가 되었다. 성형성이 뛰어난 DP강을 많이 사용하고 접합은 저항 스폿으로 하였다. 마찬가지로 강재의 이용에서는 2008년

에 등장한 VW 파사트CC가 현재의 트렌드라고도 할 수 있는 하나의 모형을 제창하였다. 주요 골격에 초고장력 강의 열간 성형(핫 프레스) 소재를 많이 사용하여 보디 전체를 케이지(바구니) 구조로 하는 방법이다. 고강도 강판이기 때문에 접합에서는 레이저 용접과 구조 접착제를 많이 사용하였다.

이어진 2009년에는 아우디의 R8 스파이더, 재규어 XJ, 로터스 에보라와 알루미늄을 많이 사용한 자동차가 화제를 모았다. 에보라는 외부 패널에 RTM(레진 트랜스퍼 몰딩)으로 만든 카본 소재를 사용하고 접합에는 SPR과 구조 접착제를 사용하고 있다. 다음 2010년에는 오토 크레이브 성형의 카본 FRP를 사용한 도요타 렉서스 LFA가 등장한다.

보디 접합에 사용한 레이저는 뭐니 뭐니 해도 2003년에 등장한 5세대 VW 골프가 기념비적인 존재다. 레이저 용접 및 레이저 브레이징이 70cm 정도 사용되고 저항 스폿 타점은 약 3000점까지 억제되었다. 이어진 6세대 골프(2008년)는 더 한층 레이저와 구조 접착제의 이용이 증가되었다. 열간 성형 소재의 사용 비율이 양산 자동차 가운데서도 가장 높은 파사트CC는 레이저 용접부위가 줄었는데 그 이유는 VW이 「누가 뭐래도 레이저」라는 도전적 자세에서 부위별 실용적(비용도 포함해서)인 접합 방법의 채용으로 방향을 틀었기 때문일 것이다.

덧붙이자면 2005년에 등장한 닛산 후거(초대)는 저항 스폿 타점수가 약 5800점, 레이저의 용접 길이가 6.8m였다.

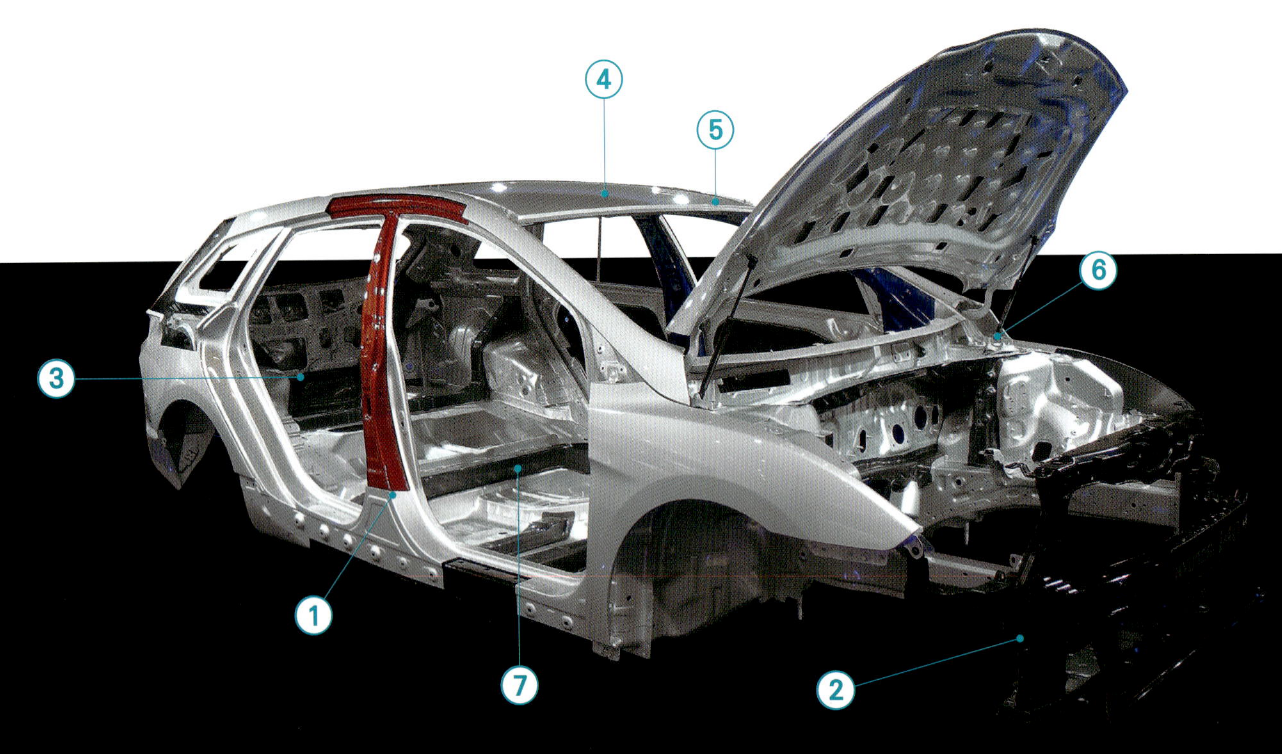

2011년에 유로 카 보디에서 최고 득점을 얻은 현대의 「i40」. 아시아 자동차 메이커로서는 첫 수상이었다. 이것은 500명 이상의 엔지니어에 의한 투표 결과로서 만약 어떠한 조직표가 움직였다고 하더라도 그 가치는 변함이 없다. 일본 자동차보다 앞서서 수상한 것은 칭찬할 만하다.

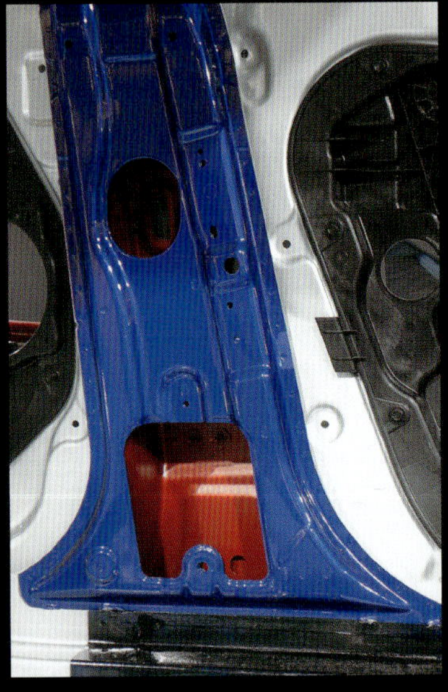

1. 측면 충돌 대책에서 중요한 B필러에는 1000MPa급의 열간 프레스 소재를 사용한다. 빨간 부분이 가장 강도가 높은 강판이다. 파란색의 이너는 통상적인 냉간 프레스인 것 같다. 사이드 실 안에 사용하는 강재의 강도는 불분명하다.

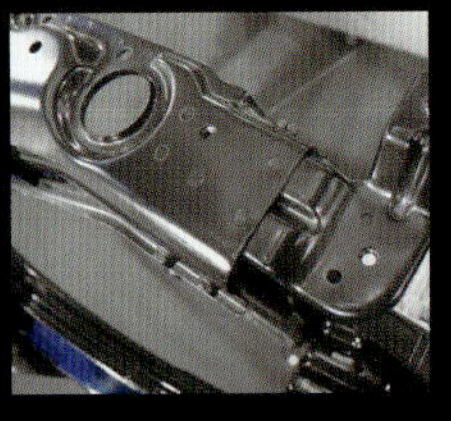

2. 차량 앞쪽의 범퍼 빔은 B필러 · 이너와 동등한 소재다. 라디에이터 서포트 부분에는 별도 부품인 브래킷이 사용된다. 좌우 프런트 사이드 멤버의 거리(span)는 비교적 넓다.

닛산은 저항 스폿 용접의 작업시간을 대폭으로 개선하는 수단으로 마치와 큐브에서 원격 미러 · 레이저에 의한 레이저 스폿 용접을 도입했지만 마치의 생산이 태국으로 이관되면서 사용을 멈추었다.

2010년에 등장한 아우디 A8은 초대 모델보다 알루미늄 이용을 더 늘리고 강재는 B필러 이너에 사용하는 강복점(降伏点) 강도 980MPa급 소재 등 극히 한정된 부위에만 사용하였다. 화이트 보디 중량은 불과 231kg으로 이것은 스바루 임프레자보다도 가볍다. SPR은 1847개, 독특한 FDS(플로 드릴 스크루)는 632개, 레이저 MIG 용접은 25곳, 구조 접착제 길이 44m의 접합 분포를 하고 있다. 저항 스폿 용접은 불과 200점에 지나지 않는다.

이와 같이 유로 카 보디에서 프레젠테이션을 한 모델은 확실히 소재와 접합기술의 다양한 측면이 많고 특히 독일 메이커들은 저항 스폿 용접의 타점수 감소가 두드러진다. 다만, 고려하지 않으면 안 될 것은 나라마다의 사정이다. 일본은 우수한 저항 스폿 설비를 싸게 사용할 수 있지만 독일에서는 정부가 레이저 용접 설비에 보조금을 지원하기 때문에 오히려 저항 스폿 설비보다 싼 형편이다. 또한 화학 메이커가 구조 접착제를 적극적으로 판매하고 있다는 점도 일본과는 전혀 사정이 다르다.

마지막으로 2011년의 유로 카 보디에서 최고 득점을 차지한 현대 i40에 대해 잠깐 언급하겠다. 아시아에서는 일본을 제친 첫 수상이었다. 개발 시기는 리먼 쇼크와 겹치지만

도전하는 자세는 흔들림이 없었다. 이 점은 경영 판단의 측면에서 평가 받을 만하다.

3. 리어 시트 후방의 크로스 멤버. 스페어 타이어 수납부분, 테일 게이트 부근의 환상(環狀) 보강구조 모습. 패치워크를 제거한 심플한 구조로서 접합은 저항 스폿이 메인이다. 부분적으로 타점 피치는 50mm보다도 좁다.

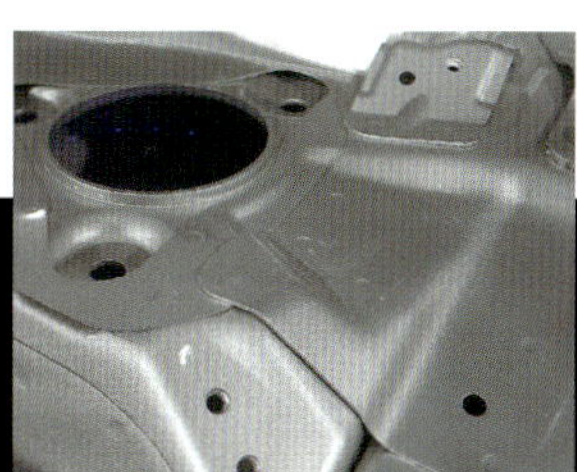

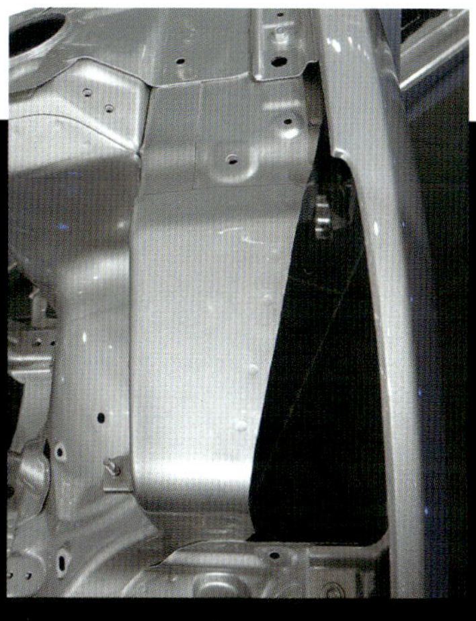

6. 위쪽 사진은 프런트의 스트럿 타워 위쪽부분, 우측은 거기서부터 차량 전방으로 뻗어 프런트 사이드 멤버로 이어진 부분이다. 우측 사진에서 자루모양을 하고 있는 부분은 휠 아치 이너와 세트에서의 스몰 오프 세트 대책일까.

4. 루프 패널의 안쪽 모습. 현대는 롤 오버 대책에도 힘을 쏟고 있다. A, B, C필러와 루프 내 리인포스의 접합부분은 용접 위에다 거싯을 볼트로 체결하고 있다. 청색부분의 두께를 제거한 부분은 덮개가 가늘다.

5. 사이드 스트럭처의 이너는 열간 프레스의 초고장력 강판이다. 루프 사이드 이너에 B필러를 스폿 용접하고 있지만 B필러 소재의 오버랩은 VW의 설계에 비하면 짧다. 이 대목은 인식방법의 차이 때문일까.

7. 플로어, 프런트 터널과 크로스 멤버. 부재의 절단이나 접합은 각 사별로 다양하지만, i40의 바닥면 부근의 스폿 타점 수는 동급 클래스의 일본 자동차보다 적어 보인다. 좌우 앞좌석 아래의 붉은 보강재는 토 보드 변형 대책으로 여겨진다.

The Latest Jointing Technologies 2012

최신 접합 기술 2012

가령 기존 제품의 접합 수단으로 4점으로 고정했던 것을
3점으로도 똑같은 강도를 확보할 수 있게 되었다면….
당연히 재료의 형태는 바뀔 것이다. 접합이 차지하는 역할은 크다.
자동차의 보디 소재로서 주류인 것은 여전히 강재이지만 연결하는 방법을 바꾸면
자동차의 보디를 바꿀 가능성을 내포하고 있다.
각사가 대처하고 있는 최신 트렌드를 소개해 보겠다.

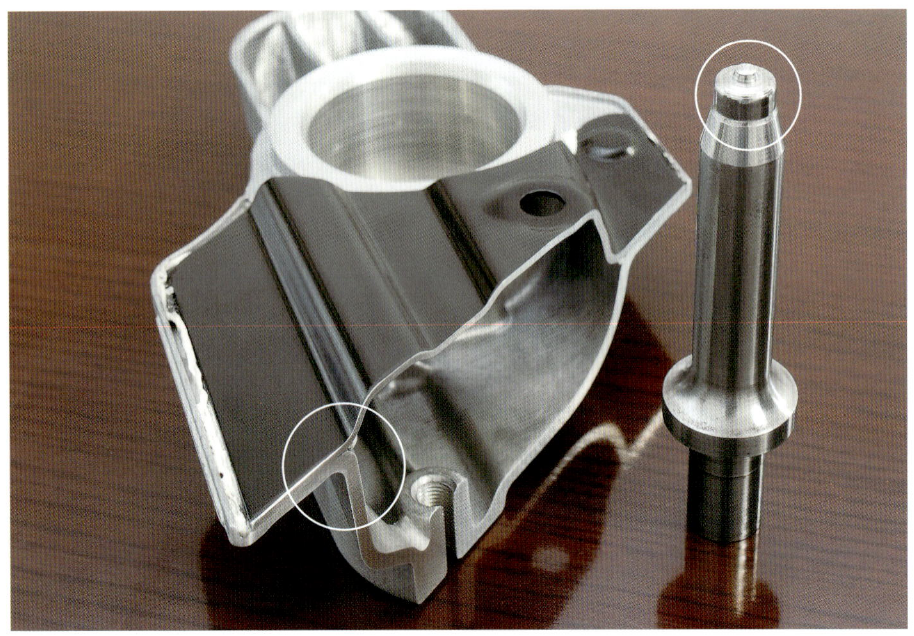

좌측 원 : 이종금속을 접합한 프런트 서브 프레임의 실물을 접합부위에서 절단한 샘플 조각. 단면을 봐도 스틸과 알루미늄의 경계가 여전히 남아서 왜 이어져 있는지를 이해할 수 없다. 많은 사람이 전해부식의 대책을 위한 실재(seal材)를 「접착제를 사용하면 어떨까?」하고 지적한다고 한다.
우측 원 : FSW를 위한 툴. 끝부분의 팁을 모재에 눌러대고 회전시킨다.

스틸과 알루미늄의 마찰 접합이라고 했을 때 마쯔다가 로드스터의 트렁크 리드에 사용하는 FSW(Sport Friction Welding)을 들 수 있다. 스틸 위에 알루미늄을 겹쳐놓고 그 위에서 회전하는 툴을 눌러주는 방식의 배치 관계도 거의 동일하지만 SFW가 이름 그대로 「점」으로 접합을 하는데 반해 혼다는 툴이 이동하면서 「선」상태로 연속접합을 한다는 점이 가장 큰 차이다.

또한 일반적인 FSW은 같은 종류의 금속들을 부드럽게 하는 정도로 가열하여 섞는(교반하는) 방식으로 접합을 하지만 융점에 있어서 배 이상의 차이가 나는 스틸과 알루미늄은 이 방법을 사용하는 것이 어렵다. 상세한 것은 다음 페이지에서 설명하겠지만 혼다에서는 FSW 툴의 끝부분을 알루미늄 아래의 스틸에 접촉시켜 그 표면을 연마하는 방법을 이용하고 있는데 이것이 접합 메커니즘에 있어서 핵심요소를 이루고 있다. 덧붙이자면 마쯔다의 SFW에서 툴은 스틸에 대해서는 접촉하지 않는다.

물론 사용되는 툴은 알루미늄들끼리의 FSW 접합에 사용되는 것과는 재질이 다르다. 구체적인 재질에 대해서는 현재 상황에서 공개되지 않았지만 툴 끝부분에 스틸표면을 연마할 필요가 있기 때문에 알루미늄들을 접합하는데 사용되는 툴보다도 단단하고 마모가 적은 것이 이용되고 있다고 한다.

그렇다 하더라도 놀랄만한 것은 전례가 없는 이 접합기술을 섀시의 강도부재로 응용하여 온 혼다의 자세라 할 수 있다. 보디 컨스트럭션 세계에 새로운 바람을 가져올 신기술로서 앞으로의 활동이 기대된다.

✳ 혼다기술연구소 『이종 금속 접합』

철과 알루미늄을 접합하다

혼다 어코드의 하이브리드 구조 프런트 서브 프레임

철과 알루미늄은 용접할 수 없다. 이것은 공업기술에 있어서 가장 기초적인 상식 가운데 하나였다.
혼다는 FSW를 응용하여 철과 알루미늄의 접합을 강도부재에도 견뎌낼 수 있는 수준으로 실현했다.
양산에 견딜 수 있는 기술로 승화시켜 왔다. 예전의 상식이 과거의 유물로 바뀌려 하는 것이다.

본문 : 다카하시 잇페이(Ippei TAKAHASHI)　피겨 : 마키노 시게오(Shigeo MAKINO), 혼다

미야하라 테츠야

혼다기연연구소
4륜R & D센터
기획실제0그룹
주임연구원

사야마 미츠루

혼다기연연구소
4륜R & D센터
시작실 완성차시작블록
주임연구원

어디에 사용하는가 

어코드 세단 EX-L V6(북미사양 차량)

메커니즘 레이아웃. 엔진은 2.4ℓ / 직렬4와 3.5ℓ / V6을 준비

엔진과 서스펜션을 지지하는 서브 프레임에 FSW 기술을 도입

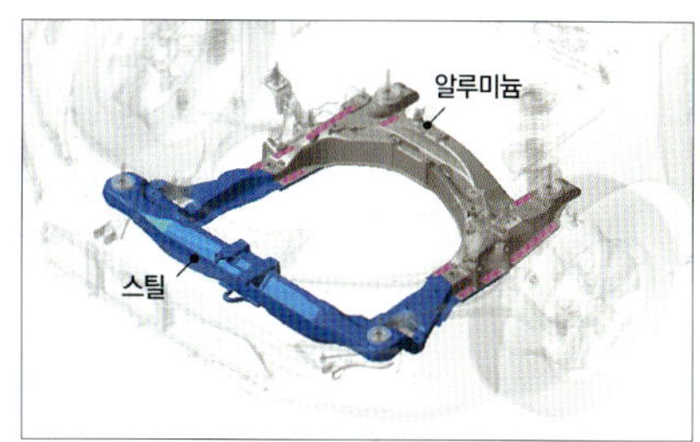

큰 스트레스를 받아들이는 가장 중요부위에 적용

세계 최초인 이 접합기술이 사용된 곳은 엔진과 서스펜션을 지지하는 서브 프레임이다. 섀시 중에서도 가장 큰 스트레스가 걸리는 부분의 하나이다. 이 부분에서 사용할 수 있으면 다른 많은 부분에도 응용이 가능하기 때문에 첫 시도인데도 불구하고 일부러 허들을 높게 설정했다고 한다.

서브 프레임을 구성하는 스틸과 알루미늄의 분포는 위 그림대로인데 자색 선이 나타내는 부분이 FSW에 의한 접합부위다. 대부분의 후반부분이 알루미늄의 소재로 구성되어 있다는 것을 알 수 있다. 서브 프레임은 사각의 러버 부시를 매개로 섀시에 볼트로 체결되는 형태를 하고 있다.

효과는 어느 정도인가 

대폭적인 경량화 → ▲ 25%(6kg)
운동 성능향상, 서스펜션 장착 점 강성향상 → +20%
제조 에너지 절감, 절약 전력화 → ▲ 50%

2008년형 어코드

2013년형 어코드

하이브리드 구조를 통해 대폭적인 경량화에 성공

기존 어코드는 서브 프레임 상에 볼트로 체결하는 알루미늄 다이캐스트를 장착하여 이 부분에서 직렬4와 V6과 같은 엔진 사양의 차이에 따른 치수 차이를 흡수함으로서 서브 프레임의 공통화를 계획했었다. 신형에서는 이 설계 사상을 더 강력하게 추진하여 알루미늄 다이캐스트 부재의 범위를 확대하는 방식으로 독자적인 FSW 기술에 의한 접합을 통해 스틸제품의

서브 프레임과 일체화한다. 스틸부분이 더 가벼운 알루미늄으로 바뀐 것과 더불어 볼트의 체결부위도 삭감됨으로서 실제로 기존보다 25%(6kg)가 가벼워진 동시에 서스펜션 장착 점에서 20%의 강성을 높이는데 성공한다.

▶ 어떻게 붙어 있는가 ——— ?

이종 금속 접합의 관건은 「신생면」끼리의 접촉

혼다의 FSW 기술에 있어서의 접합원리는 일반적인 것과 약간 다르다. 그도 그럴 것이 융점이 660℃인 알루미늄에 비해 스틸의 융점은 1500℃ 이상인데 알루미늄을 액화시키지 않고 교반시키는 FSW의 조건(400~500℃ 정도)에서 스틸은 교반될 만큼 연화되지 않는 것이다. 혼다의 FSW에서는 알루미늄을 관통하여 스틸에 접촉하는 툴이 산화층을 벗겨내 「신생면」이라 불리는 금속원자가 노출된 상태를 만들어내는 것이 중요한 포인트다. 화학적으로 쉽게 반응하는 신생면은 산화를 동반하는 공기 속에서는 존재할 수 없는 상태지만 알루미늄을 교반하면서 스틸 표면에 도달한 툴 주위로 공기는 존재하지 않고 유동하는 알루미늄뿐인 것이다. 그리고 교반에 의해 산화층이 파괴된 알루미늄도 또한 신생면과 똑같은 상태이기 때문에 양쪽의 금속원자가 화합물을 형성한다. 알루미늄과 스틸, 어느 쪽이든 심리스로 이어지는 이 화합물 층에 의해 양쪽이 결합된다.

이 사진은 일반적인 FSW에 사용되는 툴의 끝부분. 이 부분의 형상이 중요한데 유감스럽게 실제의 툴을 볼 수는 없었지만 대략적인 형상으로는 거의 비슷하다고 한다. 프로브라고 불리는 끝부분의 직경은 5~6mm이다.

툴과의 사이에서 발생하는 마찰열(400~500℃ 정도)에 의해 연화되어 스스로의 산화층을 거두어들이면서 유동하는 알루미늄 바닥에서 툴 끝부분(프로브)이 스틸의 신생면을 벗겨나간다.

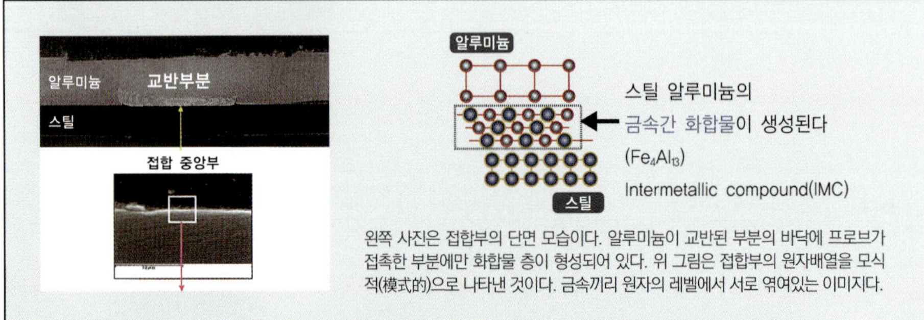

왼쪽 사진은 접합부의 단면 모습이다. 알루미늄이 교반된 부분의 바닥에 프로브가 접촉한 부분에만 화합물 층이 형성되어 있다. 위 그림은 접합부의 원자배열을 모식적(模式的)으로 나타낸 것이다. 금속끼리 원자의 레벨에서 서로 엮여있는 이미지다.

▶ 전해부식의 대책은

실재를 끼운 상태로 접속처리가 가능

알루미늄과 스틸이라고 하는 이온화의 경향이 다른 금속을 조합할 때 문제가 되는 것이 전해부식이다. 이 때문에 수분을 가까이하지 못하도록 FSW 공정 전에 접합면에 실 소재(seal材)를 바른다. 압착되기 때문에 접합부분에 남는 실 소재는 얼마 안 되지만 이것들은 툴에 의해 교반하면서 알루미늄 속에 흡수되는 형태로 확산시킨다는 점이 흥미롭다. 또한 서브 프레임에는 아연 도금 강판(GA 소재)인 프레스 성형품이 이용되어 도장 공정 후에 FSW 처리를 하기 때문에 아연 도금 층은 물론 도막까지 남은 상태에서 처리되는데 이것도 마찬가지로 알루미늄과 함께 교반된다. 먼지 등과 같은 이물질도 똑같이 알루미늄에 확산되기 때문에 오염(contamination)에 대한 허용도가 매우 높다는 점도 장점 가운데 하나이다.

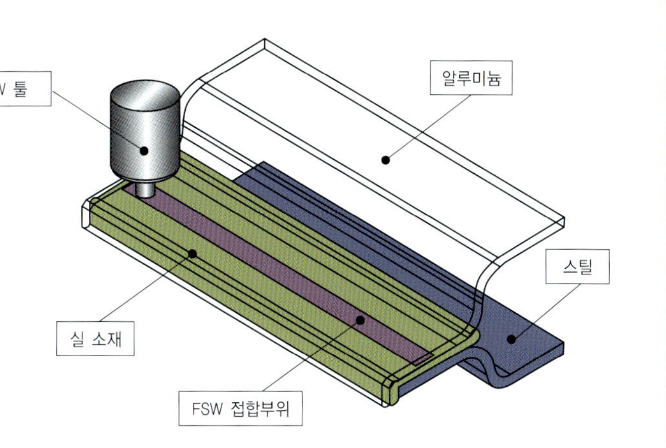

▶ 생산 설비는

심플한 장치로 실현

우측 사진은 핵심적인 역할을 하는 FSW 툴의 구동 부분이다. 서브 프레임을 구성하는 스틸부재와 알루미늄부재를 일정한 위치에서 고정하는 클램프 테이블(아래)마다 사이에 끼우기 때문에 개구부가 커다란 C형 클램프의 형상을 하고 있다. 이것이 장착되는 노란색 암의 파낙제품 로봇은 가반(加搬) 중량 350kg 타입이다. 덧붙이자면 FSW 툴의 압착력은 약 1톤인데 회전수 및 재질은 공개하지 않고 있다. 툴의 이송속도나 거기에 필요로 하는 힘에 대해서도 공개하지 않고 있는데 「로봇 성능의 범주에 위치하는 정도」라고 한다. FSW 이라고 하면 툴 위치를 고정한 거치형 장치가 일반적이지만 의외일 정도로 작게 만들어 자유도를 확보하는 모습에서 혼다의 독자성을 엿볼 수 있다.

▶ 시공에 관한 확실성의 담보는

전용 비파괴 검사 방법을 새롭게 개발

FSW에 의한 이종 금속의 연속접합은 뛰어난 기술이긴 하지만 접합부분 이외에는 영향이 매우 적다는 이유도 있어서 접합상태를 눈으로 판단할 수 없다. 심지어 세계 최초이기 때문에 적절한 검사 방법도 없었기 때문에 비파괴 검사 방법이나 설비도 새롭게 개발하게 된 것이다. LD(반도체) 레이저를 조사(照射)한 다음 반사되는 열에너지를 적외선 카메라로 관측하는 방식으로 접합이 불량한 경우에는 아래쪽 스틸 표면까지 열에너지가 도달하지 못하는 현상을 관측 결과로부터 독자적인 알고리즘을 이용하여 반사 심도(深度)를 측정함으로서 검출된다. 덧붙이자면 하루에 1500대를 생산하고 있는 현재 라인을 흐르는 제품 전량을 검사하고 있다고 하는데 접합 불량의 발생률은 「거의 제로에 가깝다」고 한다.

글로벌 차량을 신흥국에서 생산

미쓰비시 미라지의 도전

미쓰비시 자동차가 태국에서 승용자동차를 생산하기 시작한 것은 1965년부터이다.
1988년에는 태국제 「랜서」가 태국에서 처음으로 수출 자동차로서 캐나다를 향해 출하되기 시작하였다.
그리고 2012년 미쓰비시 모터스 타일랜드는 미쓰비시 자동차의 글로벌 모델을 생산하여 세계로 향해 수출하는 생산 거점이 되었다.

본문 : 마키노 시게오(Shigeo MAKINO)　사진&일러스트 : 미쓰비시 모터스, 마키노 시게오(Shigeo MAKINO)

다임러 크라이슬러(DCX)와의 자본 제휴시대에 「Z카」로 개발된 미쓰비시 자동차의 「콜트」는 같은 DCX 산하의 스마트용 4시트 모델인 「For Four」를 자매차로 하고서 일본과 유럽에서 생산되었다. 이 콜트의 후계 모델이 6세대 「미라지」이다. 생산은 태국의 미쓰비시 모터스 타일랜드(MMTh)로 이관되었다.

ASEAN(동남아시아국가연합)에 속하는 태국은 1960년대부터 자동차공업 진흥에 힘을 쏟아 왔다. 미쓰비시 자동차공업이 아직 미쓰비시중공의 자동차 부문이었던 1965년, 태국 현지의 차량조립 회사인 UDMA에 50%를 출자하여 미쓰비시 차량의 녹다운 생산이 시작되었다. 모든 부품을 일본에서 들여와 조립만 하는 방식이다. 미쓰비시중공에서 독립하여 자동차공업이 설립된 것은 1970년으로 이때부터 태국용 모델이 늘어난다. 태국생산회사가 MSC(MMC시티폴)로 조직이 개편된 것은 1987년이다. 다음 연도인 1988년에는 태국에서 최초의 완성 자동차 수출로서 당시의 「랜서」가 캐나다로 출하되었다. 미쓰비시자동차는 태국의 자동차부품산업 육성도 지원하여 생산 대수에서는 도요타가 1위, 이스즈가 2위지만, 태국 자동차산업의 중심적 존재로서 정부나 재계의 신뢰를 얻고 있다.

현재 MMTh는 태국 근교의 람차판항에 인접한 공업단지 내에 3개의 차량공장을 갖고 있다. 제1공장은 연산능력 9만대로 랜서와 파제로 스포츠(구 챌린저의 후계), 닛산 나바라(위탁생산)를 담당한다. 제2공장은 연산 22만대로 가장 크며, 픽업트럭인 트라이탄과 파제로 스포츠를 생산하고 있다. 새로운 제3공장은 연산 15만대의 능력을 가진 글로벌 컴팩트 카 전용공장으로서 2012년 3월에 가동을 시작하였다. 2012년 상반기(1~6월)의 생산 실적은 트라이탄이 86,900대로 전년도 동기대비 16% 증가, 파제로 스포츠가 45,300대로 동기 대비 36% 증가 등 전체적으로 호조였다.

필자는 MSC시대의 태국공장을 3번 방문했었다.

리어 도어에서 캐빈 안의 전방을 본 모습.
플로어는 440개의 소재, 보디 사이드 이너
는 590개의 소재를 사용한다. 780개의 소
재와 같은 중간 소재는 사용하지 않고 강재
의 종류를 좁혀갔다. 태국 정부의 에코카
정책에 적합하기 때문에 강재를 일본에서
옮겨와도 관세는 감면된다.

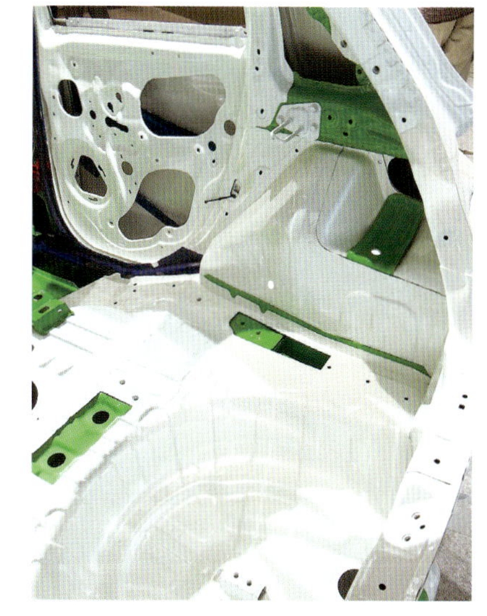

테일 게이트에서 러기지 룸을 찍은 모습.
아래쪽에 원형으로 오목한 곳은 스페어타
이어를 넣는 곳이다. 리어 휠 하우스나 C/
D 필러 안쪽에는 440개 소재를 사용하여
보강했다. 자루모양의 폐단면을 이루는 부
분에는 일부 볼트 체결도 이용된다.

미라지 보디에 사용되고 있는 강판

▬ 980MPa급	▬ 440MPa급
▬ 590MPa급	▬ 270MPa급

모두 인장강도 수치

유채색 부분이 고장력강, 그레이 부분은 연강. 주행과 충격
에 중요한 부위를 고장력강을 통해 그릇 모양으로 만든 보
디이다. 기본적으로 드로우(draw) 성형은 하지 않는데 드로
우를 할 경우는 남은 부분을 버리지 않고 최대한 이용한다.
초기수율(FPY)이 좋다는 것도 특징이다.

프런트 사이드 멤버는 590개 소재를 사용
하여 복잡한 단면으로 성형이 되어 있다.
능선(ridge)에서 충돌 충격을 흡수하는 방
법이다. 휠 하우스 안쪽의 커팅부분에는 구
조 접착제가 사용된다. 스트레스를 받지 않
는 부위에서의 접착제 사용은 미쓰비시에
서도 진행해 왔다.

차량의 전방에서 본 플로어 터널 모습. 4WD의 프로펠러 샤프트는
들어갈 것 같지 않지만 「FF」 치고는 터널의 단면이 크다. 좌우의 파
란 부분이 프런트 사이드 멤버가 들어갈 곳이다.

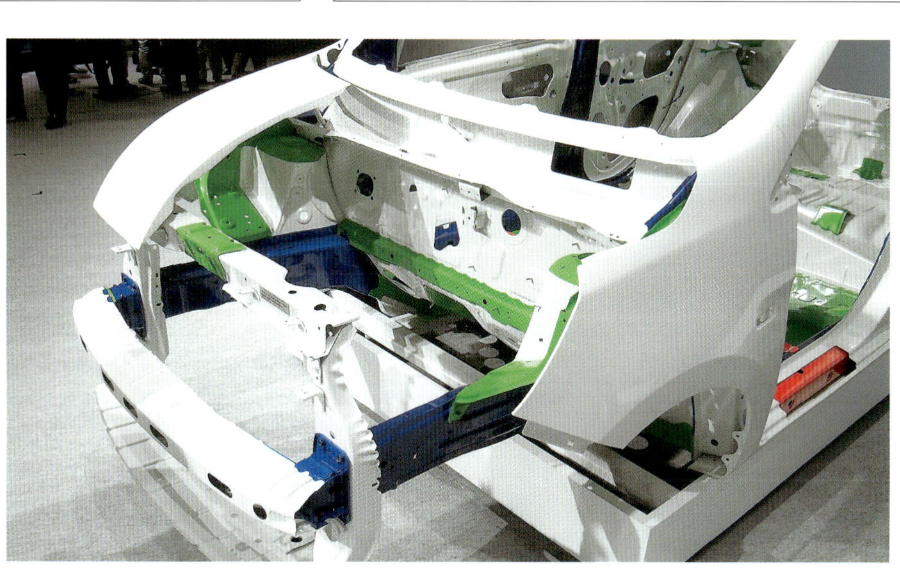

위쪽 부분을 비스듬하게 본 모습. 토 보드(toe board)의 형상을 잘 볼
수 있다. 미라지에서는 충돌을 받았을 때 보디 변형의 흡수법과 변형
시간 수습시간을 기존과 약간 다르게 해 놓았다.

방콕 시내에 있던 라카방 공장은 분사(分社)된 미쓰비시 후소 트럭 · 버스가 인수했기 때문에 현재는 람차반 지구에 승용자동차 공장이 집중되어 있다. 제1, 제2공장은 태국의 저렴한 인건비를 활용할 목적과 고용촉진을 위해 자동화 설비가 적었지만 이 공장들과는 달리 미라지를 담당하는 제3공장은 자동화 공정이 많다고 한다. 보디의 외부 패널 등과 같은 큰 물건을 성형하기 위해 500톤급 트랜스퍼 프레스기가 태국의 미쓰비시공장 가운데 처음으로 도입된 것 이외에도 보디의 용접라인에는 용접 로봇이 도입되었다.

「저항 스폿 용접의 타점 수는 약 3600점인데 그 가운데 거의 반 정도는 로봇에 의한 자동 용접이다. 아무래도 로봇이 아니면 정확한 타점이 안 된다는 점, 바꿔 말하면 로봇화를 통해 품질보증 상의 장점을 얻을 수 있다는 점, 부재가 절약된다는 점, 수작업인 경우에 작업자세가 힘들어진다는 점을 로봇으로 대체하고 있다.」

그렇다. 로봇 용접의 장점은 인원감축분만이 아니다. 먼저, 정확도가 다르다. 설계자가 다양한 요건을 통하여 산출한 용접 포인트에 적절한 너깃(nugget)을 형성시키고 그 성공률을 거의 100%에 가깝게 하는 것은 숙련공이라도 하기 어렵다. 더구나 작업시간이 길어지면 인간에게는 피로가 쌓인다. 피로는 실수를 불러오고 결과적으로 용접의 불량률이 상승하게 된다.

그리고 고장력 강판의 스폿 용접에는 힘이 필요하다. 2~3장의 강판을 끼우고, 강판과 강판 사이에 틈새가 생기지 않도록 20~50kg의 힘으로 압착하면서 용접해야 한다. 나아가 강판의 두께가 바뀌면 용접 건에서 흐르는 전류 값도 바뀌어야 한다. 이러한 작업은 서보 용접 건을 사용하면 해소되지만 서보 건은 크고 무겁다. 작업자가 맨손으로 다루기에는 힘들다는 얘기다.

또 하나, 용접을 자동화하면 경량화에 효과가 있다. 강판을 「L자」형으로 구부리고 그 탭 형상의 플랜지 부분들을 용접해야 할 경우 인간의 수작업보다도 정확하고 목표로 한 장소에 정확하게 용접 건을 갖다 댈 수 있는 로봇을 사용하면 플랜지 길이 자체를 1~2mm 짧게 할 수 있다. 자동차에는 이런 용접부위가 상당히 많기 때문에 로봇 용접을 사용하면 보디 전체에서 몇 kg 정도의 경량화가 가능해진다.

「차세대 보디 설계를 어떻게 할 것인가에 관한 고찰 속에서 이 미라지 보디의 구상이 시작되었다. 생산개시 약 5년 전이며, 구체적인 설계가 시작된 것은 생산개시 3년 정도 전이었다. 어쨌든 가볍고 튼튼한 보디를 효율적으로 만들겠다고 하는 콘셉트이다」

4년 정도 전에 필자가 당시 미쓰비시 자동차의 보디 설계부에서 차세대 보디에 관한 구상을 취재했을 때 「패치워크 전폐, 구조와 사용하는 강판을 재검토해 철저하게 할 생각」이라고 들었던 기억이 있다. 그 방침이 결실을 맺은 것이다. 미라지를 콜트하고 화이트 보디(도어 등과 같은 덮개가 전혀 없는 상태)만을 비교하였을 때 45kg이 가볍다. 크기의 차이는 있지만 그 부분의 경량화 효과는

8kg에 지나지 않는다. 화이트 보디 중량 199kg은 훌륭한 것이다.

「태국에서 생산하는 것이 정식으로 결정된 것은 2010년에 들어와서이다. 이미 미라지의 보디 설계는 진행되고 있었지만 여기서 설계를 조금 변경하였다. 모든 타점을 로봇 용접을 전제로 생각하고 있었기 때문에 손으로 작업할 부분의 설계를 변경하였다. 또한 연속용접을 중지할 필요도 있어서 그것도 설계의 변경 대상이었다. 람차반의 기후는 맑을 때와 비가 올 때에 따라 공장 안의 기압이 바뀌며, 게다가 전력은 전압이 미묘하게 안정되지 않는다. 한창 연속용접 중인데 기압과 전압이 바뀌면 용접의 품질에 영향이 미치기 때문에 연속용접을 없애고 스폿 용접으로 통일하였다. 수작업으로 하는 단발 용접 건을 사용하면 가령 전압이 떨어져도 그 타점에서 다시 고치면 된다. 로봇이 아니라 사람이 하는 편이 조합이 잘 맞는다고 하는 이유는 기후와 전력의 인프라에도 있다」

그렇기는 하지만 로봇이 작업하지 않으면 강판들끼리 정확한 위치를 맞출 수 없는 부분이 있다. 고장력강을 사용한 부분은 더욱 그렇다.

「관건이라 할 수 있는 용접의 타점은 예를 들면 루프와 사이드 스트럭처(보디 측면)의 접합부분이나 플로어와 엔진 컴파트먼트의 접합부분 등 이다. 하중을 받는 섀시는 특히 중요하다. 부분 별로 용접하고 나서 마지막으로 메인 보디 용접 라인에서 합체시키는데 우선은 스테이지 별로 검사원이 용접을 확인하고 보디가 조립된 단계에서 다

미라지 때문에 건설된 람차반 제3공장의 내부. 양산 시작 자동차를 흐르게 할 때의 최종 어셈블리 라인 모습이다.

공장 내를 옮겨가는 반송 레일. 보디 구조를 보면 파워 트레인을 밑에서 넣는 방식임을 알 수 있다. 현재는 더 많은 설비가 공장 내에 반입되어 있다.

03년의 람차반 제2공장 모습. 왼쪽은 지그를 사용하는 수작업 용접, 우측은 캐빈 안의 수작업 용접. 프레임 보디 차량이기 때문에 로봇작업 없이 모두 수작업이었다. 제1, 제2공장은 현재도 이런 상태이다.

시 검사를 한다」

미쓰비시 자동차의 보디 조립은 엔진 컴파트먼트, 프런트 플로어, 좌우 사이드 스트럭처, 리어 플로어, 루프를 각각 전용의 스테이지에서 먼저 조립하고 나서 이것들을 최종적으로 합체시키는 방식의 수순이다. 각 스테이지는 소형 물건부터 순서대로 조립하는데 아무리 작은 부재라도 여러 개의 스폿 타점을 때릴 경우는 반드시 「때리는 순서」가 정해져 있다. 순서가 틀리면 미묘하게 주름이 지거나 판이 약간이나마 물결을 친다. 이것을 검사원은 놓치지 않는다.

「설계 단계에서는 모든 보디의 스폿 타점에 대해 『떼 내기』시험을 하고 있다. 그것과 계산한 전류 값이 정확한 것인지 용접한 부분을 한 가운데서 절단하여 모든 타점의 너깃 형상을 살펴본다. 근래에는 시뮬레이션이 진보하긴 했지만 실제로 용접을 해보지 않으면 알 수 없는 것이 많이 있다. 시뮬레이션에는 드러나지 않았던 트러블도 일어난다. 때문에 시작(試作)하고 파괴해서 확인하는 것이다」

접합 설계라는 것은 이런 것이다. 미라지는 태국에서의 생산에 맞춰 보디 설계를 변경하고 생산을 시작하기 1년 이상 전부터 생산기술 및 보디 설계의 스태프는 태국으로 들어갔다. 1년 가운데 반이 태국 생활이었다고 한다. 현지에 가지 않으면 알 수 없는 사정은 앞서 설명한 람차반의 기후와 전력 사정만이 아니다. 박판은 태국에서 프레스 되지만 대부분의 강재는 일본에서 옮겨진다. 고장력 강판은 시간이 흐르면서 경화되기 때문에 유통 기한이 있다.

최악의 조건이 겹쳐도 미라지의 보디는 소정의 강도와 강성을 발휘해야 한다.

「어려운 것은 판의 두께와 강도가 다른 강판을 3개나 겹칠 때이다. 가장 위가 0.5mm, 가운데가 1.5mm, 가장 아래가 1.7mm라고 하겠다. 두꺼운 판(厚板)끼리 용접을 하려면 높은 전류 값이 필요한데 거기에 얇은 판(薄板)이 더해지면 대개 얇은 판이 붙질 않으며, 반대로 얇은 판에 조건을 맞추면 두꺼운 쪽이 붙질 않는다. 전압의 피크를 만드는 방법이나 통전시간, 가압력 등을 세세하게 바꾼 상태에서의 try and error이다. 시뮬레이션으로는 할 수 없다」

그런 스폿의 타점이 몇 백 군데나 된다고 하니 정신이 아찔해진다.

「전류 값을 8700A까지 올린다거나 통상과는 전류의 피크를 어긋나게 한다거나 다양하게 생각한다. 생각이 끝나면 실제로 때려 본다. 같은 소재를 준비해 놓고 그것을 직사각형의 모양으로 자른 다음 실제의 라인과 같은 설비를 사용하여 고정해 본다. 그래서 벗겨보거나 단면을 조사하는 방식으로 작업하게 된다. 하지만 직사각형으로 모든 것을 알 수 있느냐 하면 전혀 그렇지 않다. 실물 보디에서는 트러블이 발생한다」

보디의 설계와 생산기술의 스태프는 미라지의 3600타점 모두를 검증하고 양산 전의 트라이(試作) 보디를 만들었다. 저항 스폿 용접의 너깃 지름은 최저 값으로 하고 모든 타점의 박리 시험과 절단에 의한 너깃 형상을 확인하였

다. 간단히 벗겨진 타점은 불과 3개였다. 3600분의 3, 성공률 99.92%다. 그리고 양산 시작까지 이 3타점은 개량되었다. 저항 스폿 용접의 실패율은 수작업까지 포함하여 10ppm이하이다.

왜 태국 제품인가 그 배경에는 태국과 일본과의 오랜 관계가 있다. 구미의 자동차 메이커가 「작업하기가 어렵다」고 투덜거리는 태국에는 일본계 자동차 관련기업이 집중되어 있다. 태국 정부가 에코 카 정책을 표방하며, 일정한 기준을 충족하는 저연비 자동차를 연간 10만대 이상 생산할 경우에는 사업세를 감면하고 에코 카의 생산을 위해 수입하는 원재료나 부품 · 유닛은 면세로 한다는 방침을 발표하였다. 1모델로 연 10만대 이상이라는 숫자에는 태국 정부의 「수출하지 않겠다.」라는 메시지가 숨어 있었다. 먼저 닛산이 마치의 생산을 태국으로 옮기고 미쓰비시도 미라지를 타이 생산으로 결정하였다. 앞으로는 도요타, 스즈키, 혼다도 가세할 예정이다.

일본과 유럽, 심지어는 미국을 향한 수출까지 시야에 넣고 미쓰비시는 미라지를 위한 공장을 세웠다. 공작기계는 대부분을 일본에서 가져갔다. 설계는 일본인이 하고 현장은 고용한 태국인이 맡는다. 품질이 나쁠 리가 없다. 일본에 들어간 미라지는 한 번 더 완성 검사에 들어가지만 트러블은 전혀 나오지 않는다. 태국의 미쓰비시 공장은 12년에 44만대를 생산하여 그 가운데 10만대 이상이 수출된다.

니시야마 요시히로
Yoshihiro NISHIYAMA

미쓰비시 자동차공업 주식회사
글로벌스몰
프로젝트추진본부
프로젝트 추진부(생산 담당)

미사키 도시츠구
Toshitsugu MISAKI

미쓰비시 자동차공업 주식회사
개발본부
제1차량 설계부
엑스퍼트(제1차량 보디 설계 담당)

아사리 도모유키
Tomoyuki ASARI

미쓰비시 자동차공업 주식회사
개발본부
기술기획부

보디 구조 부분의 접합기술

구조용 접착제를 사용한 수리기술과 라인 도입에 대한 과제

새로운 접합 방법 가운데 하나가 접착이다. 라인 생산에 있어서는 아직 많이 사용되고 있다고는 말하기 어렵지만 한편으로 메인터넌스나 수리의 세계에서는 급속하게 주목을 끌고 있다.
용접에 비해 접착에는 어떤 장점과 단점이 있을까.

본문 : 후쿠노 레이지로(Reiichiro FUKUNO)　사진 : 스미요시 미치히토(Michihito SUMIYOSHI)

「3M 패널 본드 미니 38315」와 「3M 핸드 건 8190」
은 8115와 8117을 각각 소용량 및 소형화한 제품이
다. 8115의 200㎖에 대하여 용량이 37㎖에 불과하
다. 이 밖에 8115의 카트리지용으로 방아쇠를 당기
는 힘을 줄인 에어 동작 방식의 「3M 에어건 9930」
도 있다.

스미토모 3M의 2액형 구조용 접착제 「3M 패널 본드 8115」와 전용
「3M 핸드 건 8117」. 2액형이 봉입된 상태로 판매되고 있는 카트리지
를 건에 꽂고 「믹싱 노즐 8193」을 장착한 다음 방아쇠를 당기면 압출
된 주제와 경화제가 노즐의 내부에 들어있는 지그재그의 통로를 빠져나
오는 과정에서 혼합되어 교반이 완료된 상태에서 끝으로 나온다. 노즐
은 사용이 끝나면 버리는 타입이다. 노즐 안에 남은 접착제가 무용지물
이 되지만 가령 판 위에 2액을 놓고 섞는다고 하더라도 항상 딱 맞는 분
량이 된다고는 할 수 없으며, 남아서 버리는 경우도 많으므로 그렇게 낭
비가 많다고는 할 수 없다. 건의 본체는 아연합금 다이캐스트 제품으로
서 모양새가 상당히 튼튼하게 만들어졌다.(본문 중의 「」안은 3M의 제
품 명칭과 제품번호).

구조용 접착제

CFRP(Carbon Fiber Reinforced Plastics)나 GFRP(Glass Fiber Reinforced Plastic) 등과 같은 합성물 구조에 있어서는 자동차의 구조부분을 체결할 때 접착을 사용하는 방법이 이미 널리 사용되고 있다. 예를 들면 렉서스 LFA의 CFRP제 모노코크는 접착을 사용한 체결이 메인인 구조다. CFRP를 사용한 항공기도 접착에 의한 체결에 의해 안전하게 하늘을 날고 있다.

그러나 강판 프레스 구조나 알루미늄 구조 등과 같은 자동차 보디의 제조 라인에 접착기술이 도입된 경우는 아직도 많지 않다.

스미토모 3M 주식회사가 자동차 수리용 에폭시 수지계 2액형 구조용 접착제인 「패널 본딩 시스템」을 발매한 것은 1999년이다. 각종 수지, 금속 및 금속＋세라믹, 폴리올레핀계 수지용 등과 같은 일반용 각종 2액 실온 경화형 접착제인 동사(同社)의 「EPX 접착 시스템」 각 제품과 함께 자동차 수리 현장에서는 일반적으로 사용되고 있지만 자동차 메이커의 보디 생산 라인에 납입한 실적은 아직껏 없다.

스미토모 3M 패널 본딩의 대표적 품번인 「8115」의 경화 후 접착 강도는 강판끼리의 접착인 경우 전단강도 23.5MPa, 박리강도 7kN/m(모두 공식치)이다. 이것을 용접과 비교하면, 대략 접착 면적 2cm²당 스폿 타점 1군데에 상당하는 체결력이라고 한다. 스폿 용접에 있어서 분전분류(分電分流)가 생기지 않는 하한 간격은 조건에 의해 30mm~50mm라고 이야기 되고 있기 때문에 어느 선 길이에 대한 구조용 접착제의 접착 강도는 스폿 용접과 동등하거나 약간 상회하는 정도라고 생각하면 된다. 실제로 박판 강판 등으로 접착 강도의 테스트를 해보면 접착부의 박

리보다 먼저 모재를 파괴한다고 한다.

용접봉을 사용하는 선 용접과 비교하면 접착제는 경량이다.

보디 구조에 접착을 사용하는 이점으로는 이 접착 강도와 비강도가 높다는 점 ①과 더불어 ② 콜드 프로세스를 위한 모재의 물성에 영향을 끼치지 않는다는 점, ③ 철↔알루미늄, 금속↔수지 등 이종 재료 사이의 접착이 가능하다는 점, ④ 접착제는 절연체이기 때문에 이종 금속 간의 체결에도 전식(電蝕)이 생기지 않는다는 점, ⑤ 체결과 동시에 체결부의 방청과 수밀 실(水密seal)이 가능하다는 점 등이다.

구조용 접착의 결점은 ⑥ 경화시간이 길다는 점, ⑦ 준비, 공정에 약간의 조직과 경험을 필요로 한다는 점, ⑧ 자외선이나 연식 등에 따른 열화 등에 대한 신뢰성이 확립되지 않았다는 점, ⑨ 내열성이 높지 않다는 점 등이다.

⑥에 대해서 패널 본딩 8115를 예로 들어 설명하면 2액형을 혼합하고 나서 맞붙일 때까지의 시간적 한계인 「가용(可用) 시간」이 45분간 또한 60℃의 반응 촉진 가열을 했을 경우에 「시작 강도 발현시간(지그나 클램프 등으로 고정해 두는 것이 필요한 시간)」이 60분, 최대 강도를 발휘할 수 있도록 하는 「완전 경화」까지가 90분이다.

가용시간을 가능한 길게 시작시간과 완전경화까지의 시간을 가능한 짧게 해달라는 것이 현장의 요구이겠지만 현 상태인 이 수준에서는 양산 자동차 보디 생산라인에 적용하기는 어렵다. CFRP의 경우 모재의 성형시간 자체는 공법의 개선이나 열가소제 수지 등을 사용한 성형 등으로 제조 사이클을 단축하는 것도 이제 시야에 들어와 있지만 접착시간을 단축하는 것은 아직도 어려운 상황이다.

접착 원리

두 개의 물질이 아주 가까이 접근하면 물질 사이에 서로를 끌어당기려는 힘이 생기고 양자는 자연스럽게 결합한다.

원자 사이의 결합력으로는 서로의 전자쌍을 공유하는 「공유 결합」, 양·음이온 사이의 정전인력(靜電引力)으로 생기는 「이온 결합」, 자유전자와 양이온과의 정전인력으로 생기는 「금속 결합」등이 알려져 있지만 전자를 주고받지 않고도 「수소결합」이나 반데르발스 힘에 의한 「배향」「유기」「분산」등 분자 사이의 힘에 의해 결합력이 생긴다.

분자 사이의 힘이 작용할 때의 물질 사이의 상호거리는 0.2~0.4nm(1nm = 100만분의 1mm)라고 하는 극도로 가까운 거리이다. 표면에 이것을 넘어서는 미세한 요철이라도 있으면 물질은 그 이하로 접근할 수 없다.

유동성이 높은 물체를 피접착 소재의 중간에 끼워 넣고(介在), 서로를 충분히 접근시킬 수 있으면 물질↔개재물(介在物)↔물질이 각각 분자 사이의 힘에 의해 결합하기 때문에 물질들끼리 접착할 수 있다. 이것이 접착제의 원리이다.

유리와 같이 표면이 매우 평평한 것들끼리는 개재물이 물이라 하더라도 물이 유리 표면을 적시고 퍼짐으로서 광범위하게 유리표면과 물 분자 사이에 수소 결합력이 작용하여 양쪽은 나름대로 강고하게 접착한다.

물은 그러는 가운데 증발되어 접착력이 상실되며, 또한 젖어 있는 상태라 하더라도 주걱 등을 넣어 유리 사이를 벌려주면 비교적 쉽게 접착상태가 떨어진다. 물은 자기 응집력이 낮아서 박리 응력(剝離應力)에 저항할 수 없기 때문이다.

물 대신에 전단력이나 박리력에 대해 강도가 높고 일단 경화하면 시간을 줘도 물성(物性)이 바뀌지 않는 성질을 사용하면 강력한 접착력을 유지할 수 있다.

접착제는 수지의 일종으로 바를 때에는 통상 액체 상태나 풀 같은 상태를 하고 있다. 이 유동성을 활용하여 물처럼 물질 표면의 요철을 따라 퍼지고 분자 사이의 힘이 작용할 수 있는 거리까지 피접착제에 접근한 상태가 된다. 이것을 계면(界面)의 「웨팅(wetting, 고체 표면에 액체가 접촉되어 있는 상태)」이라 부른다.

바른 다음의 접착제는 용제의 발휘, 혹은 경화제나 흡기열 등과의 화학반응에 의해 경화함으로서 자기 응집력을 발휘하게 된다.

이렇게 바를 때는 유동체로 그 후에는 경화하여 고체가 되는 것이 접착제의 일반적인 특징이다.

여담이지만 바르기 직전과 직후에 상변화(相變化)가 없고 액체와 고체 양쪽의 성질을 가지면서 피접착 소재를 항상 젖은 상태로 유지시키는 것이 테이프 등에 사용되는 「점착제(粘着劑)」이다. 점착제는 높은 유동적 성질로 인해 피접착 소재의 계면을 신속하게 적시기 때문에 붙인 순간에 접착력을 발휘한다.

접착제의 3번째 체결 역학은 「앵커(投錨) 효과」이다.

피접착물 표면의 요철 등에 접착제가 흘러들어가 경화되고 그 상태에서 재질의 강도를 발휘함으로서 벗겨지지 않록 기계적인 앵커 힘을 발휘하는 것을 말한다.

접착 전에 「피접착물의 표면을 샌드페이퍼 등으로 잘 갈아 주세요」라고 설명서에 적혀 있는 것은 주로 「앵커 효과」를 발휘시키기 위한 것이다.

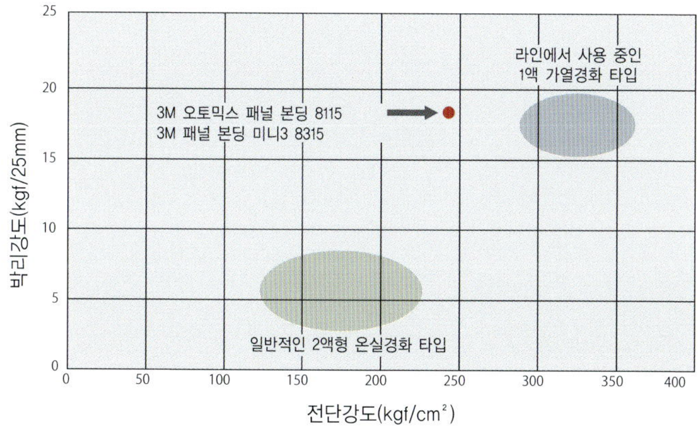

▶ 에폭시 계열 구조용 접착제의 전단강도, 박리강도 비교

「3M 패널 본딩 8115」의 접착강도를 일반 2액형 접착제나 생산라인에서 사용되고 있는 1액형 열경화 타입과 비교한 표. 전단강도에서는 열경화 타입에 약간 미치지 못하지만 박리강도에서는 동등한 성능을 발휘한다. 스미토모 3M에서는 루프와 도어 아우터 등의 수리에 접착제를 주로 사용하는 패널 본딩 공법, 로커 패널, 코어 서포트 등 하중이 크게 걸리는 부위에는 스폿 용접 등을 병행하는 웰드 본딩 공법을 각각 장려하고 있다.

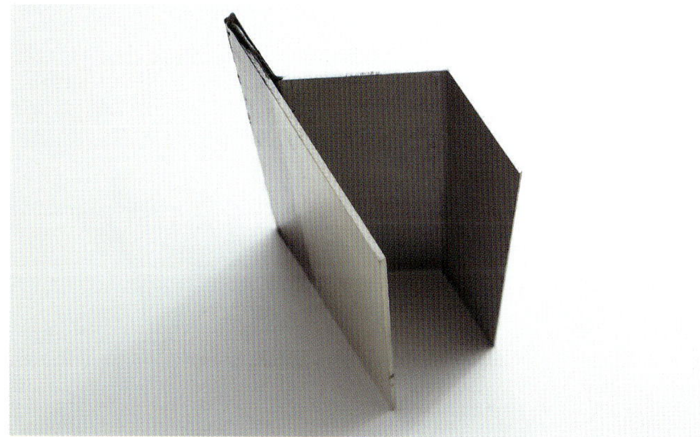

▶ GFRP와 강재의 접착 테스트 피스

「3M 패널 본딩 8115」를 사용하여 알루미늄(두꺼운 판)과 강판(구부린 판)을 헤밍부에서 접착한 샘플. 접착 순서는 ① 접착면 양쪽을 충분히 샌딩한다(「앵커 효과」향상). ② 실리콘 오프로 양면을 닦지(「웨팅」성 향상). ③ 양면에 접착제를 바르고 주걱으로 넓게 바른다(앵커 효과와 웨팅성 향상). ④ 맞붙이고 난 다음 클램프하여 비져나올 때까지 유동시킨다(앵커 효과/웨팅성 향상). ⑤ 60℃ 90분(가열) 또는 25℃ 24시간 놔두고 완전히 경화할 때까지 하중을 걸지 않는다(「응집력」발휘)

「표면의 유분(油分) 등을 잘 닦아주세요」라는 것은 유분이나 실리콘 성분, 오염 등에 의한 표면의 탄력성을 방지하여 「젖는」성질을 높이고 넓은 범위에서 분자 사이의 힘을 발휘시키기 위해서이다. 또한 경우에 따라 접착부를 따뜻하게 해주거나 맞붙인 다음에 클램프하여 압착하거나 해머로 바깥쪽에서 접착면을 두들기는 것도 액상/반고체 상태의 접착제를 유동시켜 「웨팅」성을 높이기 위한 것이다.

그리고 물론 「마를 때가지 움직이지 마십시오」란 것은 경화에 의해 응집력이 발휘되는 것을 기다리기 위해서다.

약제 첨가에 의한 화학반응으로 경화하는 엑폭시 계열 구조용 접착제의 경우 냉온시에는 화학반응의 진행이 상당히 늦어져 일반적으로 기온이 5℃ 이하가 되면 아무리 방치해 두어도 경화되지 않기 때문에 피접착 소재를 상온까지 가열하여 줄 필요가 있다.

접착제의 응집력은 어느 정도 막의 두께가 없으면 충분한 강도에 도달하지 않는다. 예를 들면 압착하였을 때 접착제가 모두 압출되어 피착 소재끼리 부분적으로 접착하면 그 부분에서는 응집력이 충분히 발휘되지 않는다. 이것을 방지하기 위해 스미토모 3M의 패널 본딩 8115에는 직경 100 미크론의 유리 알갱이가 섞여있다고 한다. 압착해도 알갱이의 직경 이하로 압착제를 누를 수는 없기 때문에 최소한의 막 두께를 확보할 수 있다는 이론이다.

접착면이 충분히 젖은 상태가 되고 나아가 그것을 눈으로 확인할 수 있도록 접착제를 양면에 충분히 발라서 맞붙인 다음에 삐져나오도록 하는 것도 작업 순서에 있어서의 포인트다.

접착제가 소정의 접착력을 발휘하기 위해서는 이런 사항들을 잘 이해하고 작업할 필요가 있다.

BMW의 콜드 수리 방법

현재 각 메이커가 주목하고 있는 것은 보디 구조의 소재가 충격을 받았을 때의 「수리(repair)」에 대한 접착기술의 적용이다.

주요 목적은 용접에 의한 열 영향(HE : Heat affect)을 배제하는 것이다.

충돌로 인해 외부 패널뿐만 아니라 구조 소재까지 데미지를 입었을 경우 수리업자는 시간이 걸리는 판금 작업으로 수리를 하는 것이 아니라 작업시간이 짧고 더구나 부품대의 이익분을 청구할 수 있는 「부품 교환」을 희망하는 경우가 많은데 이 방법은 고객의 희망과도 일치하는 경우가 많기 때문에 손해보험사도 일반적으로 인식하고 있다.

차체의 주요 구조부를 분해할 경우는 용접부를 떼어내야 하는데 기계적으로 용접부를 제거하는 방법 말고는 없다. 스폿 용접부는 탄화텅스텐 비트의 점접 드릴 등을 사용하여 너깃부에 둥근 구멍을 뚫어 용접부를 절삭 제거한다. 선 용접부와 같은 접합부는 회전 숫돌을 사용하여 조금씩 연삭 제거한다.

새 부품을 붙일 때 플랜지 부분 등은 스폿 용접기를 사용하여 접합할 수 있지만 시리즈 스폿 용접부 등과 같이 반대쪽이 자루(폐단면)와 같이 된 부위 혹은 선 용접 부위 등은 피복 아크 용접이나 CO₂ 용접, 아르곤 용접(MIG 용접), 이너트 가스용접(MIG 용접) 등의 선 용접, 혹은 납접을 사용하여 접합해야 한다.

용접부의 박리는 번거롭고 용접의 강도나 열의 영향에 의해 수리 후의 차체의 강도에 대한 불안도 있기 때문에 예전부터 수리 측면의 노하우로 데미지를 받은 주위만 절단

제거한 다음 똑같이 절단한 새 부품으로 데미지를 입은 부분만 교환하는 테크닉도 폭넓게 이루어져 왔다. 최근에는 메이커의 표준 수리 매뉴얼에서도 이러한 방법이 부위에 따라 권장되고 있다.

그러나 성형할 때의 가열을 통해 재료를 경화하는 얇은 핫 스탬프 고장력 소재가 사이드 실(로커 패널)이나 B필러 주변 등에 사용되면 스폿 용접이나 레이저 용접에 비해 훨씬 HAZ(열영향부 : Heat Affected Zone)가 넓은 선 용접으로 수리 용접을 한 경우의 재료 물성에 대한 열 영향이 우려되었다. 수리방법에 따라서는 소재의 열 변형 등에 의한 물성(物性)의 저하로 인해 수리 후의 보디 충돌 안정성 등이 설계 값에 도달하지 않을 가능성이 있기 때문이다.

BMW에서는 이 문제에 일찌감치 대응하여 CRM(Cold Repair Method)이라 하는 패널에 전혀 열을 가하지 않는 수리 순서를 규격화하고 있다.

매뉴얼에 따르면 에폭시 계열 2액 경화형인 구조용 접착제와 각종 전용 리벳을 같이 사용하는데 하지처리와 구멍 뚫기를 하고나서 접착제를 발라 패널끼리 붙인 다음 리벳이나 클램프를 이용하여 임시 고정하고 50~85℃ 정도의 저온에서 접착제의 경화반응을 촉진시켜 수리 패널을 접착한다.

완전 경화된 후 부위에 따라서는 리벳의 머리를 제거하고 샌더로 면이 균일해지도록 연마한 다음 폴리에스테르 퍼티로 마무리한다. 또한 로커 패널부분 등은 페일 세이프(fail safe) 의미로 EMC라 칭하는 셀프 태핑 작은 나사로 보조 체결할 것을 장려하고 있다.

생산라인에 있어서는 납접과 연삭으로 마무리하고 있는 C필러의 접합부 등도 수리 매뉴얼에서는 접착제와 리벳, 폴리에스테르 퍼티로 마무리하도록 지정하고 있는 등 수리

패널 본딩 시스템의 적용사례

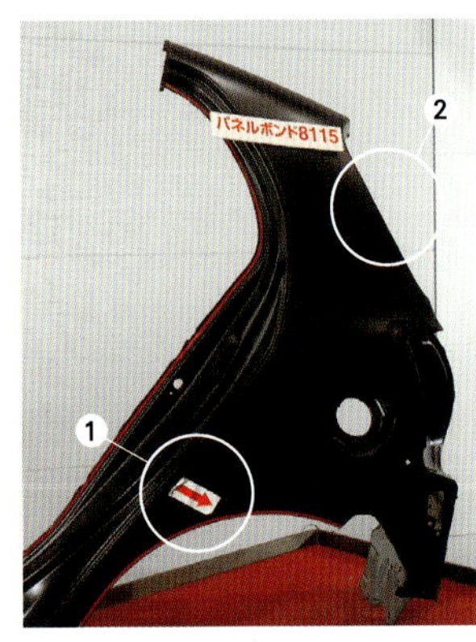

「3M 패널 본딩 8115」를 사용하여 쿼터 패널을 수리 접착한 샘플. BMW의 콜드 수리방법의 수순과 마찬가지로 도어 개구부와 휠 아치, 테일 게이트 개구부 등 생산라인에서는 스폿 용접이나 선 용접으로 체결하는 헤밍부 등을 구조용 접착제로 접착하고 있다.

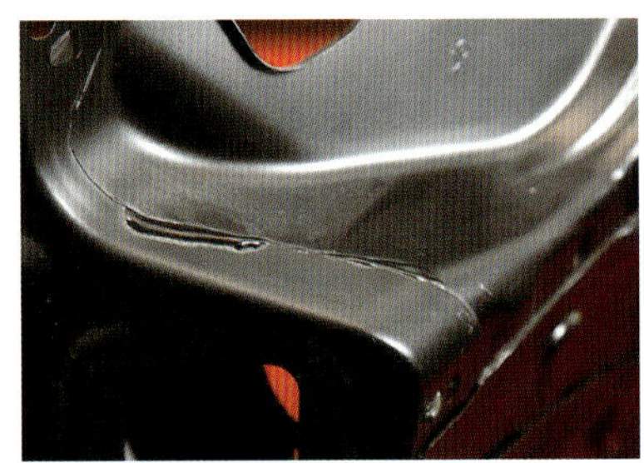

1 : 스미토모 3M에서는 쿼터 패널을 수리 교환할 때 반드시 요소를 스폿 용접하여 페일 세이프 하도록 장려하고 있다. 스폿 용접부라 하더라도 다른 부분과 마찬가지로 접착제를 발라 맞붙인 다음 45분 이내에 스폿 용접을 하면 된다. 한편 MIG 용접을 병행할 경우는 용접부에 접착제를 바르지 않고 방청을 위해 맞대는 면에 방청제를 바르도록 지정하고 있다.

2 : 패널의 뒷면. 구조용 접착제가 삐져나온 것을 볼 수 있다. 접착제를 사용한 접합에서는 선 용접의 용접 흔적과 달리 눈으로 봐서 접합상태의 불량여부를 판단할 수 없다. 그러나 약간 접착제를 많이 발라 이음새에서 삐져나오게 하면 내부에 비접착면(空洞)이 없고 가입되어 충분히 접착제가 널리 퍼졌다는 것을 확인할 수 있다.

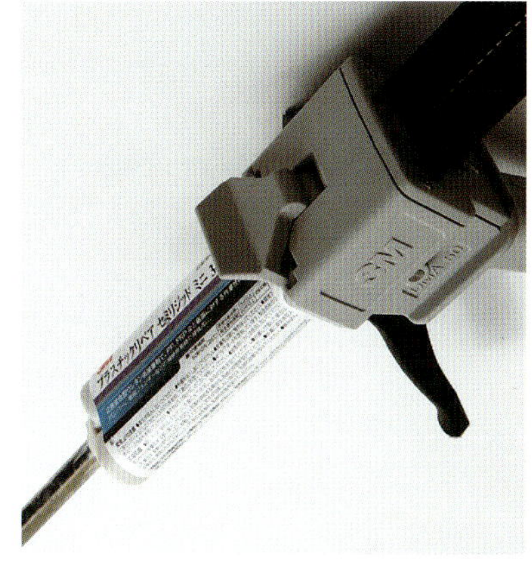 

현장에서 열의 영향을 배제하겠다는 방침이 철저하다.

작업조건의 엄밀성이라는 관점에서는 탈지, 샌딩, 교반, 도포, 고정, 가열 등, 일반적으로 접착제 쪽이 각 프로세스에 대한 요구 순서는 엄격하지만 현장에서의 용접에 의한 열 영향의 리스크보다는 적다라는 판단이므로 주목할 필요가 있다.

구조용 접착제의 사용과 응용

BMW의 경우처럼 자동차 메이커가 접착제를 사용한 수리를 매뉴얼화하지 않은 경우라도 이미 구조용 접착제는 수리 현장에서 많이 사용되고 있다.

스미토모 3M에서 구조용 접착제를 사용하여 접합구조 루프의 부품을 교환한 것을 볼 수 있었다.

수리를 통해 루프를 교환할 경우 박판이고 용접선 길이가 길기 때문에 열의 변형을 방지하기 위해 MIG로 점 접합을 하고나서 방수 실링을 하는 방식이 일반적이다.

이 작업에 구조용 접착제를 도입하면, 루프 단독 부품 상태에서 도장까지 완전히 끝낸 다음 접합하는 방식의 대담한 방법을 사용할 수 있다. 이 경우 앞에서 설명한 ⑤의 특징인 「접착과 동시에 수밀 실(水密seal)이 가능」한 접착제의 장점도 충분히 살릴 수 있다.

또한 용접 같은 경우는 실내의 마스킹이나 부품 분해 등의 작업시간을 필요로 하지만 접착 같은 경우는 열이나 불꽃, 스패터가 없기 때문에 부대작업이 최소한으로 끝난다. 「루프의 접착은 한 번 시작하면 멈추질 못 한다」는 현장의 목소리도 있는 것 같다.

즉, 재차 보수작업이 필요한 경우에 어떻게 접착을 벗겨낼 것인가에 관한 것이다.

이것은 의외로 간단한데 바로 열을 가해주면 되는 것이다. 산소 버너 등과 같은 고열도 필요 없다. 히터 건으로 가볍게 가열하는 것만으로 수지가 연화되어 자기 응집력이 떨어지기 때문에 접착제 자체도 쉽게 떼어낼 수 있으며, 경계면에서도 박리된다.

이 성질은 물론 양날의 칼과 같아서 고열을 받는 부위에는 구조용 접착제를 사용하는 것은 강도(强度)상 안 된다. 스미토모 3M에서도 배기계통이나 연료 탱크 등을 수리할 때는 구조용 접착제의 사용을 매뉴얼로 금지하고 있다고 한다.

라인 생산으로의 구조용 접착제 도입은 지금부터다.

스타일링적인 측면에서 접착제가 보디 구조에 도입된 예가 휠 아치다. 휠 아치의 플랜지 체결을 스폿 용접에서 접착방식으로 대체하면 플랜지 립의 돌출을 최소한으로 줄임으로서 타이어를 휠 아치에 바싹 붙이는 모습을 연출할 수 있다.

스미토모 3M에서는 지금까지 접착을 어렵게 여겨왔던 PE(폴리에틸렌)이나 PP(폴리프로필렌) 등의 폴리올레핀계 수지를 특별한 사전처리 없이 접착할 수 있는 접착제를 이미 개발하여 일반용으로 판매하고 있다.

원리는 알 수 없었지만 아마도 접착의 세 가지 역학 가운데 앵커 효과를 특히 높은 것으로 여겨진다.

이것을 베이스로 가용시간을 늘리고 경화시간을 단축한 생산라인용 그레이드를 개발함으로서 자동차 메이커 쪽에 수지 테일 게이트의 접착 등과 같은 수지 외부 패널부에 대한 사용, PP와 다른 수지의 접착용 등의 용도로 사용해 볼 것을 제안하고 있다고 한다.

일반용 경량화와 저중심화를 목표로 루프를 CFRP 등과 같은 수지나 알루미늄으로 재료를 바꾸는 경우도 접착제를 사용하는 것이 효율적이다. 특히 강판의 차체↔알루미늄 루프의 경우는 전해 부식의 방지, 방수 실링과 더불어 양쪽의 열팽창률 차이를 접착부위에서 흡수할 수 있다는 장점도 있다.

자동차 메이커에서는 각 부분의 실러 소재 등과 마찬가지로 열경화성 도료가 반응 경화할 때의 열(150℃)에 의해 경화되는 접착제를 사용하고자 하는 요망이 높다고 한다.

보디 제조라인에서 접착제를 사용하는데 있어서 또 하나의 애로 사항으로는 앞에서도 언급한 ⑧, 즉 신뢰성일 것이다. 그러나 자동차보다도 훨씬 더 엄격한 제조 품질기준을 적용하고 있는 항공기 업계에서는 이미 구조용 접착제의 신뢰성이 완전히 확립되어 있기 때문에 이에 관해서는 단지 각 자동차 메이커의 사내 규격이나 기준에 관한 해석과 응용과 관련된 문제로 이해해야 될지도 모른다. 「회사 내의 벽」이나 「완고한 벽」은 대개의 경우 물리적인 벽보다도 단단할 수 있다.

사토 후미히코
Fumihiko SATO

오토 애프터마켓
제품사업부
마케팅부 주임

이마무라 겐고
Kengo IMAMURA

자동차산업시스템사업부
자동차마켓개발부
시니어스페셜리스트

오가타 다케히사
Takehisa OGATA

자동차산업시스템사업부
마케팅부
매니저

제조 현장

SERIES.**37**

제37회 : TS텍 주식회사 | 자동차용 시트 제조현장 |

운전자에게 있어서 신체 고정 장치일 뿐만 아니라 노면 반력이라는 정보를 받아주는 센서이기도 하다.
단단한 프레임과 신체에 가해지는 전후좌우의 G(중력가속도)를 받아내면서도 탑승객을 불쾌하게 만들지 않는 적절한 유연성을 발휘하는 쿠션이 요구된다.
그「강인함」과「부드러움」의 균형을 만들고 있는 제조현장은 생각 외로 인간적이었다.

본문 : 마키노 시게오(Shigeo MAKINO)   사진 : 세야 마사히로(Masahiro SEYA)

평상시 발생하는 예상외의 상황에 대처하고, 용접조건을 만들어 간다.

팟~, 팟~거리며, 용접의 「빛」이 공중으로 튄다. 사진을 찍으니 청백색의 빛이지만 실제로는 더 따뜻한 색에 가까운 빛이다. 시트의 앉는 부분이 되는 쿠션 프레임을 지그에 받치고 아크(탄산가스) 용접을 하는 공정이다. 저항 스폿 용접이라면 로봇이 용접 건을 적절하게 움직이기만 하면 되지만 여기서는 부품을 받치고 있는 지그도 움직인다.

쿠션 프레임의 부품 수는 좌우 프레임과 그것을 고정하는 스테이가 2개 그리고 리클라이닝 축까지 해서 총 5점이다. 아크 용접 로봇이 원기둥 모양을 한 스테이 주위를 깨끗하게 용접해 나간다. 아니, 지그를 얹은 좌대가 멋지게 움직이면서 용접 로봇에게 「딱 좋은 자세」를 제공하고 있다고 해야 할 것이다. 시트 백(등받이) 각도를 바꾸는 리클라이닝 기구의 축이 되는 부분은 프레임의 안쪽과 바깥쪽부터 각각 단단히 고정된다. 이 작업을 신속하게 한 다음 용접을 끝마친 쿠션 프레임을 스테이션에서 송출한다. 그러면 곧 바로 다음 프레임이 들어온다.

「용접의 전류 값은 용접부위나 시트 종류에 따라서 바뀌기는 하지만 대개는 120에서 160A(암페어)이다. 실드 가스는 이산화탄소를 사용하고 있다. 용접 와이어는 표준적인 IGW 12(미국의 S6), 지름 1.2mm이다」

용접을 끝낸 쿠션 프레임을 보여준다. 손을 대보니 따뜻하다. 용접의 흔적이 메탈릭 블루로 빛나고 있다. 과연 로봇답다. 어느 프레임을 봐도 용접의 흔적이 거의 비슷하다. 계속해서 시트 백 프레임 용접. 골격은 STKM(건축 구조용 탄소 강관)제품의 튼튼한 파이프 소재, 헤드 레스트의 스테이가 들어가는 부분은 SPCC(냉간 압연 강판)이다.

이것들은 쿠션 프레임보다 용접부위가 많다. 눈앞을 흘러가고 있는 제품은 16군데를 용접하고 있다.

「탑승객의 체중을 받쳐줄 뿐만 아니라 충돌 시에는 큰 충격이 걸리기 때문에 용접부분의 융화는 모재에 대해 현재의 상태로 40%정도이다」

검사할 때 촬영한 단면 사진을 보여준다. 모재끼리 용접한 부분은 내부까지 깨끗하게 융화되어 있다는 것을 알 수 있다.

「용접부분의 파괴시험은 일상적으로 한다. 한 번, 용접조건을 결정하면 거의 차이가 나는 경우는 없지만 차이가 있는지를 확인하는 시험이다. 용접단(溶接斷) 부분을 절단하여 용입된 양을 확인하는 시험은 정기적으로 하고 있는데 이것도 조건과 일치하는지 확인하는 수준이다」

그러나 용접 공정 다음의 검사는 전수 검사로 이루어지는데 모든 용접부위를 검사하게 된다. 숙련된 검사원이 확인하고 OK 장소에 마킹을 한다. 「용접 외관 품질을 확인했다」라는 의미이다. 물론 모든 부위에 펜 마킹이 들어갔다. 합격인 것이다.

「시트 프레임 안은 모두 로봇을 이용한 자동 아크 용접이다. 수작업의 용접은 없다. 용접의 품질을 안전화하기 위해서이다. 그리고 용접은 다른 사람한테 맡길 수 없는 부분이고 용접기 쪽을 미리 프로그램해도 현장에서는 항상 예상외의 경우가 발생한다. 실제로 제품을 만들어낼 때 까지는 용접조건을 정밀하게 맞춰줄 필요가 있다. 날마다 하는 제품 검사를 건너뛸 수 없는 이유도 거기에 있다」

이곳은 TS텍의 사이타마공장(사이타마현 교다시). 데이도후하쿠공업의 2륜차용 시트사업을 이어받아 도쿄시트가 설립된 것이 1960년. 1963년부터 4륜차 시트 사업에 뛰어들며, 1997년의 도쿄쇼 때는 현재의 사명인 TS텍으로 변경되었다. TS텍 제품의 자동차 시트는 혼다와 스즈키 등에 납

로봇에 의해 자동 아크 용접된 쿠션 프레임. 시트의 총중량과 탑승객의 체중을 받는 부분으로 들어봐도 상당히 강성이 높다는 것을 알 수 있다. 등받이는 우측에 연결된다.

쿠션 프레임의 부품은 5점이다. 양 사이드의 프레임 부분에는 고장력강이 사용된다. 프레스는 외부의 협력공장에서 이루어지며, 납품 검사 후에 아크 용접이 된다.

용접할 때 부품을 고정하는 지그. 시트 종류마다 전용의 지그가 따로 있다. 시드의 제품 정밀도는 이 지그에 의해 좌우되므로 제품별로 여러 개인 지그의 캘리브레이션이 중요하다.

노란 다관절 로봇의 암 끝에 아크 용접의 토치가 장착되어 있다. 시트 종류나 용접 부위에 따라 용접의 조건이 미묘하게 바뀌기 때문에 사전에 조건이 프로그램 된다.

용접 설비는 가장 안쪽에 있어서 앞쪽을 향해 시트 프레임의 조립 라인이 이어진다. 매우 타이트한 인상이다. 이것은 스테이션 별로 검사와 부품조립이 이루어지기 때문이다.

쿠션 프레임에 시트 백 프레임을 합체한 다음 수지 부품을 장착하는 공정. 이 상태가 되면 자동차의 시트 모습을 갖춘다. 시트 백에는 가로 방향의 와이어(위)가 들어가고 그 아래의 스프링과 수지 플레이트에서 체중을 받는다.

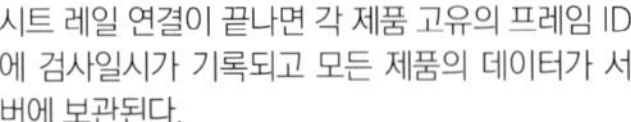

시트 레일 연결이 끝나면 각 제품 고유의 프레임 ID에 검사일시가 기록되고 모든 제품의 데이터가 서버에 보관된다.

미국 링컨 일렉트릭 제품의 와이어 공급장치 일체형 용접 전원이 사용되고 있었다. 세계 점유율이 약 14%를 차지하는 톱 메이커다. 미국에는 오래된 용접기 메이커가 많은데 20세기라고 하는 「철의 시대」를 끌어온 것은 미국 산업계라 할 수 있다.

쿠션 프레임 앞쪽에 팬 프레임을 장착하고 나서 슬라이드 레버가 연결된다. 덧붙이자면 시트 높이를 수동으로 조정할 수 있는 시트는 레일을 장착하는 방법이 달라서 유격을 방지하기 위해 텐션을 주면서 연결한다.

품되어 있으며, 도어 트림이나 루프 트림 등과 같은 수지 내장재와 의료용 의자도 생산하고 있다. 세계 12개국에 46곳의 생산거점을 가진 도쿄주식시장의 1부 상장기업이기도 하다.

이번에는 「접합 특집」이지만 시트와 같은 부드러운 부품이 어떻게 만들어지고 그 내부에는 어떤 접합기술이 사용되는지를 알고 싶었다. 「부드러운 것은 어렵기」때문이다.

시트 제조 공정으로 돌아가자. 앉는 면과 등받이 프레임이 완성되면, 다음은 각각에 부품이 연결된다. 앉는 면 쪽에는 보더 와이어(흔히 말하는 S스프링)나 쿠션 앞쪽의 팬 프레임, 리클라이닝용 레버나 스프링이 연결되고 등받이 쪽에는 수지 패널 등이 연결된다. 옛날 시트와 달리 현재의 시트는 내용물이 많다.

「리클라이너 바깥쪽에는 리클라이닝 레버를 조작하여 시트 백 각도를 원래의 업라이트 포지션으로 되돌리기 위한 스프링이 들어가 있는데 외견상으로는 거의 비슷하지만 스프링은 4종류가 사용된다. 시트 백(등받이) 무게에 맞춰 스

프링이 발생하는 상승 토크가 다른 것이다. 그리고 스프링의 힘으로 시트 백이 올라왔을 때 소리가 나지 않도록 고무가 들어가 있다. 이들의 부품은 헷갈리기 쉬워서 공정 다음에 확인하는 작업이 이루어진다」

파워 시트의 경우는 모터도 같이 장착된다. 앞뒤·상하·시트 백 각도·럼버 서포트가 모두 전동이라면 모터 4개와 각각의 와이어 하니스(wire harness)가 필요하다. 내장식 시트 히터도 있다. 시트 백과 시트 프레임을 합체시켜 모든 부품을 조립한 단계에서 검사가 이루어진다. 시트의 리클라이닝이나 슬라이드에 오차가 없는지 전동 부분은 통전에 따라 모두 움직이는지 OK인 경우에는 모든 시트에 부여되는 프레임 ID에 검사일시를 기입히여 출하 후에도 제조 이력을 추적할 수 있도록 서버로 송신한다.

다음은 「부드러운 물건」의 공정이다. 시트 표피는 사외에서 재단하여 안감이 되는 패드와 함께 봉제된 다음 이곳으로 옮겨져 오는데 쿠션 소재가 되는 우레탄류 일부는 공장 내에서 발포(發泡) 작업이 이루어진다. 폴리올과 이소시아

네이트를 반응시켜 탄산가스를 발생시킴으로서 원료의 체적을 약 20배로 부풀린다.

이 우레탄류와 시트 표피의 합격은 헤드 레스트의 경우는 표피를 금형에 넣고 그 안에 직접 우레탄을 주입하여 발포한다. 주입량은 시트 종류마다 즉, 헤드 레스트의 크기마다 정해져 있어서 적정량인 경우는 표피가 적절하게 팽창한 상태의 헤드 레스트가 만들어진다. 시트와 등받이는 금형 내에서 발포시킨 우레탄에 표피를 「덧씌우는」방법이다. 공정을 보고 있으니 확실히 「덧씌우는」것도 접합방법의 하나라고 느껴진다. 그냥 덧씌우는 것이 아니다. 발포재의 쿠션과 표피를 잘 맞도록 해주는 것이다.

「패브릭(천) 표피를 쿠션 위로 씌운 다음 스팀을 쏘여 주름을 펴준다. 가죽인 경우는 비벼서 완성한다」

작업을 보고 있자니 표피의 모양이 점점 바뀐다. 섬유의 모(毛) 끝에 수분이 모아지고 열로 인해 푹신하게 마무리된다. 시작(試作)을 반복하면서 표피의 재단 치수와 형상, 봉제방법 등을 정리하긴 했겠지만 형상이 안정되지 않은 부드

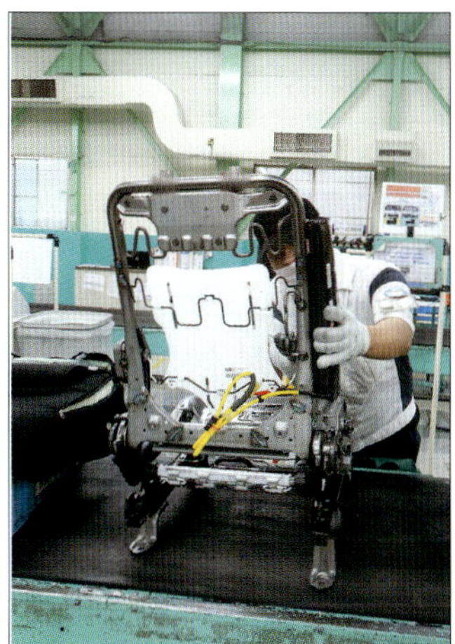

쿠션을 장착하기 전에 모든 내장물을 넣는다. 모터로 이어지는 배선이나 작은 스프링 등 시트 내부에 들어가는 많은 부품에 새삼스레 놀란다. 미국을 향한 시트에는 전후 포지션 센서와 시트 웨이트 센서가 더 추가된다.

쿠션과 헤드 레스트가 장착되면 거의 완성에 가깝다. 사이드 에어백이 내장된 사양에는 당연히 에어백도 장착되어 있다. 시트의 중량은 운전석 쪽이 20kg 이상 나간다. 자동차의 내장부품 가운데서도 시트는 점점 다기능화 되어 무거워지고 있지만 경량화에 힘쓰고 있다.

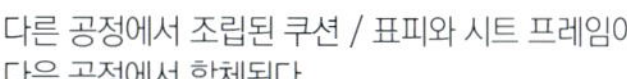

다른 공정에서 조립된 쿠션 / 표피와 시트 프레임이 다음 공정에서 합체된다.

시트 면에 세로방향으로 연결된 4개의 S 스프링이 보인다. 4개가 동일한 것은 아니고 바깥쪽 2개와 안쪽 2개는 스펙이 다르다. 스프링 앞 끝은 팬 프레임에 고정되어 있다. 쿠션을 씌우면 하나도 보이진 않긴 하지만 내용물이 꽤나 복잡하다.

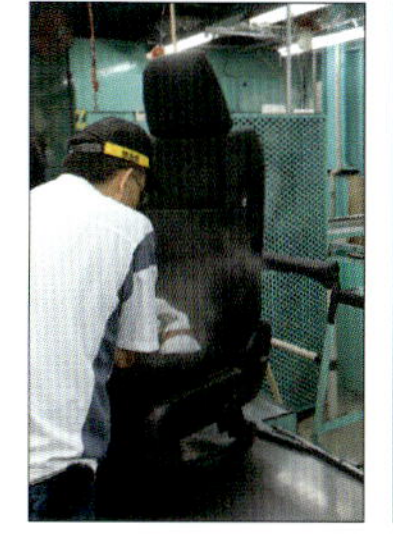

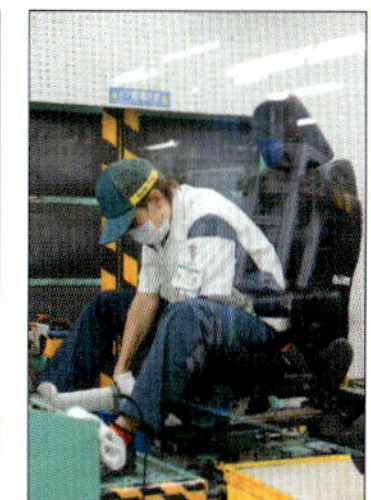

시트 표피를 깨끗하게 청소한다. 직물은 스팀을 사용하고 가죽은 원적외선을 쏘아 쿠션과 잘 어울리도록 한다. 그 다음은 방음 실에서의 검사(우)가 기다린다.

러운 것들을 맞추는 것이라 대단하다는 생각이 안 들 수가 없다.

드디어 시트 조립의 메인 라인으로 들어간다. 조립이 끝난 시트 프레임에 부품을 더 장착한다. 시트 면 아래의 수지 커버는 차량에 장착한 상태와 동일한 피치로 시트를 고정한 상태에서 조립한다. 사이드 에어백이 내장된 시트는 이 공정에서 사이드 에어백이 장착된다. 그리고 시트 프레임에 쿠션이 들어간 표피를 씌우면 순식간에 시트로 변신한다. 시트 면 안쪽부터 장착해야 하는 부품도 있기 때문에 시트를 뒤집은 상태로 고정해주는 보조 도구도 사용하는 등 점점 완성을 향해 나간다.

모든 부품의 장착이 끝나면 완성검사다. 검사대기 중인 1분 동안에 가죽 시트에는 원적외선을 쏘아 쿠션과 표피를 친화적으로 만든다. 검사는 방음실 안에서 이루어진다.

「여기서 하는 검사는 3공정으로 이루어지기 때문에 3공정분의 시간을 곱한다. 시트의 전후 슬라이드, 리클라이닝, 상하 높이 조절 등을 모두 조작해 봄으로서 움직임이 원활

한지를 확인한다. 동시에 조작하고 있을 때나 쿠션에 체중을 걸었을 때의 소리를 들어본다. 잡소리가 나는지도 검사 항목이기 때문에 방음실로 들어가는 것이다.」

방음실 창을 들여다보았다. 안에서는 다양한 조작을 하고 있다. 등받이에 체중을 건채로 수동식 리클라이닝 레버를 조작하거나 등받이를 가장 크게 젖힌 상태에서 단번에 원래대로 되돌려보는 등 상당히 가혹한 검사가 이루어지고 있다.

「사소한 소리를 구분하거나 손의 감촉으로 리클라이닝 기구가 덜걱거리는지 잡아내거나 몸으로 시트 레일의 변형을 발견하거나 모터음의 사소한 소리를 잡아내는 등 이 공정의 검사원은 정말 감각적이다. 아주 사소한 문제점이나 문제라고는 할 수 없을 정도의 제품 오차도 찾아낸다.『이상하다』고 말해서 조사해 보면 정말로 부품 레벨의 미세한 변형이 발견되곤 한다.」

방음실 안에서는 열정적으로 작업이 이어진다. 여기서의 평가는 모두 관능시험으로서 수치적인 기준은 없다. 그

럴 것이다. 리클라이닝 바의 조작감이라든가 시트를 슬라이드 시켰을 때 음의 파형에 대한 불균형 등은 기준을 만드는 것 자체가 매우 어렵다. 숙련된 귀와 손, 신체 감각을 활용한 관능 평가가 가장 접합하다. 프레임의 용접 불량도 소리나 신체 감각으로 발견할 것이다. 이 회사에서는 이 방음실과 같은 검사를 전 세계의 생산거점에서 실시하고 있다고 한다.

「여기서 작업을 할 수 있으려면 1년 이상의 트레이닝이 필요하다. 이 검사공정이 제대로 이루어지고 있기 때문에 납품처인 자동차 메이커에서도 신뢰를 하는 것이다」

방음실을 나온 시트는 마지막 외관검사가 이루어진다. 사이드 에어백, 시트 포지션 센서, 시트 웨이트 센서 등 전장품을 내장한 시트는 여기서 통전시험이 이루어진다. 그리고 모든 기능을 점검한 다음에는 자동차 메이커의 차량 생산 라인에 보내기 전에 청소로 이루어진다. 천 시트의 표피에는 스팀을 사용하여 청소한다. 못보고 지나친 표피의 상처는 없는지 육안검사도 이루어진다.

헤드 레스트의 제조공정

우측 상태에서 발포가 진행되면 이와 같이 된다. 원
래 체적의 20배, 밀도 0.05로 바뀐다. 만져 보면 화
학반응의 증거인 발열을 확인할 수 있다. 컵에서는
깨끗하게 떨어진다.

폴리올 안의 수분이 이소시아네이트와 반응하여 이산화탄소가 발생하고 이로 인해 체
적이 증가되는 것이 폴리우레탄 발포(發泡)다. 부풀어진 만큼의 밀도는 줄어든다. 어느
정도까지 부풀게 할지는 시트의 설계에 따라 달라진다. TS텍에서는 도치기에 있는 연
구소가 시트의 설계를 담당하고 있으며, 발포율도 연구소가 결정한다.

헤드 레스트의 표피가 되는 부분을 틀에 넣고 거기에 직접 폴리
우레탄의 소재를 흘려 넣는다. 헤드 레스트 크기에 따라 재료의
주입량이 바뀐다. 부풀어서 굳을 때까지 걸리는 시간은 50~55
초 정도이다.

모든 검사 데이터를 시트 ID와 연결 지음으로서 납품
후에도 추적할 수 있도록 하고 난 다음에 고객사에게 납품
한다.

시트 생산현장을 취재한 것은 오랜만이었다. 조립되는
부품의 점수는 옛날보다 훨씬 많아졌고 그 만큼 제조공정도
복잡해졌다고 느꼈다. 공장장은 「자동화가 영원한 과제」라
고 한다. 확실히 무인화된 금속부품의 제조공장이나 자동차
보디의 로봇 용접 라인에 비하면 사람의 수가 훨씬 많다. 그
러나 사람의 수작업에 의존하는 것이 나쁘다고는 생각하지
않는다. 제품의 정밀도를 향상시키기 위해 공정을 자동화하
는 것은 전향적이지만 그저 단순하게 사람의 손을 배제하기
위한 자동화, 기계 쪽이 싸다는 이유의 자동화가 과연 어떨
까하고 항상 생각해 본다.

TS텍 공장에서는 사람의 감성으로만 가능한 일을 사람이
하고 있었다. 용접부위의 체크는 카메라와 컴퓨터를 이용한
화상처리로는 못할 것이다. 눈으로 보거나 손으로 만지고
때로는 두들겨도 보는 식의 동작을 임기응변으로 섞어서 사
용하는 기술은 사람밖에 하지 못한다. 시트의 표피에 스팀
을 대고 친화적으로 만드는 작업도 눈과 손으로 확인하면서
가능한 작업으로 이것도 기계로 대체할 수는 없다.

그렇기는 하지만 무인화에 대한 도전에서 탄생한 기술
도 많다. 현상에 만족하지 않고 항상 문제 의식을 갖으면
서 앞으로 나아가려는 습성이 일본 제조업에는 있다. 어떤
식으로든 시트와 같이 부드러운 것도 대폭적으로 자동화
된 환경에서 만들어질 것이다. 그러나 수작업 방식이 있기
때문에 자동화 연구는 진행된다. 샘플이 되는 수작업은 전
승되지 않으면 안 된다. TS텍의 제조현장은 그것을 느끼게
해 주었다.

TS텍 주식회사

1960년 12월 5일에 설립. 2륜·4륜 자동차용 시트나 4륜 자
동차용 내장부품, 의료용 의자 등을 만드는 메이커다 혼다에
시트의 납품이 많아서, 혼다의 해외거점 진출에 편승하여 미국
과 영국, 태국, 인도, 중국 등 12개국에 진출해 있다. 현재 사
이타마공장(유키다)에 새로운 일괄 생산라인을 건설 중이다.

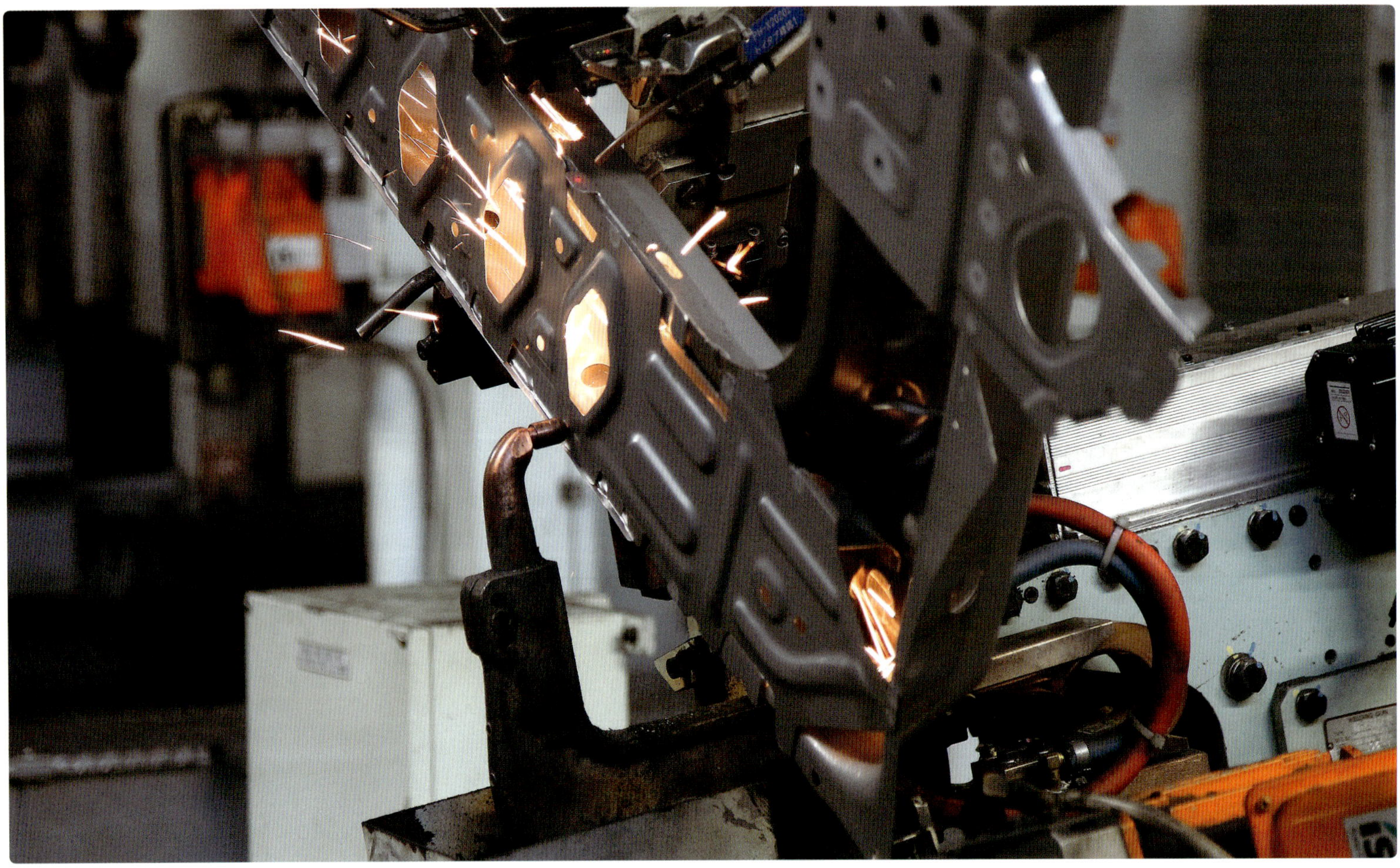

도해특집 : 연결하기 · 고정하기 · 끼우기

EPILOGUE

새로운 기술이 태어나 오래된 기술과 동거하는 접합의 세계는
심오할 뿐만 아니라 동시에 아주 인간적이기까지 하다

본문 : 마키노 시게오(Shigeo MAKINO) 사진 : 세야 마사히로(Masahiro SEYA)

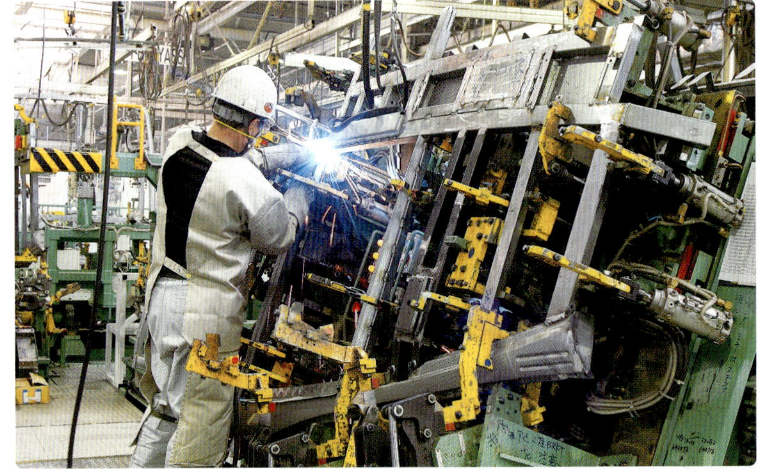

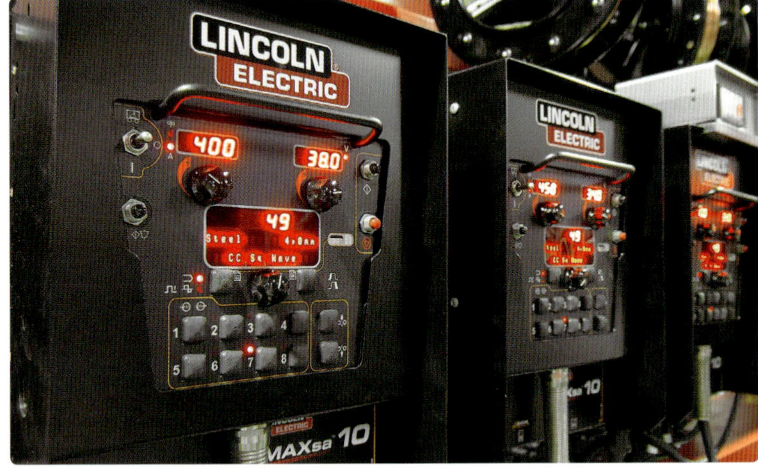

접합과 소재는 세트로 움직인다. 자동차의 보디를 구성하는 요소는 다양화로 치닫고 있어서 여기에 맞추어 접합하는 방법도 다양화하고 있다. 또한 예를 들어 소재가 바뀌지 않아도 접합의 기술은 진보를 계속한다. 보통은 눈에 띄지 않는 부분이지만 접합은 현재의 공업제품을 속에서 떠받치고 있는 중요한 테마인 것이다.

만약 자동차 보디를 대형 물품 성형의 주물로 만들 수 있다면 소재의 양품률은 좋아지고 접합도 거의 불필요해진다. 녹여낸 강(鋼)이나 알루미늄을 틀에 넣어 만드는 주물의 세계도 금형기술의 진보에 따라 형상을 상당히 자유롭게 만들 수 있게 되었다. 자동차 보디 표면의 미묘한 삼차원 곡선은 오히려 주물 쪽이 더 쉬울 것이다.

그러나 주물의 자동차 실현은 지금의 상태에서는 불가능하다. 양산 자동차 보디는 작은 판을 이어서 만드는 수밖에 없다. 탄소 섬유(카본 파이버)로 짠 포를 열경화시키는 드라이 카본은 주물을 대체할 수 있는 성형의 자유도와 상당히 높은 강도를 가진 소재이지만 이것을 일반적인 자동차에 사용하기에는 비용이 너무 비싸다. 작게 자른 탄소섬유를 열가소성 수지에 섞어 몇 초 동안의 성형시간으로 튼튼한 보디 패널을 만들 수 있는 기술도 생겼지만 실용 예는 현재 상태에서 거의 일부 고가차량분이라 이것도 아직 일반적이라 부르기에는 요원하다.

「그렇다. 일본에서는 용접이 현장 작업으로 여겨지지 엔지니어의 일이 아니라고 생각하고 있다. 물건을 제조하는 이상 반드시 접합은 필요한데도 말이다」

한편, 강재(鋼材)의 메이커나 용접기기 메이커에는 용접 전문가들이 있다. 잠수함의 내압선각(耐壓船殼)이나 가스탱크에서는 용접의 결함이 반드시 중대한 사고를 일으키기 때문에 강재 메이커가 용접하는 방법까지 맡게 된다. 일본의 강재 기술은 아주 세세한 분야뿐만 아니라 대담한 기술의 강재분야에서도 확실히 세계 톱클래스에 있다. 용접기기 메이커는 강재 메이커보다 더 앞서서 용접을 생각하고 있다. 하지만 용접기기의 세계 점유율로 보면 유럽과 미국의 기업이 압도적으로 강하다.

정말로「지금」필요한 기술을 몸에 익힌 엔지니어가 일본에 부족한 것은 기어나 기계 설계의 분야도 마찬가지지만 왜 이러한 사태에 이르렀을까. 유럽과 미국에서는 웰드(용접) 엔지니어가 현재와 미래의 양쪽을 직시하고 있다. 용접을 가리키는 학교도 많다. 엔지니어의 수요가 있기 때문에 학교가 있다. 그러나 일본은「어느 분야의 엔지니어가 필요한지」를 기업 경영자나 관련 정부기관이 이해하지 못하고 있다. 소재는 잘 다루는데 반해 접합은 거기에 미치지 못하고 있는 것이다.

그럼, 용접 엔지니어의 부족을 제품생산 현장이 보충할 수 있을까. 지금까지 일본은 그렇게 해 왔으니

넘지 않지만 신형 자동차를 만드는 단계에서는 모든 타점에 있어서 소재의 용해 상태와 용접의 크기를 확인한다. 그렇게 해도 몇 백 타점이 모아지는 스트럭처에서는 시작(試作)한 대로 이루어지지 않는다. 최후에는 인간의 경험과 감이 필요한 분야인 것이다」

보디 용접 라인 책임자의 말이다. 계속해서 이런 말도 한다.

「새로운 기술 혹은 오래된 기술이라고 하는 구분이 아니라 접합 기술이라는 체계에서 봐야 한다. 그런 가운데 예전부터의 숙성된 기술이 있으면 그것은 뽑아서 사용해야 한다. 동시에 새로운 기술도 조금씩 도입하지 않으면 어떤 식으로든 세상의 변화가 일어났을 때 대응하지 못하기 때문이다」

실제의 용접작업을 견학해 보면 그 심오함에 놀라게 된다. 전류 값은 어떻게 하고 통전 시간은 어느 정도고 그런 속에서 어디로 전류의 피크를 둘 것인가. 모재의 가압력은 어떻게 하고 스폿 용접의 순서는 어떻게 할 것인가. 아크 용접이라면 실드 가스는? 와이어의 전송속도는? 모재로의 입열(入熱)은? 등등. 이것은 이미 레시피의 세계이다. 강재의 조성이 바뀌면 다시 해야 한다. 용접의 설계는 계속해서 이어지는 것이다.

「더 나아가서는 작업시간이다. 스테이션별로 체류시간이 정해져 있는 가운데 복수 모델의 혼류 생산으로 이루어지기 때문에 로봇 동작의 조립도 큰일이다. 시간초과는 NG이기 때문이다.」

앞으로도 당분간은 짧게 잡아도 10년이나 20년은 강판이나 알루미늄판을 접합한 보디의 자동차와 살게 될 것이다.

「하지만 문제는 비교적 접합 전문가가 설계현장에 적다는 것이다. 유럽과 미국의 자동차 메이커에 비해 일본은 용접 전문가가 부족하다」

몇 명의 용접 엔지니어로부터 들은 이야기다. 확실히 평상시 취재에서도 용접을 배웠다고 말하는 엔지니어를 만나는 경우가 거의 없다. 필자는 자동차와 관련된 취재를 30년 이상 계속해 왔지만 과거에 만났던 접합 전문가가 20명을 넘지 않는다.

까…….

「무리이다. 용접의 프로가 점점 줄고 있다. 일본사회와 기업들은 기술을 몸에 익힌 사람들을 너무 소홀히 취급해 왔다. 앞으로 더 고생할 것이다」

이것은 어느 자동차 공장의 공장장 말이다. 현장에서의 대응이 강했던 것은 과거의 이야기고 현재는 용접 기술의 전승조차 위태로워졌다는 이야기를 자주 듣는다.

「접합에는 감(感)이 중요하다. 모든 것을 시뮬레이션으로 완결하려고 생각하면 큰 착각인 것이다.

지금에야 저항 스폿 용접의 비용이 타점당 10원을

「용접 라인에서의 부가가치는 접합에 걸리는 시간뿐이다. 저항 스폿 용접이라면 타점별로 0.5~0.6초이다. 액세스 시간은 부가가치를 만들지 못한다. 어떤 라인으로 설계해야 할지는 용접 엔지니어와 생산기술이 서로 협력해야 하는 테마라 할 수 있다」

확실히 깊이가 있다. 이런 분야는 원래 일본인이 좋아하는 쪽이 아닐까하고 생각해 본다. 자동차나 스마트폰, 박형 TV 모두 접합이 없이는 만들지 못한다. 그렇기 때문에 체계로 파악하지 않으면 안 되는 것이다. 이 사실을 통감한 취재였다.

차체 기술 및 용접

자동차의 프로덕션 프로세스

Production Process of Automobile

최신 제조 공정과 그 사고 방식

자동차라고 하는 기계의 집합체를 생산하기 위해서는
기획부터 설계, 제조 외에 많은 시간과 예지를 필요로 한다.
시장에서의 경쟁 우위성을 얻기 위해서는 어떻게 공정을 만들어야 할까.
효율적으로 생산하기 위해서는 어떤 설비가 필요할까.
자동차라는 제품은 어떻게 해서 제조되고 있는가.
제조 현장에서는 사람이 움직인다. 「생물」로 비유되듯이 나날이 진화가 계속된다.
시행 착오도 있고 개선도 있으며, 그런 결과로 그들이 자랑하는 좋은 제품이 생산되고 있다.

자동차를 생산하기 위한 프로세스를 따라가 본다.

사진 : 시트로엥

100년 동안 양산 시스템이 발달하면서 도달한

「시작(試作)이 없는」 컨커런트 엔지니어링

1908년에 등장한 T형 포드는 대량 생산에 의한 비용절감과 품질안정으로 인해 가장 싸고 신뢰성이 높은 승용자동차라는 지위를 얻었다.
100년이 지난 현재도 포드가 도입한 컨베이어 시스템에 따른 양산 시스템은 아직 건재하다.
그리고 자동차 산업이라는 커다란 생태계가 확립된 오늘날은 자동차 메이커의 생산라인 밖에서도 양산을 위한 시스템이 움직이고 있다.

본문 : 마키노 시게오(Shigeo MAKINO) 사진 : 포드 / VW

위 사진은 예전의 포드 시카고 공장모습이다. 촬영은 1924년. 일본에서는 도요타와 닛산이 아직 존재하지 않았던 시절이다. 그런 시대에 포드는 이와 같은 자동차 양산체제를 갖추고 있었던 것이다. T형 포드를 발매한 것은 1908년. 이것은 자동차 역사에 남아 있는 양산 차량이다. 그리고 이 사진을 촬영한 다음해에는 T형 포드의 섀시를 유용하여, 개인 상점이나 농장에서 손쉽게 사용할 수 있는 경량 트럭으로서 모델T 런어바웃 위드 픽업보디가 발매되었다. 이것이 미국에서 「신발을 대체했을 정도」라는 픽업 트럭의 양산 모델 제1호였다. 세단의 보디에서 뒷좌석을 없애고 짐받이를 올린 것이다. 「플랫폼 유용」이라는 사고방식은 이미 이때부터 존재했던 것이다.

일본의 자동차 메이커가 역사의 전면에 등장하는 것은 이 사진으로부터 40년 후다. 저렴한 인건비와 근면 성실한 국민성을 바탕으로 일본은 점점 동양의 공장으로 바뀐다.

한편 당시의 미국은 국내의 거대한 자동차 시장만으로 자동차 메이커의 기업 활동을 완결 짓는다. GM과 포드는 유럽에 자회사가 있었지만 해외시장으로 눈을 돌릴 필요가 없었던 것이다. 그러다 운 나쁘게 오일 쇼크라는 사태를 맞으면서 미국 시장으로 일본 자동차가 물밀듯이 밀려들고 이후 일정 시장을 차지한다. 20세기의 미국 경제를 견인해 왔던 자동차 산업이 이미 1970년대에는 후퇴하기 시작하였다. 자국 내의 시장이 얼마나 중요한지를 미국 빅3의 변천이 말해주고 있다.

일본은 자동차 설계와 생산 현장을 연결하고 있었다. 설계 방법이나 제조 방법을 확립하지 못했기 때문에 그렇게 할 수 밖에 없던 사정도 있었겠지만 일본에서는 설계 도면을 제조 도면으로 바꾸는 작업을 설계와 생산기술 양쪽의 스탭들이 힘을 합해서 하였다. 화이트 컬러와 블루 컬러를 따지지 않고, 치프 엔지니어나 임원, 심지어는 사장조차 작업복을 걸쳐 입고 제조현장으로 향하였다. 이런 풍토가 컨커런트 엔지니어링(concurrent engineering)을 낳았을 것이라 필자는 생각한다.

사이믈테니어스(simultaneous)나 컨커런트로도 불리는 「단절이 없는 동시 진행의 엔지니어링」은 수비 범위를 엄격하게 규정하는 유럽과 미국에서가 아니라 일본에서 꽃피었다. 현재는 그에 대한 궁극적인 모습을 볼 수 있다. 「시작(試作)이 없는」한 번의 완성이라고 하는 개발 작업이다.

우측 페이지에 일본의 자동차 메이커에서 이루어지고 있는 모델 개발을 도식화해 보았다. 메이커에 따라 사정과 배경은 다르지만 기존 모델의 FMC(Full Model Change)인 경우는 평균적으로 이와 같은 흐름이 아닐까 한다.

포인트는 「설계·시작」이 「설계」「시작」으로 나누지 않은 것이다. 일체라는 말이다. 경우에 따라서는 시작도 이루어지지 않는다. 어느 플랫폼을 사용할 것인가가 정해지면

FORD

아래 차트는 일본의 자동차 메이커에서 펼쳐지고 있는 FMC 작업을 필자의 시점에서 평균화한 것이다. 메이커마다 혹은 모델마다 경우가 다르지만 기본적인 흐름은 대략 이런 방식으로 이루어진다. 붉은 화살표는 개개의 모델 개발과 모델 설계와는 다른 곳에서 끊임없이 진행되고 있는 선행 개발을 나타내는데 이것은 자동차 메이커 내부에 한하지 않고 서플라이어에서도 상당히 활발하다. 소재와 부품업계는 항상 새로운 제안을 할 수 있는 자세를 준비하는 것이다. 바꿔 말하면, 이 「지속」이 있기 때문에 비로소 디자인 승인부터 불과 17개월 만에 양산을 시작할 수 있는 것이다. 일본의 자동차업계는 백그라운드가 충실하다. 무엇보다도 근래에는 유럽과 미국의 자동차 메이커도 FMC 사이클이 서서히 단축되어 왔다. 유럽에는 자동차 메이커 외에 시스템의 제안을 하는 독립된 메가 서플라이어가 있어서 여기서 기술의 트렌드를 끌어가고 있다. 그것이 일본과는 다른 부분이다. 일본의 메가 서플라이어는 자동차 메이커의 계열이다.

자동차 제조는 「완전 동시 통역형」

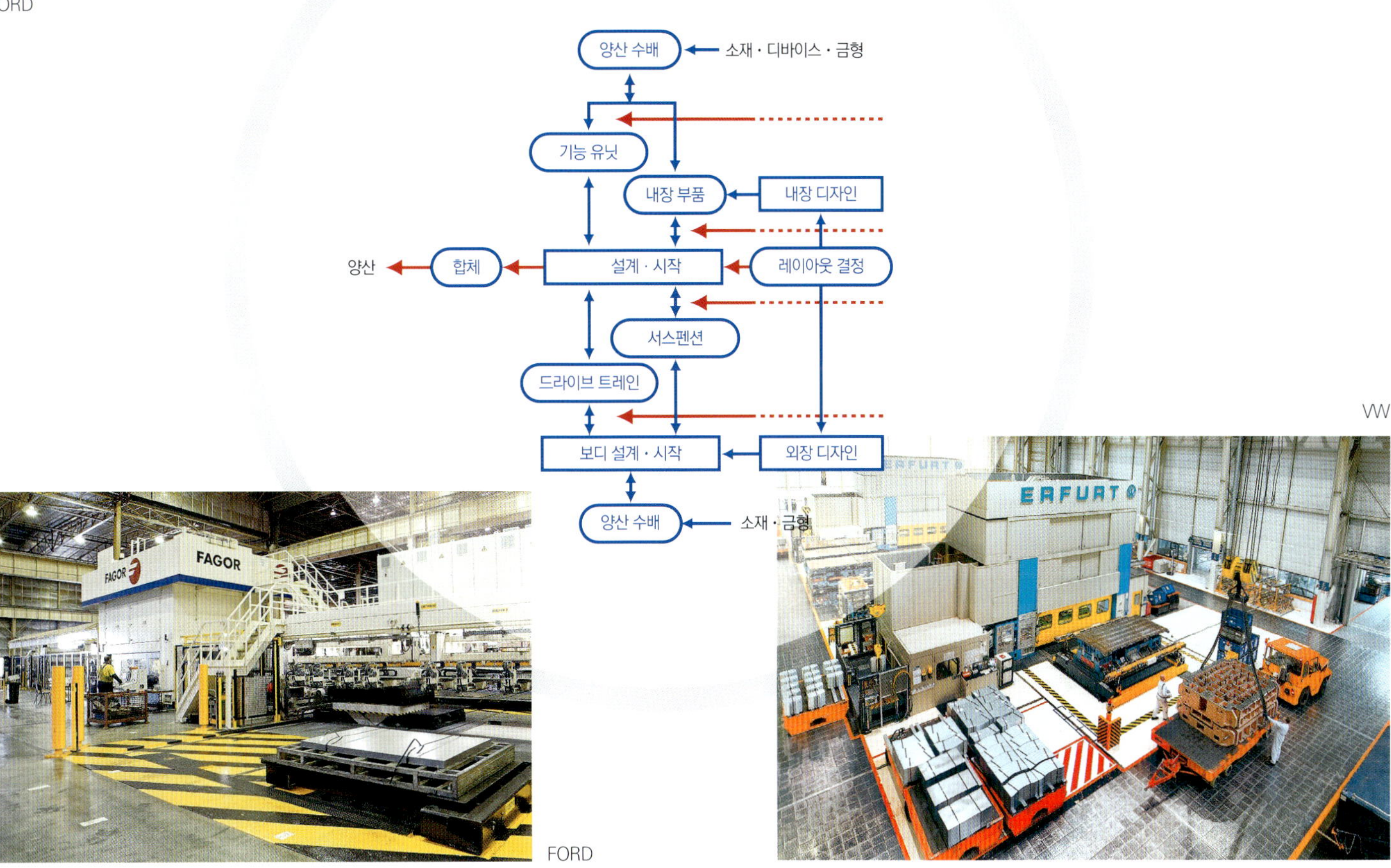

VW

FORD

차량의 레이아웃이 결정된다. 디자인(스타일링)의 변경 범위도 정해진다. 어떤 장비를 적용할지도 정해진다.

보디의 설계에는 애초부터 생산 요건이 반영되어 외부의 협력부품 메이커 및 소재 메이커를 포함해서 「설계·시작」이 이루어진다. 여기에서도 일체로 움직이지 「설계」와 「시작」이 따로따로가 아니다.

내장 부품이나 에어컨 등의 유닛도 마찬가지로서 처음부터 서플라이어와의 디자인인(design-in)으로 개발이 시작된다. 계열의 서플라이어를 많이 갖고 있다는 것도 여기서는 플러스로 작용한다.

예전 1980년대 초반에는 디자인 승인 후에 내장과 외장의 선도(線図)가 그려지고 그것과 보디 구조의 계획 도면 사이에서 조정이 이루어진 다음에 보디 구조의 현도(現図)가 그려지는 방식의 순서가 일반적이었다. 시작(試作)은 1차 / 2차 / 3차로 이어지고, 2차의 시작을 베이스로 양산 도

면이 출도(出図)되었다.

현재 이런 프로세스는 매우 짧은 시간에 이루어지며, 시작도 대개는 1회로 끝낸다. 시뮬레이션 기술의 발달과 컴퓨터 툴의 발달이 이것을 가능하게 하였다. 그리고 플랫폼이라는 사고방식의 도입이 FMC에서의 개발 공수를 격감시켰다.

다만, 양산 도면을 제조 도면으로 적용시키는 단계에서는 생산기술 쪽과의 도면평가를 몇 번이고 갖은 다음 문제점이 있으면 하나하나 검증함으로서 정식 도면 출도 단계에서는 양산 시작이 원활하게 진행되는 방식의 작업은 일본에서는 진작부터 이루어지고 있었다. 양산 부품의 수배도 신속했는데 이런 스피드에 유럽과 미국의 자동차 메이커는 혀를 내두를 정도였다.

그리고 현재는 디자인 승인으로부터 17개월, 경우에 따라서는 14개월이면 양산이 시작된다. 이것이 좋은 것인지

아닌지는 별도로 치고 일본은 어쨌든 컨커런트 엔지니어링을 철저히 추구해 왔던 것이다.

위 차트에서는 「설계·시작」 다음 단계가 「합체」다. 자동차 설계의 현장에서는 이와 같은 표현은 사용되지 않겠지만 여기저기서 설계한 모듈이나 유닛을 합체시켜 조립을 확인한다는 의미다. 여기에서도 거의 단발 승부다. 이미 양산 수배는 끝난 것이다. 설계의 변경은 반드시라고 해도 좋을 정도로 발생하지만 양산의 개시에 영향을 미치는 경우는 거의 없다.

유럽과 미국의 자동차 메이커의 생산기술 담당자에게 들어보면 「이것은 마술이다」라도 할 정도다.

이번에는 자동차의 제조의 프로세스를 언급하였다. 가능한 일반론적으로 설명하려던 생각에 「기업에 따라 다른」 부분도 충분히 존재하므로 그 점은 이해를 바란다. 전체를 통해 현재의 자동차 생산 현장의 모습을 이해해 주었으면 좋겠다.

illustration feature
Production Process
of Automobile
01
Chapter

[서플라이어와 자동차]

자동차는 많은 부품으로 구성되어 있다.

자동차는 당연히 자동차 메이커만으로 만들어지는 것이 아니다.
많은 전문 메이커의 협력에 의해 제품이 형성되고 있다.
한 대의 차량을 서플라이어 공급이라는 관점에서 살펴보겠다.

본문 : MFi 일러스트 : 주후쿠 다카하시(Takashi JUFUKU) 소스 : 오토모티브 뉴스 + MFi 편집부 조사

Case • A

닛산 | GT-R

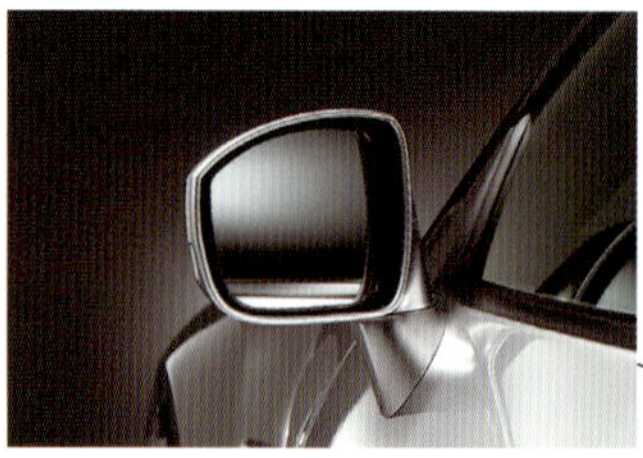

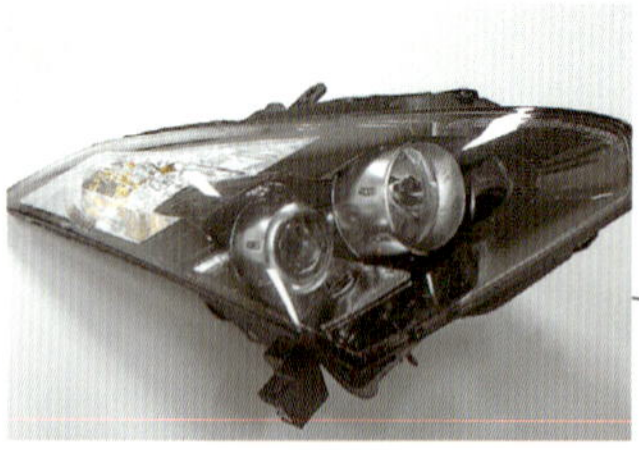

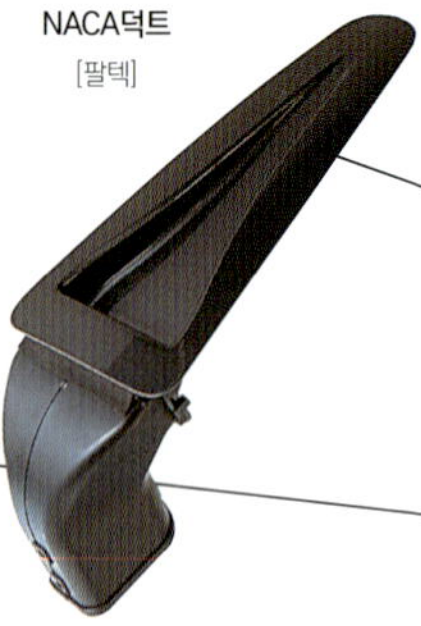

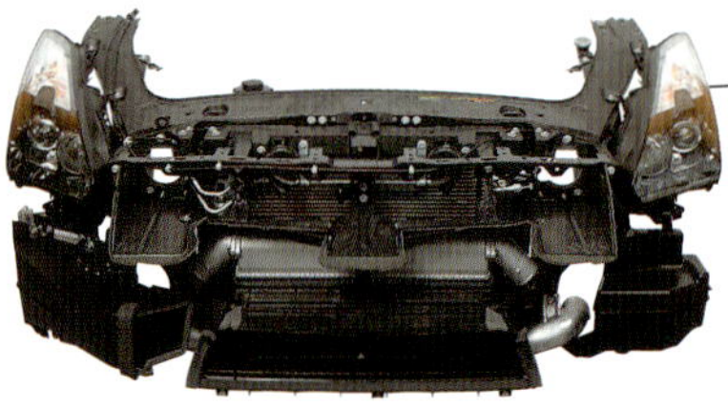

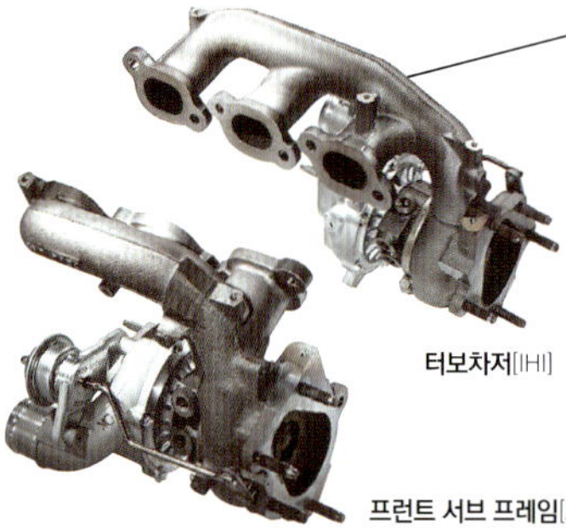

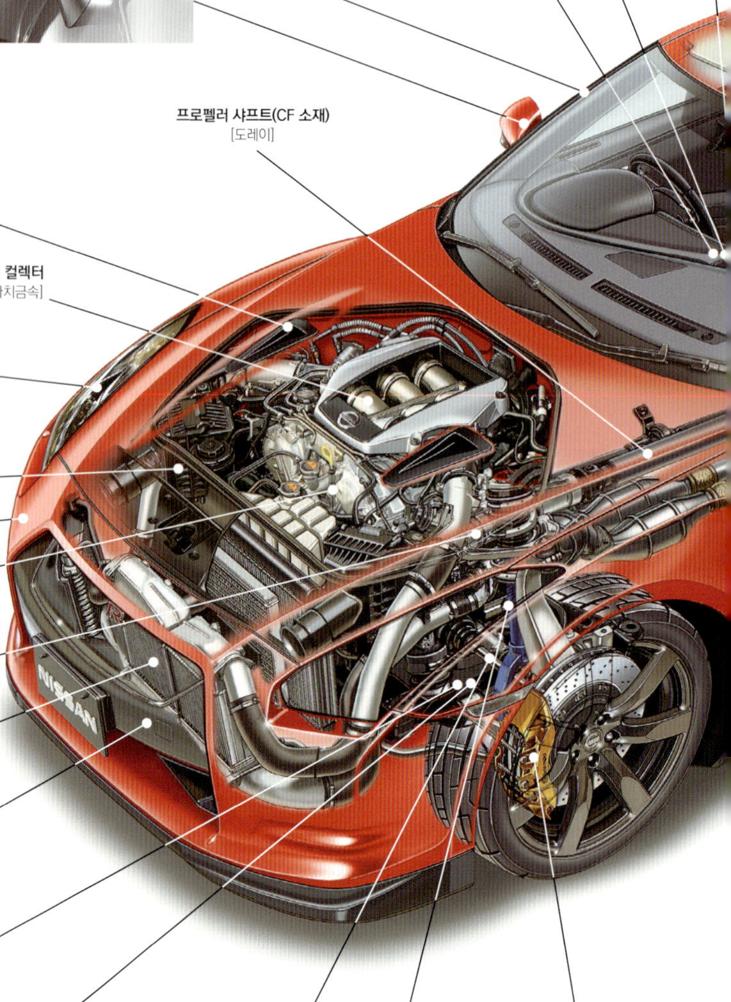

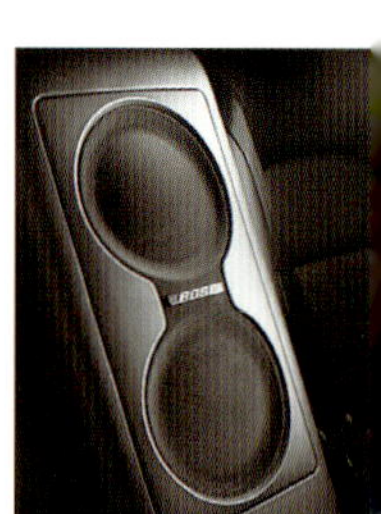

스테레오 시스
[보즈]
멀티 펑션 디스플레이
(표시 화면 디자인)
[폴리포니 디지털]
사이드미러[이치코공업]
A필러
[팔텍]
내비게이션 시스템
[자나디]
프로펠러 샤프트(CF 소재)
[도레이]
NACA덕트
[팔텍]
헤드라이트[고이토제작소]
흡기 컬렉터
[히타치금속]
도료[BASF]
오일[모빌1]
프런트 엔드 모듈
[칼소닉칸세이]
라디에이터 & 인터쿨러
[칼소닉칸세이]
몰딩 프런트 범퍼
[팔텍]
터보차저[IHI]
프런트 서브 프레임[요로즈]
프런트 & 리어 사이드 멤버[유니프레스]
프런트 댐퍼
[빌스타인]
프런트 드라이브 샤프트
[GKN드라이브라인]
프런트 브레이크 캘리퍼 & 로터
[브렘보]

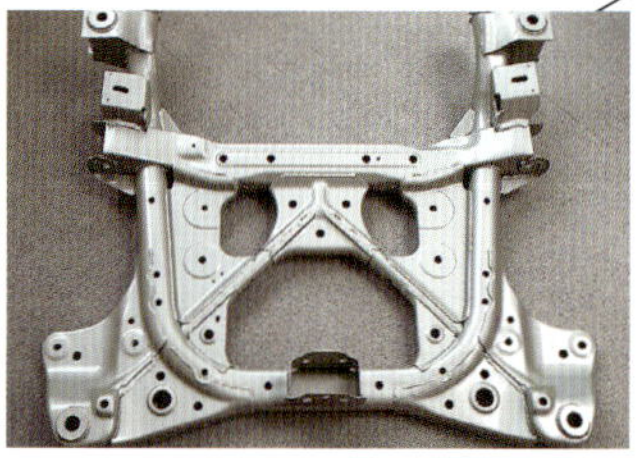

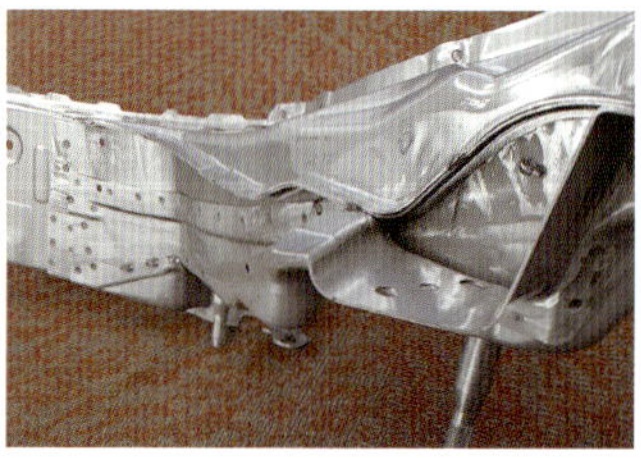

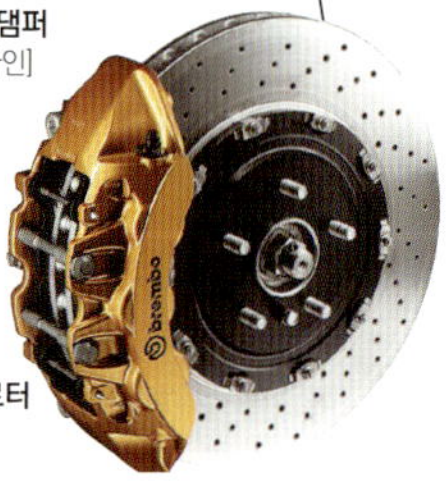

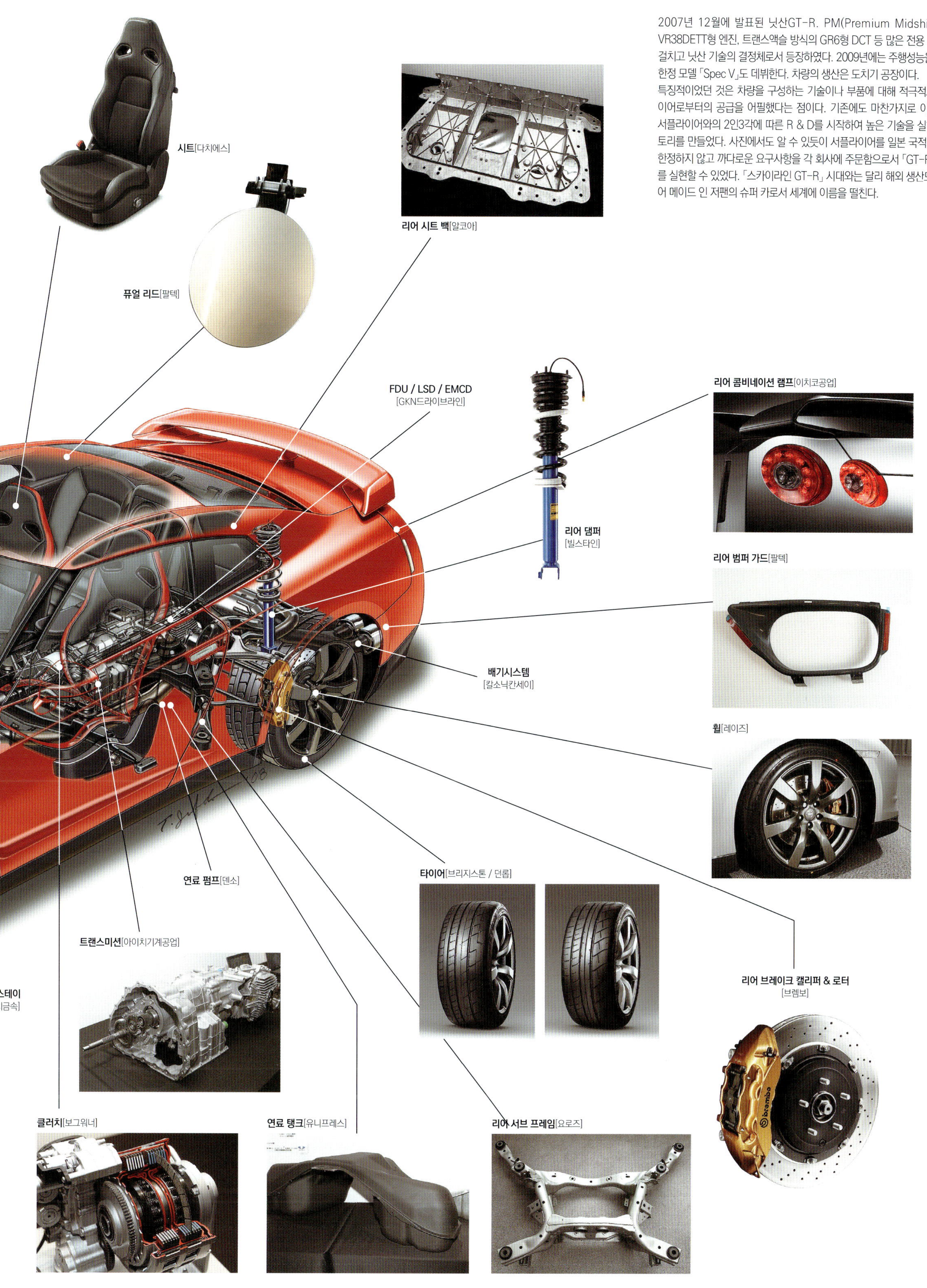

2007년 12월에 발표된 닛산GT-R. PM(Premium Midship) 플랫폼, VR38DETT형 엔진, 트랜스액슬 방식의 GR6형 DCT 등 많은 전용 부품을 몸에 걸치고 닛산 기술의 결정체로서 등장하였다. 2009년에는 주행성능을 더 추구한 한정 모델 「Spec V」도 데뷔한다. 차량의 생산은 도치기 공장이다.

특징적이었던 것은 차량을 구성하는 기술이나 부품에 대해 적극적으로 서플라이어로부터의 공급을 어필했다는 점이다. 기존에도 마찬가지로 이루어져왔던 서플라이어와의 2인3각에 따른 R & D를 시작하여 높은 기술을 실현했다는 스토리를 만들었다. 사진에서도 알 수 있듯이 서플라이어를 일본 국적의 회사로만 한정하지 않고 까다로운 요구사항을 각 회사에 주문함으로서 「GT-R의 퀄리티」를 실현할 수 있었다. 「스카이라인 GT-R」 시대와는 달리 해외 생산도 시야에 넣어 메이드 인 저팬의 슈퍼 카로서 세계에 이름을 떨친다.

폭스바겐 | GOLF 6

6세대를 맞은 진정한 글로벌 전략 차량. 독일 및 중국 생산으로 세계 시장을 커버한다.

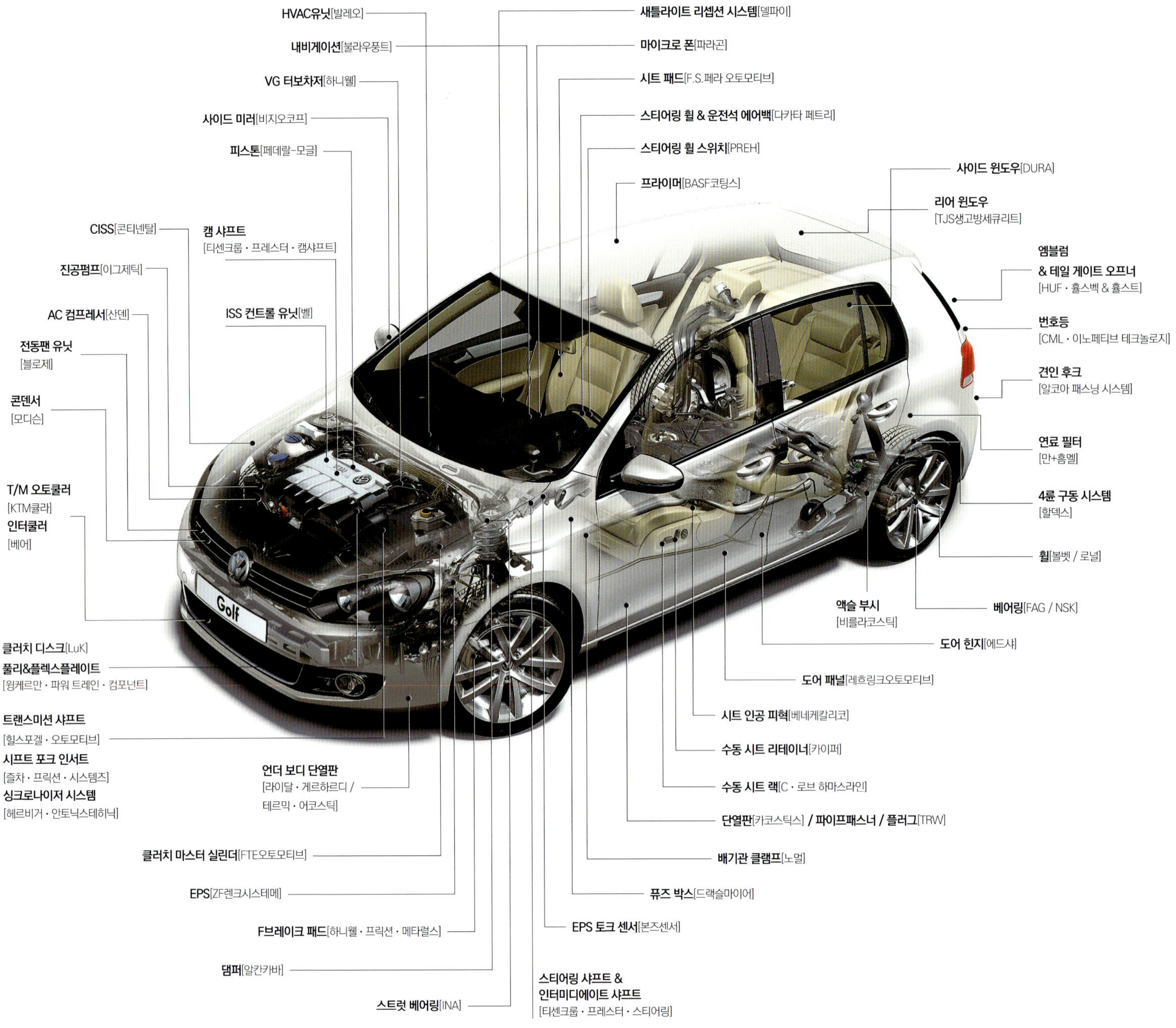

HVAC유닛[발레오]
내비게이션[블라우풍트]
VG 터보차저[하니웰]
사이드 미러[비지오코프]
피스톤[페데랄-모글]
CISS[콘티넨탈]
캠 샤프트[티센크룹 · 프레스터 · 캠샤프트]
진공펌프[이그제틱]
AC 컴프레서[산덴]
ISS 컨트롤 유닛[벨]
전동팬 유닛[블로제]
콘덴서[모디슨]
T/M 오토쿨러[KTM쿨라]
인터쿨러[베어]

새틀라이트 리셉션 시스템[델파이]
마이크로 폰[파라곤]
시트 패드[F.S.페라 오토모티브]
스티어링 휠 & 운전석 에어백[다카타 페트리]
스티어링 휠 스위치[PREH]
프라이머[BASF코팅스]
사이드 윈도우[DURA]
리어 윈도우[TJS생고방세큐리트]
엠블럼 & 테일 게이트 오프너[HUF · 훌스벡 & 훌스트]
번호등[CML · 이노페티브 테크놀로지]
견인 후크[알코아 패스닝 시스템]
연료 필터[만+흄멜]
4륜 구동 시스템[할덱스]
휠[볼벳 / 로널]
베어링[FAG / NSK]

클러치 디스크[LuK]
풀리&플렉스플레이트[윙케르만 · 파워 트레인 · 컴포넌트]
트랜스미션 샤프트[힐스포겔 · 오토모티브]
시프트 포크 인서트[즐차 · 프릭션 · 시스템즈]
싱크로나이저 시스템[헤르비거 · 안토닉스테히닉]
클러치 마스터 실린더[FTE오토모티브]
EPS[ZF렌크시스테메]
F브레이크 패드[하니웰 · 프릭션 · 메타럴스]
댐퍼[알칸카바]
스트럿 베어링[INA]

언더 보디 단열판[라이달 · 게르하르디 / 테르믹 · 어코스틱]

액슬 부시[비렐라코스틱]
도어 힌지[에드샤]
도어 패널[레호링크오토모티브]
시트 인공 피혁[베네케칼리코]
수동 시트 리테이너[카이퍼]
수동 시트 랙[C · 로브 하마스라인]
단열판[카코스틱스] / 파이프패스너 / 플러그[TRW]
배기관 클램프[노멀]
퓨즈 박스[드랙슬마이어]
EPS 토크 센서[본즈센서]
스티어링 샤프트 & 인터미디에이트 샤프트[티센크룹 · 프레스터 · 스티어링]

사진은 독일 볼프스부르크 공장. 1938년에 문자 그대로 「폭스바겐」을 생산하기 위해 건설된 것을 단서로 하는 VW의 주요 공장이다. 완성된 차량은 한 대씩 꼼꼼하게 래핑되어 출하시기를 기다린다.

폭스바겐의 기둥인 골프. 2008년에 발매된 제6세대는 폭스바겐의 PQ35 플랫폼을 5세대 째부터 계속해서 계승해 데뷔하였다. 2003년 아우디 A3에 처음 적용된 PQ35는 그 후에도 라인업을 확대하여 VW / 아우디 / 세아트 / 슈코다와 같은 그룹 각사의 B세그먼트 차종에 사용되면서 400만대라는 거대한 규모를 자랑한다.

다운사이징이라는 단어를 전 세계에 퍼뜨린 TSI + DSG(VW의 DCT)는 더욱 세련미를 늘려나가 2009년에는 최염가판으로 1.2 ℓ 의 TSI 싱글차지 엔진을 탑재하기에 이른다. 일본에서는 이 외에도 1.4 ℓ — TSI(싱글 / 트윈), 2종의 2.0 ℓ — TSI가 있다.

생산은 독일 볼프스부르크 공장과 츠바카우 공장 및 중국 길림성 장춘시에서 한다. 위 그림에서도 볼 수 있듯이 독일 서플라이어가 대부분을 차지한다.

Case · **C** # Mazda | 6 (ATENZA)

마쯔다의 핵심 C세그먼트. 일본, 미국, 중국에서 생산되고 있다.

2002년 데뷔 이래 2세대를 맞고 있는 마쯔다6(일본명 아텐자). 2008년에 발표되었다. 특히 독일과 중국에서 높은 인기를 자랑하고 있다.

 마쯔다의 GH 플랫폼을 사용하여 세단과 해치백, 왜건 3종을 만든다. 1.8ℓ / 2.0ℓ / 2.5ℓ의 4기통 가솔린 엔진(하이옥탄가에서 레귤러 사양으로 바뀌었다), 3.7ℓ의 V6 가솔린 엔진 및 유럽의 2.2ℓ 디젤 터보 엔진이 있다. 한편, 초대 아텐자에 설정되었던 2.3ℓ 직접분사 터보 엔진을 얹은 「마쓰다 스피드 아텐자」는 2세대에서는 데뷔하지 않았다.

 야마구치현의 호후 공장, 포드와의 합병회사인 미시건주의 오토얼라이언스 인터내셔널, 중국 길림성의 이치자동차집단공사 등에서 생산된다. 서플라이어는 일본과 미국, 유럽이 적당히 섞여있는 인상이다.

4개월 동안 3개국에서 생산 완성

4개월 동안 3개국에서 생산 완성

스위프트의 글로벌 전개는 국경을 초월한 「서로간의 호흡」이 뒷받침 되었다.

스즈키 스위프트는 2004년 9월에 일본 국내에서 먼저 생산되었다. 2005년 2월에 헝가리, 5월 인도 및 중국에서도 생산이 시작되었다. 2005년도의 생산 실적은 20만대에 달해 스즈키의 업적에 크게 공헌하였다.

본문 : 마키노 시게오(Shigeo MAKINO)　사진 : 스즈키

신형 차량의 생산시작은 치밀한 작업이다. 부품의 발주부터 시작(試作)부품에 의한 조립의 확인, 그리고 양산부품을 사용한 양산시작 등 단기간에 많은 공수를 소화하지 않으면 안 된다. 여러 해외 생산 거점에서 생산할 경우에는 가장 먼저 그 모델을 만든 마더공장에서의 실적을 토대로 공장마다 생산규모나 수출지역에 맞춘 생산라인의 미세한 조정, 부품사양의 변경 등이 필요하다. 그 때문에 먼저 마더공장에서 확실하게 생산을 시작하고 나서 어느 정도 실적을 얻으면 거기서 얻은 교훈을 살려 개선시켜 나가면서 만들어 가는 예가 많았다.

그러나 근래에는 여러 공장에서 생산을 계획하더라도 거의 시간 공백을 두지 않는 경우가 많다. 스즈키가 2004년 9월부터 2005년 5월에 걸쳐 불가 8개월 기간 안에 4군데 공장에서 스위프트를 생산한 것이 그런 예 가운데 하나이다.

스즈키에게 있어서는 첫 경험이었다. 일본의 고사이공장이 마더공장이었지만 부품의 조달은 월드와이드하게 이루어졌다. 스위프트가 개발된 시기에는 스즈키 주식의 20%를 GM이 소유함으로서 스즈키는 GM그룹의 일원이었다. 이 점은 스위프트를 생산하는데 있어서 처음으로 거래관계를 가진 서플라이어가 많아진 원인 가운데 하나이다.

마더공장은 일본이지만 원래가 해외생산을 전제로 한 모델로서 특히 헝가리의 마자르·스즈키가 개발에 깊숙이 관여한 것은 일본에서의 생산개시 5개월 후에 헝가리에서의 생산이 시작된 것을 보더라도 프로젝트 운영에서의 포인트였다고 말할 수 있다. 일본 사양과 헝가리에서 생산되는 사양과는 부품의 차이도 많지만 그것을 커버하기에 충분한 글로벌 구매에 관한 준비가 있었던 것이다.

일본공장에서 스위프트가 생산을 시작하기 직전부터 인도와 중국, 헝가리의 생산기술부분 스탭들이 각각 현지 서플라이어와 주도면밀한 연대작업을 펼쳤다. 그러는 한편으로 일본에서의 응원부대가 헝가리나 인도, 중국을 돌게 되고 그 중에서 몇몇 스탭들은 장기체류를 하면서 앞서 일본에서 나타난 문제점을 하나하나 해결하면서 양산을 본 궤도에 올리는 작업을 해왔다. 엔지니어들은 현지의 생산기술 담당이나 구매담당 사이에서 국경을 뛰어넘는 「서로간의 호흡」을 맞추었던 것이다.

생산개시 시점에서 부품의 로컬 콘텐츠(현지조달)율도 경이적이었다. 인도의 마루티우드요그(현재는 마루티·스즈키)는 당초부터 80%였고, 헝가리도 70%대였다. 아무리 스즈키가 인도 최대의 점유율을 갖고 있다고는 해도, 현지 부품산업의 레벨은 그다지 높지 못하다. 또한 헝가리만 하더라도 국내에서 조달할 수 없는 부품이 지금도 있을 정

여기에 있는 서플라이어 회사들은 대부분이 글로벌 서플라이어이다. 세계 각지에 독자적인 생산거점 혹은 현지기업과 제휴관계에 있는 기업이 많다. 일본은 뛰어난 자동차 부품 산업을 갖고 있지만 그 대신에 글로벌 전개를 「자동차 메이커와 한 몸」으로 시작하였다. 세계적으로 봤을 때도 특수하다.

도다. 2005년 당시에 대단한 노력이 필요했을 것이라는 건 쉽게 상상이 간다.

이런 노력도 바탕이 되어 스위프트 효과는 스즈키 경영에 바로 나타났다. 2005년도 중간기의 실적은 아시아에서의 매상고가 3조원에 달해 전년도 중간기에 비해 19%가 증가하였다. 더구나 영업 이익률 8%를 확보하여 일본의 3.7%보다 2배를 넘어섰다. 영업 이익에서도 일본의 4천억원에 이어 2500억원을 벌어들였다. 스즈키 가운데서는 단가가 높은 스위프트의 효과 때문이었다.

2008년 6월 스위프트는 생산 누계 100만대를 달성하였다. 생산대수는 일본이 361,676대, 헝가리가 306,852대, 인도가 241,348대, 중국 및 기타 지역이 92,893대(모두 5월말 시점)였다. 마지막으로 생산이 시작된 중국이 적은 편이지만, 창안기차집단과 스즈키의 합병회사인 창안 스즈키는 스위프트 생산개시에 있어서 공장의 일부를 확장하였다. 프레스, 용접, 도장공정은 기존 그대로지만 최종 조립라인을 일신해 장래의 연간생산 20만대에 대비해 투자한 것이다.

창안기차는 포드가 최대의 파트너로서 65%를 출자했으면서도 스즈키는 「포드 아래」의 자리매김이었지만 그래도 이만큼의 실적을 남기게 되었다.

그 후, 스위프트의 플랫폼에서 파생된 차량이 등장한다. 스즈키의 GM그룹 시대에 마찬가지로 GM산이였던 피아트와 소형 크로스 오버차량의 공동개발에 합의하는데 그것이 SX4로서 2005년 12월부터 헝가리에서 생산되었다. SX4는 2003년 4월에 개발이 시작되었지만 그 이전부터 스즈키와 피아트 사이에는 교류가 있어서 스위프트의 서플라이어 선정에 있어서도 피아트의 조언이 있었다고 한다. 2008년 가을에는 헝가리에서 스플래시의 생산이 시작되었다.

스즈키는 2009년 12월, 폭스바겐과의 포괄제휴에 합의했다. VW과는 서로 주식을 교환하는 관계가 된다. 과연 어떤 식으로 전개될까. 당연히 VW과의 부품도 통합될 것이다. 경우에 따라서는 생산모델의 조정도 있을 것이다. 스즈키와 VW은 기업풍토나 전문영역도 많이 다르지만 한 가지 공통적인 것이라면 대부분의 자동차 부품 및 유닛을 사내에서 설계할 수 있는 노하우와 스탭들을 갖고 있다는 점이다. 이 공통점이 갖는 의미는 크다.

스위프트의 해외 동시 생산은 스즈키의 개발 및 생산부문 스탭들에게 있어서도 큰 성공 체험이었음이 틀림없다. 성공 체험이야 말로 가장 중요한 실적으로서 다음 스텝을 위해 필수적인 것이다. 지금의 스즈키에는 그것이 있다.

illustration feature
Production Process of Automobile
02 Chapter

[제조업의 "성역" 구축과정 들여다보기]

자동차 제조공장의 부설

자동차 제조업자에게 있어서 생산 공장은 개발부문과 버금가는 중요한 거점이다. 그리고 제조개발 과정은 공개되어도 공장부설 과정이 공개되는 일은 드물다. 귀중한 사진 자료를 통해 그 과정을 들여다보도록 하겠다.

본문 : 마츠다 유지(Yuji MATSUDA)　사진 : 혼다 of the UK Manufacturing Limited

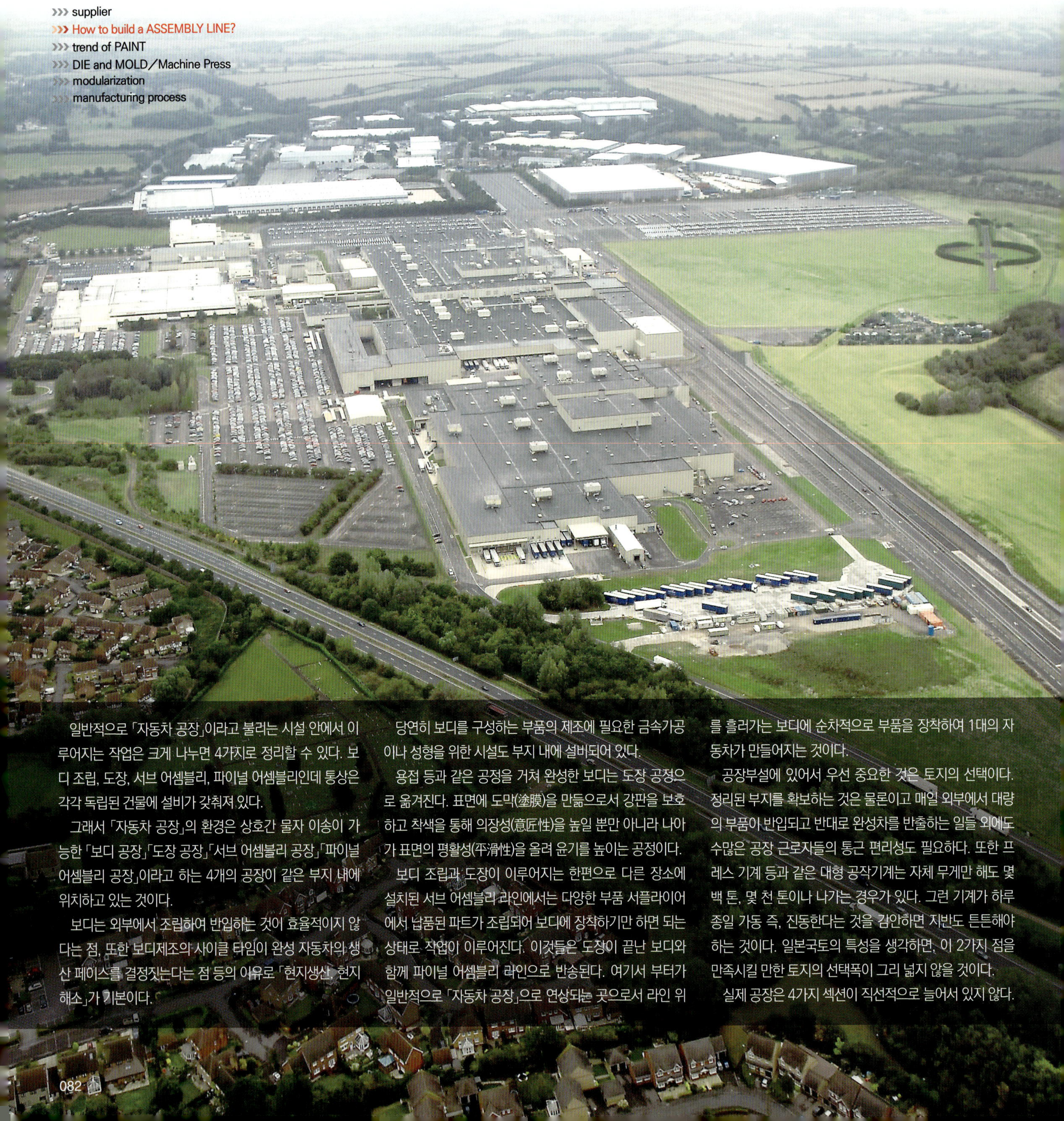

일반적으로 「자동차 공장」이라고 불리는 시설 안에서 이루어지는 작업은 크게 나누면 4가지로 정리할 수 있다. 보디 조립, 도장, 서브 어셈블리, 파이널 어셈블리인데 통상은 각각 독립된 건물에 설비가 갖춰져 있다.

그래서 「자동차 공장」의 환경은 상호간 물자 이송이 가능한 「보디 공장」「도장 공장」「서브 어셈블리 공장」「파이널 어셈블리 공장」이라고 하는 4개의 공장이 같은 부지 내에 위치하고 있는 것이다.

보디는 외부에서 조립하여 반입하는 것이 효율적이지 않다는 점, 또한 보디제조의 사이클 타임이 완성 자동차의 생산 페이스를 결정짓는다는 점 등의 이유로 「현지생산, 현지해소」가 기본이다.

당연히 보디를 구성하는 부품의 제조에 필요한 금속가공이나 성형을 위한 시설도 부지 내에 설비되어 있다.

용접 등과 같은 공정을 거쳐 완성한 보디는 도장 공정으로 옮겨진다. 표면에 도막(塗膜)을 만듦으로서 강판을 보호하고 착색을 통해 의장성(意匠性)을 높일 뿐만 아니라 나아가 표면의 평활성(平滑性)을 올려 윤기를 높이는 공정이다.

보디 조립과 도장이 이루어지는 한편으로 다른 장소에 설치된 서브 어셈블리 라인에서는 다양한 부품 서플라이어에서 납품된 파트가 조립되어 보디에 장착하기만 하면 되는 상태로 작업이 이루어진다. 이것들은 도장이 끝난 보디와 함께 파이널 어셈블리 라인으로 반송된다. 여기서 부터가 일반적으로 「자동차 공장」으로 연상되는 곳으로서 라인 위를 흘러가는 보디에 순차적으로 부품을 장착하여 1대의 자동차가 만들어지는 것이다.

공장부설에 있어서 우선 중요한 것은 토지의 선택이다. 정리된 부지를 확보하는 것은 물론이고 매일 외부에서 대량의 부품이 반입되고 반대로 완성차를 반출하는 일들 외에도 수많은 공장 근로자들의 통근 편리성도 필요하다. 또한 프레스 기계 등과 같은 대형 공작기계는 자체 무게만 해도 몇 백 톤, 몇 천 톤이나 나가는 경우가 있다. 그런 기계가 하루 종일 가동 즉, 진동한다는 것을 감안하면 지반도 튼튼해야 하는 것이다. 일본국토의 특성을 생각하면, 이 2가지 점을 만족시킬 만한 토지의 선택폭이 그리 넓지 않을 것이다.

실제 공장은 4가지 섹션이 직선적으로 늘어서 있지 않다.

자동차 제조공장 내부 작업의 기본적인 흐름

차체 제조 섹션

강 소재 · 부품 서플라이어로부터의 납품물을 수령

보디 구성부품 제조
· 강판을 프레스 성형(보디 패널 등)
· 강판을 판금 성형(시트 메탈 등)
· 강 소재를 소성 가공(거싯 등)
······등

차체 용접 / 조립
· 플로어 패널부 조립
· 엔진 컴파트먼트부 접합
· 사이드 패널 & 루프 접합
······등

도장 섹션

사용할 도료, 용제 등의 납품물을 수령

· 하도 공정(전처리, 전착 도장)
· 중도 공정(내피칭, 내광열화성, 내후성, 발색성 향상을 위한 도장)
· 상도 공정(베이스 컬러 도장, 클리어층 도장)
· 열처리 건조 공정
· 연마 공정
······등

의장 섹션

각종 부품 서플라이어로부터의 납품물을 수령

서브 어셈블리 라인
· 서스펜션 계통 부품 모듈화
· 연료 계통 부품 모듈화
· 외장 부품, 등화류, 배선 등 모듈화
· 도어 모듈 조립
······등

파이널 어셈블리 라인
· 와이어 하니스류 연결
· 외장 부품 장착
· 조향 계통 부품 장착
· 연료 계통, 파워 트레인 계통 부품 장착
· 서스펜션 계통 부품 장착
· 시트, 내장품, 도어 등 장착
······등

서플라이어 측에서 모듈화 하여 납품

자동차 메이커의 「생산 거점」은 보디를 조립하고 파이널 어셈블리 라인에서 순차적으로 파트를 장착하는 시설이다. 이상적인 것은 모든 파트가 서브 어셈블리 상태로 파이널 어셈블리 라인의 조립 공정 부근으로 납품되는 것이다. 공정 설계에는 이러한 상태에 가깝도록 하기 위한 창의적인 아이디어가 반영된다.

완성품 검사 · 출하

취득한 토지의 형상과 면적에 맞추어 가장 효율적으로 배치함으로서 각 섹션의 배치와 협업이 이루어진다. 그리고 그에 대한 최적의 해법은 시대에 따라서도 달라진다. 예를 들면, 이전에는 서브 어셈블리 라인이 공장 안에서 차지하는 면적이 보디 조립이나 도장과 비슷하거나 그 이상으로 컸었지만 최근에는 서플라이어 쪽에서 서브 어셈블리 작업을 끝낸 상태에서 납품하는 비율이 높아지고 있다. 이로 인해 공정의 비율이 바뀌면 당연히 최적의 해법도 달라지는 것이다.

또한 2001년부터 생산을 시작한 도요타의 프랑스 발랑시엥 공장은 각 공정이 끝난 다음 제작 중인 물품은 일단 건물 중앙에 모아두는 「스타형」 배치를 적용하였다. 다른 여러 가지 아이디어와 합하여 생산규모 당 바닥면적을 40%나 줄임으로서 난방의 비용절감 등의 효과로 생산 1대당 에너지 소비를 30% 절감하였다. 공장의 효율향상은 이익에 직결되기 때문에 새로운 공장 부설의 의의는 크다고 하겠다.

그리고 일단 부설된 공장은 매우 오랜 기간에 걸쳐 계속해서 사용한다. 그렇기 때문에 최초 설계시점에서 그때그때의 개수(改修)나 앞으로의 확장성, 인근 도시계획 등을 포함한 주변의 환경변화까지 감안한 배려를 반영할 필요도 있다.

제품을 생산하는 공장은 제조업의 대동맥 같은 존재이다. 거기에는 제품개발과 동등 이상으로 메이커의 지혜를 집약시키는 것이 당연하다.

다음 페이지 이후는 혼다의 영국 4륜자동차 생산회사인 HUM(Honda of the U.K, Mfg. Ltd.)이 2001년에 가동을 시작한 윌셔주 스윈던의 제2공장 부설과정을 기록한 사진을 통해 자동차 제조공장 자체가 만들어지는 방법을 살펴보겠다. 유감스럽게 상세한 자료는 입수하지 못했기 때문에 일부는 필자의 추측에 의한 것도 있다.

덧붙이자면 스윈던 제2공장은 최신 생산시설을 갖춘 총 투자액 1억3천만 파운드의 공장으로 용접과 도장, 차체 조립, 완성차 검사 공정으로 구성되어 있다. 엔진 및 프레스 부품은 기존의 공장에서 공급된다. 생산 규모는 연간 10만대 정도이다.

조립라인에 대한 기본 레이아웃을 물건과 사람의 동선에서 생각하였다.

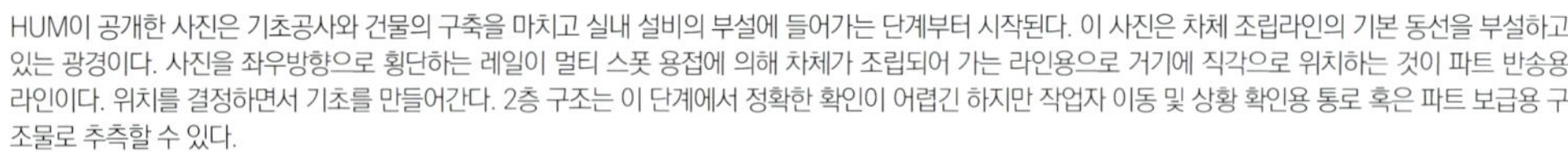

HUM이 공개한 사진은 기초공사와 건물의 구축을 마치고 실내 설비의 부설에 들어가는 단계부터 시작된다. 이 사진은 차체 조립라인의 기본 동선을 부설하고 있는 광경이다. 사진을 좌우방향으로 횡단하는 레일이 멀티 스폿 용접에 의해 차체가 조립되어 가는 라인용으로 거기에 직각으로 위치하는 것이 파트 반송용 라인이다. 위치를 결정하면서 기초를 만들어간다. 2층 구조는 이 단계에서 정확한 확인이 어렵긴 하지만 작업자 이동 및 상황 확인용 통로 혹은 파트 보급용 구조물로 추측할 수 있다.

파이널 어셈블리 라인 가운데 타이어가 장착된 이후의 트림 라인(내외장 의장 라인)의 벨트 컨베이어 구동기구 및 기초부분을 구축하고 있는 모습.

파이널 어셈블리 라인 후의 완성품 검사라인 부분. 이곳은 스스로 움직이는 구역이기 때문에 컨베이어 등이 별도로 없다. 파인 곳의 용도는 명기되어 있지 않지만 아마도 샤워 테스트 부스의 바닥으로 여겨진다.

공장의 부설은 최종적으로 「현장 맞춤」의 세계다. 실제로 설비를 모두 배치하고 나서 확인·조정을 반복해 나간다. 건설회사나 기자재 메이커에서 파견된 여러 전문가가 메이커 담당자와 함께 협력하면서 작업을 추진한다.

위 사진과 마찬가지의 차체 조립 라인으로 장소만 조금 다른 지점이다. 부설 단계도 위 사진보다 빠른 것 같다. 좌측 앞쪽의 지면에 놓여 있는 것은 지그의 프로토 타입으로 동일한 것이 안쪽에도 몇 개 보인다. 더 안쪽으로는 2단짜리도 보인다. 이 공장에서는 조립이 끝난 차체를 도장 공장으로 보낼 때 일단 한 단 높은 2단 부분에 올려놓고 나서 옮기고 있다. 건물들의 위치 관계 때문에 결정된 동선이라 추측되지만 바닥면적을 줄이는데도 효과적이다.

▶ 차체 제조 설비 부설

공장 내에서 가장 크고 무거운 공작기계인 프레스 머신을 설치하는 모습. IHI제품으로서 최대 프레스 능력은 5300톤이다. 이 정도의 능력을 가진 프레스 머신 정도가 되면 자체의 무게도 몇 천 톤은 나간다. 그런 것이 상시 가동하기 때문에 설치할 곳의 지반이 그에 맞도록 견고하여야 한다. 영국의 경우 지반적으로 비교적 조건이 좋은 장소가 많지만 지반의 강도가 부족할 때는 파일을 촘촘히 박는 방식으로 대응한다.

완성된 보디를 도장 공정으로 이동시키는 전용 이동로의 가동을 확인하는 작업. 이 단계에서는 화이트 보디이기 때문에 지그가 그다지 중량물에 대응할 필요가 없어서 가벼운 구조를 하고 있다.

납품이 끝나고 포장이 풀어진 상태의 로봇 암. 상태를 체크한 후 설치할 장소까지 옮겨진 다음 고정용 좌대에 배치된다. 제2공장 전체에서 150대의 로봇이 가동되고 있다.

멀티 스폿 용접의 공정을 설치하는 중인 사진. 로봇 암은 역할에 알맞은 위치의 좌대에 놓이게 되며, 미세한 조정과 티칭을 반복하면서 본격적인 가동을 준비하게 된다.

별도 공정의 용접용 로봇 암. 확실하진 않지만 높은 위치에 배치되어 있는 것에서 추측하건데 플로어에 사이드 패널 및 루프를 장착하는 공정이 아닐까 싶다.

공장부설 작업은 어느 의미에서 수작업이 중심을 이룬다. 작업자는 정보 공유용 단말이나 공작기계 모니터용 툴을 사용하면서 설치와 작동을 꼼꼼하게 체크해 나간다.

판금이나 프레스에서 성형된 파트를 조합하여 스폿 용접으로 플로어 부분을 조립하는 최초의 보디 조립 공정에서 사용되는 로봇. 지그의 구조도 세밀하게 체크해 나간다.

사이드 패널을 장착하는 부분으로 들어오는 부품의 반송용 행거. 여기서부터 용접 공정에서 지그로 이동시키는 로봇 암으로 얼마나 원활하고 확실하게 돌아가도록 할 것인지는 현장 스탭들의 작업에 달려 있다.

로봇 설치부터 배선의 정리 등과 같은 세밀한 작업은 현장의 판단으로 좌우되는 부분도 크다. 설치를 종료한 후에도 티칭 등 사람의 손에 의한 작업이 더 필요하다.

보디 조립과 멀티 스폿 용접의 공정을 하는 구조. 기초부분부터 지그 이동용 벨트 컨베이어 나아가 로봇 암까지의 구조를 한 눈에 파악할 수 있다.

임시 설치가 끝나면 실제로 보디를 움직여가면서 로봇 위치나 작동 등을 포함한 라인의 구성을 세밀하게 체크한다. 운용 상의 문제를 하나하나 해결해 나가야 하는 오랜 작업의 시작이기도 하다.

▶ 도장 설비의 부설

도장 공정 기술의 발전으로 인해 설비 자체도 크게 바뀌고 있다.

차체의 제조 라인에서 도장 라인까지의 가이드 웨이를 시험하는 모습. 복수의 차체제조 라인에서 무리 없이 합류할 수 있도록 설정한다.

도장 로봇을 다른 각도에서 촬영한 모습. 설치대 높이가 다른 것은 각 암의 작업범위 차이를 나타내는 것이다.

도장 부스에 자재를 설치한 모습. 좌우로 늘어선 로봇 암이 사람의 손 대신에 움직이면서 끝에 장착되어 있는 스프레이건을 통해 도장을 해 나간다. 노즐부분에 전극을 장착하여 정전(靜電) 도장을 한다. 기존에는 주로 광범위한 도장은「벨형 도장기」를, 세세한 부분은 스프레이를 사용하는 방식으로 나누어 사용했지만 근래에는 제어기술의 향상과 비산하는 도료를 줄이기 위한 목적 등으로 지근거리에서 스프레이 도장이 주류를 이루고 있다.

범퍼 등과 같은 수지 파트는 전용 도장 라인~열처리 건조 라인에서 마무리된다. 지그는 다채로운 파트에 대응할 수 있는 설계를 하고 있다.

도장 공정에서 방출되는 VOC(Volatile Organic Compounds ; 휘발성 유기화합물)대책에도 배려가 필요하다. 모아서 연소시킨 다음 그 열을 건조 공정에 이용하는 등의 방법으로 대응한다.

도장 공정의 검사 부스 설치작업의 모습. 계속해서 움직이는 도장이 끝난 화이트 보디의 마무리 상태를 육안으로 확실하게 점검하기 위해 3방향에서 여러 개의 광원으로 비추고 있다. 테스트 운영 중이기 때문에 도장하지 않은 보디를 임시로 사용하고 있는 것 같다. 빛이 비치는 정도나 가이드 웨이의 작동상황 등을 점검하고 있다. 바닥에 놓인 사각 구조물은 루프부분 등을 점검할 때 딛고 올라서는 받침대이다. 도장 공정에서 사용하는 지그 구조도 확실히 알 수 있는 사진이다.

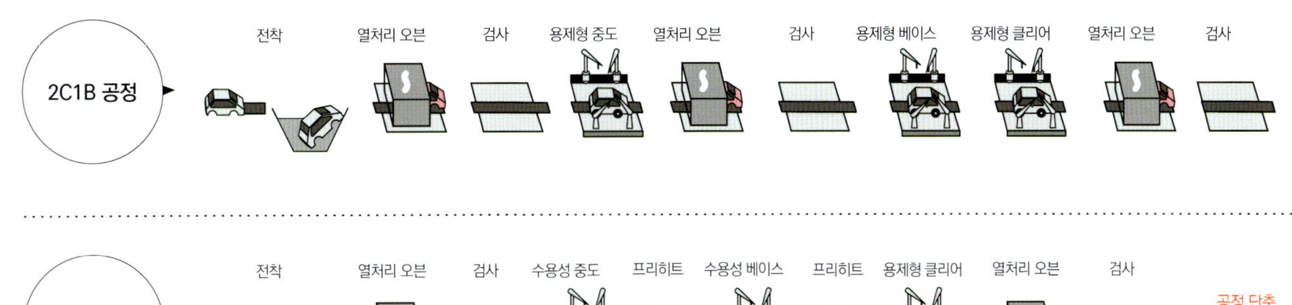

2C1B와 3WET의 도장 공정

상도 공정에서는 2C1B를 사용하는 도장이 가장 많기 때문에 종래의 도장 공장은 2C1B를 전제로 설계하는 것이 보통이었다. 중도 후에 열처리 오븐이 있고 계속해서 2개의 도장 부스를 거친 다음 다시 오븐이 있는 방식이다. 그러나 열처리 오븐은 큰 전력을 소비하기 때문에 결과적으로 CO_2 배출이 크다. 그래서 근래에는 중도 후의 열처리를 없애는 것이 트렌드다. 중도가 건조되지 않은 상태로 베이스 도료를 도장한 다음 그것도 마르지 않은 동안에 클리어를 도장한 다음 마지막으로 1회만 열처리를 한다. 웨트 상태에서 3층을 겹치도록 도장한다고 해서 「3WET 시스템」이라고 불린다.

3WET이 CO_2를 삭감하는 수단이라면 VOC(휘발성 유기화합물)를 줄이는 것이 수용성 도료다. 클리어 코트는 아직 용제형이 일반적이지만 대부분의 자동차 메이커에서 중도와 베이스 코트의 수용성화가 진행 중이다. 다만 수용성 도료는 비점이 $100℃$인 물을 포함하고 있기 때문에 열처리 오븐(140~150℃)에서 기포가 발생하여 도막에 기포의 흔적이 남는 등의 품질상 문제가 있었다. 그것을 방지하기 위해 생겨난 것이 프리히트다. 중도 후와 베이스 코트 도장한 후에 각각 $60℃$정도로 도막을 따뜻하게 해서 수분을 증발시켜 주는 것이 프리히트다. 그런 만큼 에너지 소비는 증가되지만 3WET를 조합해 수용성 3WET로 하면 라인 전체의 CO_2 배출은 용제형 2C1B 공정보다 감소되기 때문에 CO_2와 VOC 양쪽을 삭감할 수 있는 것이다. 과거 수년에 걸쳐 리뉴얼된 도장 공장은 어디서나 이 수용성 3WET를 사용하고 있다.

참고 문헌 : 간사이페인트 「도료 연구」144호

전착 도장

전착 하도의 목적은 방청성 때문이다. 수용성 도료를 넣은 통에 보디를 통째로 담가 도금처럼 도막을 형성시킨다. 통의 전체 길이를 짧게 하기 위해 보디를 급각도로 통에 넣는 것이 최근의 경향이다. 통 안을 지나가는 과정에서 보디를 피칭방향으로 흔들어 구석구석까지 도료를 묻도록 한다.

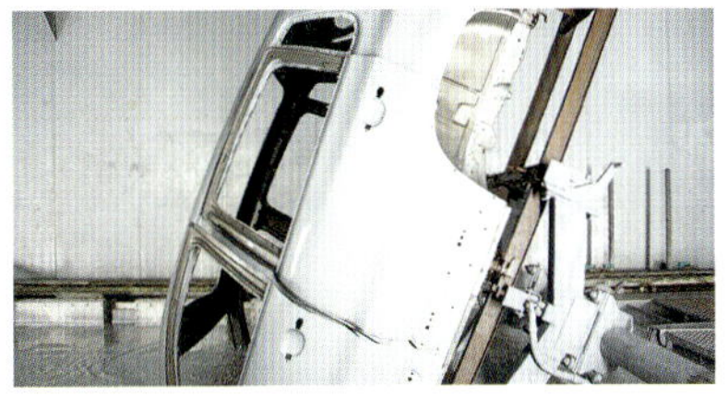

회전 무화식 정전(靜電) 도장

중도와 상도는 정전 도장으로 작업을 한다. 보디에 어스를 하고 도장 로봇 쪽에 수만 볼트의 전압을 가하여 정전계(靜電界)를 형성시킨다. 로봇 끝에 고속으로 회전하는 원반 또는 벨형 기구에 의해 무화된 도료가 정전계 안에서 음으로 대전(帶電)되어 보디에 달라붙으면서 도막을 형성한다. 조그만 판금 도장 업체에서는 에어압력으로 도료를 무화시켜 분사하지만 이 방법은 도료가 비산되어 낭비가 많다. 그래서 자동차 메이커의 도장 공장에서는 회전 무화식 정전 도장을 사용하게 되었다.

열처리 오븐

열처리란 도료 안의 수지성분을 열경화시키는 것으로 열처리를 위한 가열장치를 오븐이라 부른다. 주변의 온도는 140~150℃. 0.6mm 두께의 보닛부터 1mm의 사이드 실까지 동시에 온도를 상승시키는 기술이 열처리 공정의 관건이다.

검사 공정

열처리한 보디를 물로 세척한 다음 도막 표면의 품질을 검사한다. 평행하게 배치된 형광등을 보디에 비춰가면서 이물질의 혼입이나 도료가 흐른 곳, 기포의 흔적 등을 체크한다. 이상이 있으면 수작업으로 수정을 한다.

마쯔다와 닛산의 신기술

마쯔다는 09년 6월, 새로운 수성도료기술인 「아쿠아텍(Aqua-Tech)도장」을 개발해 우지나제1공장에 도입했다. 원래 마쯔다는 02년에 일본 최초의 3WET 시스템을 호후공장에 적용한 3WET의 선구자다. 아쿠아텍은 그것을 수성 3WET로 진화시킨 것으로, 부스의 공기조절을 개선했다. 도막 온도와의 차이에 주목해 부스 온도를 제어함으로서, 프리히트를 하지 않고 도막의 수분을 효율적으로 증발시키는데 성공한 것이다. 이로 인해 CO_2 배출을 더 절감했다.

몇 년 전에 본격 가동에 들어간 닛산 차체 규슈공장도 수성 3WET지만, 도막의 수분증발에 마쓰다와는 다른 방법을 사용하고 있다. 정전도장 건 끝에 원형의 건조장치를 일체화한 것이다. 이 장치에서 나오는 고온저습도 공기로 도장 영역을 감쌈으로서, 도료가 보디에 부착하기 전에 수분을 증발시켜 버리는 시스템이다. 일반적으로 도장부스는 CO_2 삭감 차원에서 제습을 안 하기 때문에 습도가 90% 이상이다. 그래서 도장하는 영역만 제습할 수 있는 도장 건을 새로 개발한 것이다

90년대에 독일의 VOC규제가 35g을 요구한 것을 계기로 유럽 자동차 도장 라인의 수용성화가 단번에 진행되었다. 일본에서도 도요타가 99년에 다카오카 공장을 수용성 도료로 전환하여 35g을 실현하였다. 2004년에 VOC 규제가 강화된 효과도 있어서 요즘에는 각 메이커가 VOC를 경쟁적으로 감소시키고 있는 상황이다.

수용성 도료로 바뀌었는데도 VOC가 제로가 되지 않는 것은 도료에 약간의 용제가 포함되어 있다는 점, 많은 공장에서 클리어 코트에 용제형을 계속해서 사용하고 있다는 점, 그리고 색을 바꿀 때 시너로 도장의 건을 닦는 등의 결과 때문이다. 메르세데스의 람슈타트 공장은 용제를 사용하지 않는 분체 도장의 클리어를 적용하여 $20g/m^2$로 줄였다. 한편, 2004년에 가동한 다이하쓰 차체의 오이타 공장은 용제형 클리어를 사용하면서 20g을, 2009년에 개장한 마쯔다의 우지나 제1공장도 용제형 클리어로 15g을 달성하고 있다.

또 하나의 토픽은 CO_2 삭감이다. 부스의 공기조절이나 열처리 오븐에 큰 에너지를 사용하는 도장 라인은 자동차 공장의 전체 CO_2 배출 가운데 1/4을 차지한다. 대책의 초점은 당연히 공기조절과 오픈이다.

「3WET 시스템」은 중도 후의 열처리를 폐지함으로서 CO_2를 삭감하는 도장 프로세스이다. 90년대 후반에 BMW가 세계 최초로 람슈타트 공장에 도입하였다. 일본에서는 마쯔다의 호후 공장이 처음이다. 중도, 베이스 코트, 클리어 코트의 3층을 각각 건조시키지 않은(웨트인) 상태로 겹쳐서 도장하기 때문에 각 층이 서로 섞이면서 발색이나 도막의 평활성(平滑性)을 손상시킬 위험성이 있다. 그것을 극복하는 도료가 개발되고 나서야 3WET가 실현되었다.

수용성 도료는 도장 후에 수분을 증발시키는 프리히트(pre-heat)가 필요하기 때문에 그만큼 CO_2의 배출이 증가된다. 그러나 마쯔다의 우지나 제1공장은 공기조절을 개선하여 그것을 상쇄하였다. 용제형 3WET와 동등한 CO_2 배출량으로 수용성 3WET로 전환하였다. 닛산 차체의 규슈 공장은 도장 건에 건조장치를 일체화하여 도료가 보디에 도달하기 전에 수분을 증발시킴으로서 프리히트 시간을 줄였다. 요즘의 일본 자동차 도장 공장은 환경기술에서 세계를 리드하는 존재라 할 수 있다.

창의와 기술로 만들어내는 **컬러 트렌드**

어느 때는 흰색, 어느 시기는 은색, 선명한 적색과 청색… 자동차의 도색에는 트렌드가 존재한다.
메이커는 어떻게 그러한 트렌드에 대응하고 있을까.
도료의 최신 기술 제안을 포함하여 소개해 본다.

착색 안료와 광택 소재

넓은 의미로 「안료」라고 하면 광택 소재도 포함하지만 여기서는 색을 표현하는 착색 안료를 「안료」라고 부른다. 예전에 주류였던 무기 안료는 70년대 이후 납이나 크롬, 카드뮴 등 유해물질을 사용할 수 없게 되면서 줄어들었고 유기 안료가 개발되었다. 표 안의 무기 안료는 티타늄(백), 카본(흑), 산화철(적/황)이다. 그 이외는 유기 안료이다. 광택 소재는 도장면에 윤기나 광택, 색의 변화를 주는 소재로서 알루미늄 플레이크(메탈릭)나 각종 마이카(펄) 등이 있다.

취재 협조 : 일본페인트

	알루미늄	마이카	착색 마이카	마조라
모식도		티타늄	산화철	
현미경 사진				
컬러				

주요 광택 소재와 특징

광택 소재 가운데 가장 널리 보급되어 있는 것이 알루미늄이다. 알루미늄의 얇은 조각을 입자 지름 1020μ으로 잘게 잘라 연마한 것을 알루미늄 플레이크라 부르는데 이것을 혼합하여 칠하는 것이 메탈릭 도장이다. 입자의 지름이 클수록 반짝반짝 빛이 난다. 90년대 후반 이후 연마를 거듭하여 입자의 지름 형상을 정돈한 신세대 알루미늄 플레이크가 트렌드이다(그림 안의 사진은 그 예다). 난반사가 적기 때문에 태양광을 강하게 반사하는 부위(highlight)에서는 더 강하게 빛이 나고 그늘이 지는 부위(shade)는 더 어둡게 가라앉아 보디 형상의 음영을 두드러지게 하는 것이 신세대의 특징이다. 마이카는 비늘 조각의 모양으로 분쇄한 천연 운모에 일반적으로는 산화티타늄으로 코팅하여 광택 소재로 사용한다. 운모는 그 자체로 진주와 같은 광택이 나지만 산화티타늄으로 피복하면 표면과 바닥면에서 반사하는 빛의 파장이 간섭하면서 특정 파장의 색이 강조되거나 감쇄된다. 이로 인해, 예를 들면 하이라이트는 노랗게 빛나고 셰이드는 은은하게 블루 빛을 띠는 색의 변화가 생기는 것이다. 운모에 수지나 산화철을 피복해서 색을 입힌 것이 착색 마이카이다. 착색 안료를 보안하여 휘발성을 높이는 효과가 있다. 마조라는 글라스 성질의 기재(基材)를 금속이나 산화티타늄으로 끼운 광택 소재로서 폭넓은 파장역으로 반사광이 간섭하기 때문에 보는 각도에 따라 색이 전혀 달라진다는 특징을 갖는다

자료 협조 : 일본페인트

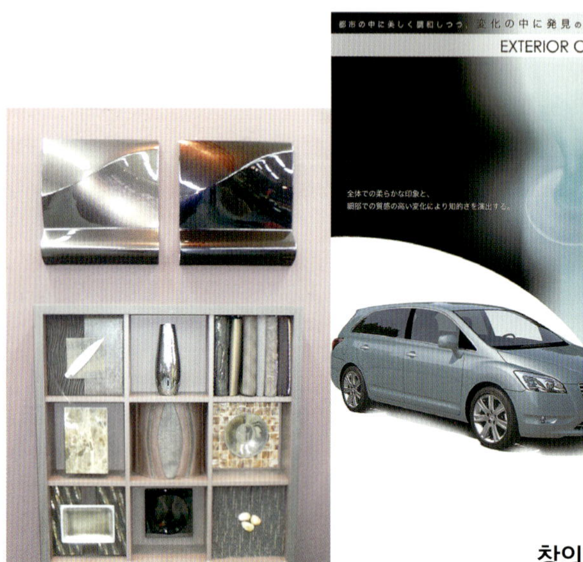

이미지의 시각화

컬러 디자인을 시작할 때 갑자기 색 견본을 선택하지는 않는다. 목표로 하는 이미지를 다른 어떤 것으로 대체하여 시각화한 상태에서 그것을 표현하는 색을 개발해 나간다. 좌측은 인피니티의 보디 컬러 샘플과 거기에 조합하는 내장색의 이미지 제안이다. 실물 제품 등도 사용하여 색이나 소재감의 이미지를 시각화하고 있다. 보디컬러 개발에서도 똑같은 시각화 방법을 사용하는 경우가 있다. 우측은 마크X Zio의 테마컬러인 프로스티 그린의 이미지 패널이다. 이 글라스 색과 질감을 목표로 도료가 개발되었다.

창의와 기술로 만들어내는 컬러 트렌드

보디 컬러의 개발은 자동차 메이커와 도료 메이커의 공동 작업으로 이루어진다. 자동차 메이커의 컬러 디자이너는 다양한 트렌드 정보나 해당 자동차의 콘셉트 / 캐릭터를 감안하여 목표로 하는 색의 이미지를 만들고 그것을 도료 메이커의 디자이너에게 전달한다. 막연한 이미지를 말로해서는 잘 전달되지 않기 때문에 사진이나 작은 물건으로 이미지를 시각화하는 것이 보통이다. 도료 메이커의 디자이너는 그것을 받아 80종의 착색 안료, 120종의 광택 소재 가운데 적절한 것을 골라 색을 조합하고, 엔지니어와 상담하면서 양산이 가능한 도료를 자동차 메이커에 제안한다. 서로의 의견을 교환하면서 하나의 새로운 색이 태어난다.

유력한 트렌드 정보 가운데 하나가 「인터 컬러」라고 하는 국제조직이 매년 발표하는 트렌드 컬러이다. 인터 컬러에는 각국의 색채조사기관(일본에서는 JAFCA=일본유행색 정보센터)이 가맹되어 있어서 각각의 제안을 모아 3년 후의 트렌드 컬러를 예측한다. 주로 의류업계를 대상으로 한 것이지만 사회의 가치관 동향을 글로벌하게 분석한 결과의 예측인 만큼 자동차 메이커에게 있어서나 도료 메이커에 있어서도 도움이 되는 정보이다.

예를 들면, 1999년에 등장한 도요타의 초대 비츠가 펄 로

도료 메이커의 제안

일본 페인트나 간사이 페인트, BASF 등과 같은 대형 도료 메이커는 디자인 부문을 별도로 갖고 있어서 2~3년 후의 생산을 목표로 해마다 자동차 메이커에 새로운 색을 제안하고 있다. 사진은 2009년의 BASF가 제안한 일부 컬러의 샘플이다.

시빅의 슈퍼 플래티늄 메탈릭

실버 메탈릭이 진화한 예. 베이스 코트를 2회 바르고 클리어를 분사시키는 3C1B 의 수용성 도장. 2층의 베이스 코트가 1층에 있는 수분을 흡수함으로서 1층의 도막 두께가 얇아져 알루미늄 플레이크가 평평하게 퍼지면서 금속 같은 윤기가 난다.

프리우스의 아이스버그 실버 마이카 메탈릭

하이라이트에 색감을 갖게 할 뿐만 아니라 하얗게 보이도록 하기 위해서 마이카를 사용한 것이 이 아이스버그 실버의 특징이다. 빛의 간섭으로 강조되는 파장은 황색 이지만 그것과 착색 안료인 블루가 서로 상쇄되어 하이라이트가 하얗게 보인다.

렉서스 RX450h의 쿼츠 화이트 크리스털 샤인

천연 운모는 기본적으로는 무색 반투명이지만 약간의 불순물을 함유하여 표면이 매끄럽지 못하기 때문에 선명한 색을 만들기 어렵다는 결점이 있었다. 그것을 해소 하기 위해 1996년에 광택 소재의 메이커인 멜크가 개발한 것이 「시라릭(Xirallic)」 이라고 하는 인공 운모이다. 알루미나의 결정을 인공적으로 석출한 것으로 표면 이 매끄럽고 휘도가 높다. 여기에 통상적인인 운모와 마찬가지로 산화티타늄을 코팅하여 사용한다. 사진의 쿼츠 화이트 크리스털 샤인은 간섭에 따라 그늘진 곳 (shade)이 푸른빛을 띠는 것이 특징이다.

마쯔다의 코퍼레드 마이카

RX-8으로 등장한 코퍼레드(copper red) 마이카는 지금은 많은 마쯔다 차량에 사용하고 있다. 보통의 마이카는 선명함이 부족하기 때문에 마이카를 산화철로 씌운 붉게 빛나는 착색 마이카를 사용하였다. 빨간 색이 잘 발색되도록 힘썼다.

렉서스 SC의 코스모 실버(증착 알루미늄 플레이크와 배향 기술)

사진의 우측이 코스모 실버. 좌측의 프리미엄 실버도 질감이 높은 실버이지만 비교해 보면 코스모 실버 쪽이 명암의 대비가 강하다. 이 연마로 완성된 금속같은 질감은 중도를 2번 하고 나아가 상도는 5C3B로 작업하여 공들인 공정으로 탄생한 것이다. 알루미늄은 진공 증착으로 형성한 증착 알루미늄을 적용하였다. 증착 알루미늄은 표면이 매끈하고 반사율이 높을 뿐만 아니라 두께는 통상의 알루미늄 플레이크의 1/10인 0.05μ이다. 그 얇기를 살려 알루미늄 층의 도막을 얇게 함으로서 알루미늄을 평평하게 깔고 있다.

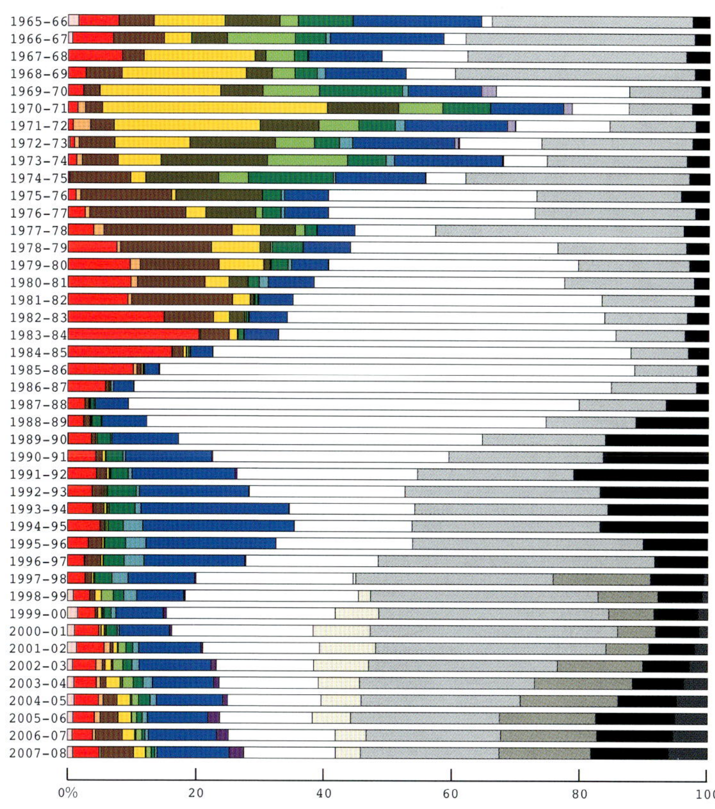

※ 1997~98 조사부터 무채색 계열을 6가지의 구분으로 변경하고 있다.

즈라고 하는 핑크 계열의 보디 컬러를 빅히트시킴으로서 의류업계에서도 1999~2000년에 핑크가 크게 유행하였다. 자동차와 의류의 컬러 트렌드가 일치할 수도 있다는 것을 증명한 드문 예지만 인터 컬러가 예측한 것은 핑크의 유행이 아니라 파스텔 컬러의 트렌드였다. 그것을 감안하여 비츠의 컬러 디자이너는 핑크계열과 그린계열 2가지의 파스텔 컬러를 개발함으로서 결과적으로 핑크계열의 펄 로즈만이 인기를 끌었다. 인터 컬러가 내세우는 것은 색 자체가 아니라 색의 이미지나 뉘앙스로서 그것을 어떻게 요리하느냐는 자동차 메이커와 도료 메이커 디자이너들의 역할인 것이다.

정보를 능숙하게 활용하는 것은 창조성이다. 창조성이 안료나 광택 소재의 기술과 서로 맞물려야 비로서 새롭고 매력적인 컬러가 된다. 착색 안료의 신규 개발은 1990년대에서 거의 일단락되었지만 발색성(發色性)을 높이는 등의 개선은 분자 레벨에서 심화되고 있다. 한편으로 광택 소재는 아직도 발전 중이다. 비용의 절약 때문에 지금은 사용할 수 없는 고품질의 알루미늄 플레이크가 개발되고 있으며, 글라스 성질의 소재를 분쇄한 글라스 플레이크 등 앞으로 용도가 넓어질 만한 광택 소재도 있다. 색에는 유행이 있다고 해도 더 중요한 것은 이미지나 뉘앙스다. 광택 소재가 자아내는 새로운 질감이 그런 요구에 대응할 수 있기를 기대해 본다.

일본시장의 색별 점유율 변천

일본에 있어서 승용자동차의 보디 컬러별 판매 점유율을 되돌아보면 1970년대 전반까지는 다양한 색이 골고루 판매되었지만 그 이후로는 하얀 색이 증가하기 시작하여 1980년대 후반에는 75%까지 치솟았다. 고급승용자동차 붐을 배경으로 도요타의 슈퍼화이트 등과 같은 하얀 세단이 한 시대를 풍미한다. 1990년대에 흰색이 감소하고 청색이 증가된 것은 RV붐의 영향 때문이다. 동시에 실버가 증가되기 시작하여 근래에는 실버와 그레이가 40% 정도를 차지한다. 블랙이 증가한 것도 근래의 두드러진 트렌드이다.

출전 : 일본유행색 정보센터

[금형 제조 현장]

프레스용 금형에는 컴퓨터로 할 수 없는 작업 세계가 있다

모든 공업제품에서 금형은 빼놓을 수 없다.
만약 강재를 「산업의 쌀」로 비유한다면 금형은 마지막 정미기나 밥솥이라고나 할까.
독자적으로는 제품이 안 되는 강재를 활용하기 위한 노하우가 가득 담겨 있다.

본문 & 사진 : 마키노 시게오(Shigeo MAKINO)

실제로 NC 머신이 금형을 깎고 있는 모습. 깎는 형상에 맞추어 끝에 있는 드릴을 자동으로 바꾼다. 절삭 피치는 0.5mm이기 때문에 잘 관찰하지 않으면 깎여나가는 모습을 알 수 없긴 하지만 확실히 절삭은 진행된다. 그 다음은 규칙적인 줄무늬 모양이 생긴다.

NC절삭 머신의 전체 모습. 작업 대상인 금형이 놓여있는 부분은 앞뒤로 이동하는데 드릴을 장착한 부분은 상하로, 드릴을 지지하는 암 부분은 좌우로 움직인다. XYZ 3축으로 제어한다.

왼쪽의 금형이 서서히 깎여나간 후 180도 회전하였을 때의 모습이다. 표면에 0.5mm 피치의 세로줄 무늬를 볼 수 있다. 몇 장의 사진을 찍는 동안에도 드릴은 몇 번이고 교체되었다.

자동차 보디에 사용되는 강판은 두께가 0.5~2.3mm, 인장강도는 270~980MPa(메가파스칼)이라는 견해가 평균적이다. 270급은 연강에 「신장」이 좋은 극저탄소강(탄소 함유율 0.001%오더)이 사용된다. 충돌 에너지를 흡수하여 탑승객의 생존공간을 확보하는 역할을 맡은 골격부분에는 590급이나 980급과 같이 인장강도가 강한 고장력강판이 사용된다. 이러한 강판을 필요한 형상으로 성형하고 부위별로 조합함으로서 자동차 보디는 형상이 갖춰진다.

성형에는 여러 가지 방법이 있다. 소재를 유동화시켜 형틀에 넣고 밀봉하는 주조와 높은 압력을 가해 변형시키는 단조도 성형이며, 유동화한 수지 소재에 고압을 가하여 형틀에 밀어붙이는 사출성형, 고압의 기체로 소재를 부풀린 다음 안쪽에서 형틀에 밀어붙이는 블로 성형도 있다. 자동차의 보디 강판에서는 프레스 성형이 일반적이다. 그리고 어떤 성형방법을 이용하더라도 반드시 필요한 것이 「형틀」이다.

성형(成型)과 금형(金型)은 상당히 심오한 세계로서 예를 들면, 형틀 내부에서 모재(가공할 소재)를 누르면 포밍(forming, 성형)이라 하며, 드로잉 다이를 사용하는 드로(draw)와는 구별해서 말해야 하지만 여기서는 그런 차이는 무시한다. 또한 금형은 취재가 어려운 분야지만 이번에는 군마현의 후카이 제작소가 흔쾌히 응해 주었다. 후카이 제작소는 1938년에 나카지마 비행기(현 후지중공업)의 협력공장으로 창업하였다. 현재는 자동차의 보디 패널이나 산업기계의 부품제조, 공장설비 등도 개발·제조하고 있다. 여기서는 전혀 공개된 적이 없는 금형의 제조현장을 살펴보는데 이하의 해설은 어디까지 필자의 과거 취재경험을 통한

이것이 완성된 「주물」이다. 후카이 제작소에서는 협력공장에 외주를 주고 있다. 잘 살펴보면 이 표면에서 규칙적으로 깎인 모양이 들어있다. 이 단계에서는 어떤 형상의 부품을 만드는 형틀인지 파악하기 어렵다.

프레스를 하기 전에 얇은 판을 일정한 형상으로 블랭킹할 때의 받침대. 좌측에 있는 것이 아래가 되고 우측에 있는 것이 그 위로 올라간다. 무게가 꽤나 나가지만 작업할 대상이 강재이기 때문에 설비는 아무래도 크고 무거워진다.

위 사진과 한 쌍으로 보아야 한다. 사진은 「주물」의 측면으로 우측 아래에 놓여 있는 것이 위 사진의 형틀과 한 쌍이 되는 부분이다. 후카이 제작소 내에서는 이러한 주물이 몇 개나 있었는데 상당히 장관이었다.

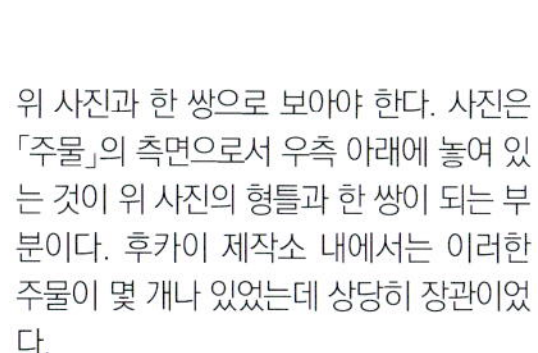

이 사진은 블랭킹 형틀을 위치만 바꿔서 찍은 것이다. 모재를 단단히 잡아주는 부품이나 위치를 정해주는 블록이 몇 개나 놓여 있다. 거리의 항공사진을 찍은 것 같은 인상이다. 위쪽에 한 쌍이 되는 형틀을 뒤집어서 올린다.

좌측 페이지의 머신 안쪽 노란색 안전틀이 보이는 부분에 이런 회전식 드릴이 장착되어 있다. 드릴 형상이 상당히 다양하다. 이 리볼버 권총의 탄창 같이 생긴 선반(rack)의 움직임이 뛰어나다.

「해석」이며, 코멘트 인용부분 이외는 후카이 제작소의 주장이 아니라는 점을 밝혀둔다.

금형의 제조에 관한 기본 데이터는 자동차 메이커가 갖고 있다. 설계 도면을 말한다. 그러나 현재는 자동차 설계 단계부터 금형 메이커가 참여하는 예가 많다고 한다. 어떻게 보디의 패널을 분할할 것인지 각각의 패널을 어느 정도의 공정수로 만들 것인지, 프레스 기기는 어떤 것을 사용할 것인지 등과 같은 요건을 자동차 메이커의 보디 설계부문과 공동으로 작업한다. 소위 말하는 디자인 인(design-in) 작업이다. 당연

히 비용 요건을 포함하여 보디 패널의 형상이나 크기로부터 금형의 사양이 결정된다.

사실은 자동차 보디는 치수를 재는 것이 불가능하다. 외부 패널이나 골격 모두 복잡한 선과 면으로 구성되어 있어서 엄밀하게 말하면 3차원 좌표로 표시할 수가 없다. 지금까지 인류는 곡면을 정확하게 측정하지 못 한다. 그래서 눈으로 확인하여 곡면으로 만드는 금형의 설계에 있어서 다양한 노하우가 투입된다. 그것은 그렇다 치고 자동차의 설계 단계부터 참가한 금형의 메이커는 패널 하나하나의 「형도」를 제작한다. 외관의 형상에서 판 두께를 뺀 3차원 맵이다. 현재는 시뮬레이션 기술이 발달하여 2차원 설계에서 상당한 단계까지 진행된다고 하지만 성형 시뮬레이션에서의 결점은 그대로 금형에 나타난다. 시뮬레이션 단계에서 금형의 메이커는 모재의 특성이나 성형기의 특징, 양산 단계에서의 다양한 조건 악화까지 고려해 가면서 설계를 만들어 나간다.

특히 고장력강을 정형하는 경우 스프링 백(형틀에서 방출될 때 형상이 돌아가는 것)을 어떻게 고려할지, 비틀림을 집어넣을지 등을 감안할 필요가 있다. 어떻게 해도 성형이 안

될 것 같은 형상이 있을 때는 자동차 메이커와 함께 설계도 변경한다.

또한 도저히 설계의 형상을 변경할 수 없는 경우에는 금형을 분할하거나 프레스의 횟수를 나누어 서서히 정형하는 식의 방법도 강구된다.

그리고 양품율이 중요하다. 투입한 소재 가운데 어느 정도가 제품이 되느냐 하는 것이다. 보디 패널의 프레스 성형에서는 양품율이 60%대 후반부터 70%정도라고 한다. 양품율을 너무 신경 쓰면 의장이나 성능·기능을 해칠 수 있다. 자동차 메이커 입장에서는 양품율이 가능한 높을수록 좋긴 하지만 실제 설계 작업에 있어서는 「어디서 타협할지」가 중요하다.

이러한 작업으로 금형의 설계가 진행되다가 완성한 형도를 토대로 발포 스티롤 제품의 형틀 견본이 만들어진다. 이것을 토대로 「주물」이라 불리는 단계를 거쳐 제품으로서의 금형이 만들어진다. 현재는 시작(試作)을 하지 않는 금형이 많다. 덧붙이자면 발포 스티롤 제품의 임시 형틀은 포장에 사용하는 발포 스티롤과는 달리 표면이 매끄러워서 정말 예쁘다.

설계 공정이 끝나면 형상의 데이터를 토대로 제

절삭작업이 끝나고 완성된 금형. 표면에는 줄무늬 모양이 미세하게 남아 있다. 아래쪽에 보이는 원통은 모재를 눌러주기 위해 가스압력을 가하는 구멍이다. 스프링으로 누를 것인지 가스압력으로 누를 것인지는 프레스를 하는 모재의 형상이나 두께에 맞춰서 사용한다. 실물은 매우 아름다울 정도이고 그리고 내부는 치밀하게 만들어져 있다.

왼쪽의 금형에 장착되어 있는 안내판. 위아래를 맞출 때의 가이드다. 표면에 있는 검은 점은 흑연으로 가공한 것이다. 소위 말하는 「갉아먹기」를 방지하기 위한 가공이다.

금형을 제작 중인 모습. 형틀 주위에 있는 구멍을 가공하는 모습인데 드릴은 수치제어를 통해 자동으로 움직인다. 그러나 마무리에 만전을 기하고자 작업자가 배치된다.

금형에는 다양한 형상의 가이드 블록이 장착되어 있다. 앞 페이지의 블랭킹 형틀을 참조해 주기 바란다. 이 가이드 블록 하나하나도 높은 정밀도로 만들어져 있다. 이 사진의 물건들이 형틀의 한 쪽 분량이라고 한다.

좌측 사진의 블록을 연결하면 이와 같이 된다. 이렇게 세부적인 것까지 정성들여 마무리하기 때문에 메이드 인 재팬의 금형에 대한 평가가 높은 것이다.

품의 데이터가 작성된다. 이 제품데이터를 3축 제어 NC(Numerical Control=수치제어) 머신에 보내어 형틀의 절삭작업이 시작된다. 후카이 제작소에서는 0.5mm 피치로 드릴을 사용한다. 드릴이 움직여 금형 끝까지 가면 U턴해 0.5mm만큼만 코스를 바꾼다. 그 다음의 U턴에서도 똑같이 0.5mm만큼 코스를 바꾸는 방식으로 작업이 반복된다. 그러면 표면에는 0.5mm의 피치 줄무늬 모양이 생긴다. 이 절삭작업을 몇 번이고 되풀이 하면 금형의 표면조도가 계속해서 제로가 되어 가지만 그렇게까지는 하지 않고 절삭 모양을 약간 남긴상태로 끝낸다. 후카이 제작소에서는 이렇게 말한다.

「아주 조금 원래의 절삭 모양을 남기는 경우도 있다. 그러는 편이 메인터넌스를 할 때 처음의 절삭방법을 알 수 있다.」

역시나 금형에서 중요한 것은 메인터넌스다. 몇 천 번, 몇 만 번의 프레스 성형을 반복하다 보면, 금형이 변형되는 경우도 있다. 프레스 후의 모재가 부분적으로 얇아지는 현상도 발생된다. 이러한 금형의 「피로」를 치유하는 것이 메인터넌스이다. 이 작업은 사람의 손으로 이루어지는데 풍부한 경험의 스탭들이 하는 「치유」는 컴퓨터 작업을 훨씬 뛰어넘는다.

「얇아진 부분이 있으면 그 주변을 잘 처리해야 하는데 어떻게 처리할지는 메인터넌스를 담당하는 스탭의 경험을 활용한다.」

실제로 메인터넌스 작업도 구경했는데 이러한 기술이 남아 있는 분야는 일본 제조업에 있어서 강점이라고 느껴졌다. 장인적 솜씨나 기술이라는 의미가 아니다. 집단 안의 각 개인이 자신의 경험을 살리고 개인끼리도 서로 협력함으로서 각 개인을 조직이 백업해 나가는 과정에서 기업이라는 인적 집단의 힘이 배양된다는 의미다.

「예를 들면, 그라인더로 여기만 쓱~하고 문질러 주면 된다고 했을 때 쓱~이 어느 정도인지, 숫자로 말하는 것보다 쓱~하고 표현하는 방법이 현장에서는 쉽게 전달된다」

이 「쓱~」이 사내에서 통용되었기 때문에 일본 자동차 메이커는 설계 도면에서 제조 도면으로의 전환이 실로 훌륭했다. 금형의 세계에서는 컴퓨터 시뮬레이션과 「쓱~」이 동거하고 있다. 이것은 상당히 바람직한 병립이 아닐 수 없는 것이다.

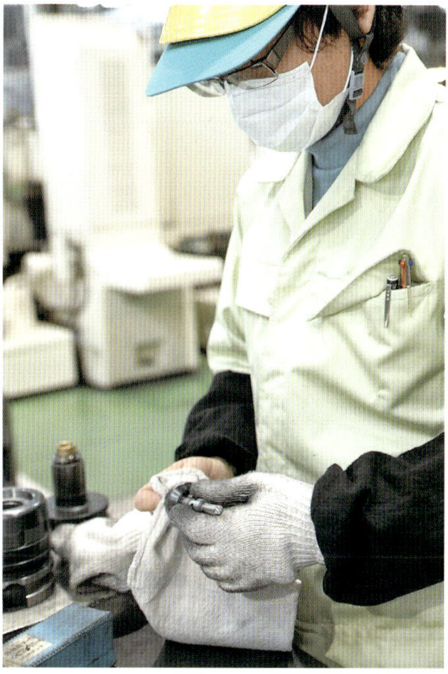

메인터넌스가 끝난 금형. 후카이 제작소에서는 모든 메인터넌스를 사내에서 한다. 주변의 주조부분은 말끔하지 않지만 표면은 매우 깨끗해서 드릴이 깎아낸 줄무늬 모양을 정확히 확인할 수 있다. 이 사진은 금형의 일부분을 클로즈업한 것으로 전체 크기는 상당히 크다.

이것도 중요한 메인터넌스다. 금형을 깎는 NC 머신의 드릴 하나하나를 점검하는 모습이다. 기계의 정확한 작동을 뒷받침하는 것은 인간이고 공작기계를 만드는 것도 인간이다. 그러한 기본은 금형 공장에 있으면 재확인할 수 있다.

작은 부품을 정형하는 금형도 이처럼 크다. 무게는 톤 단위다. 가까이 가보면 이것은 정교한 공구라는 것을 알 수 있다. 금형은 톤과 미크론이 공존하는 불가사의한 세계이다.

금형을 메인터넌스하는 모습. 깨끗하게 연마하면서 표면의 상태를 관찰하고 있다. 이런 작업을 담당하는 작업자들은 손가락 끝의 감각으로 형틀의 상태를 알 수 있을 것이다. 인간의 손끝은 미크론 단위를 판별할 수 있다.

가공을 통해 기능과 부가가치를 높였다

후카이 제작소 오리니널 엠 보스 박판

황금빛으로 빛나는 것은 빛의 가감으로서 실물은 알루미늄의 합금 색이다. 수지제 연료탱크의 내화(耐火) 커버를 알루미늄과 폴리이미드 필름으로 만들어 65%를 경량화 하였다.

0.35T 알루미늄재의 엠보스 박판. 어느 방향으로 구부려도 같은 두께의 박판과는 비교가 되지 않는 강성이다. 게이지다운 효과가 30%나 된다.

후카이 제작소의 사훈 가운데 하나가 「기술독립」인데 항상 새로운 것에 도전하고 있다고 한다. 엠보스 박판도 그런 가운데 하나로서 벌집(honeycomb)형상의 성형을 통해 강성을 높임으로서 박판 다운에 의한 경량화의 효과를 얻고 있다. 1장만으로도 사용할 수 있지만 0.25T의 알루미늄 판 사이에 0.025T의 폴리이미드 필름을 끼워 넣은 것은 0.5T 알루미늄 도금 강판과 똑같은 내열성을 가지면서도 중량은 2150g에서 750g으로 가벼워졌다. 들어보았더니 정말로 가벼웠다. 모재와 라미네이트 소재의 조합이 자유로워서 철과 알루미늄 외에도 접합이 가능하다. 4층으로도 겹치기가 가능하다고 한다. 다층화할 경우는 TOX형철(swaging)이 사용된다. 유럽자동차의 엔진 후드 이너 등에 사용되는 형철(型鐵) 방법이다. 금형을 전문으로 하는 회사인 만큼 롤

성형에 대응한 제품이다. 용도는 자동차뿐만 아니라 복사기 내부에도 사용되며, 휴대 전화용 초박품(超薄品)도 있을 정도로 범용성이 높다.

CITROEN

현 시트로엥 렌느 공장에서 C6 조립의 모습. 행어에 걸려 있는 보디는 바닥 쪽 의장이 끝났고 실내에는 대시보드 모듈(콕핏 모듈)이 이미 장착된 상태이다. 행어 아래에 대기하고 있는 파워 트레인 계통의 컴포넌트에는 엔진/트랜스미션/배기계통/서스펜션/연료탱크가 연결되어 있다가 내려오는 보디와 합체가 된다.

필자가 1991년에 촬영한 XM생산라인. 파워 트레인 계통과 합체된 보디가 행어에서 하역대로 옮겨진 다음, 다음 공정으로 넘어가는 모습이다. 생산 순서와 기본은 현재의 렌느 공장에 그대로 계승되고 있다.

S.M

현재의 렌느 공장. 대시보드의 장착을 끝낸 C6에 프런트 글라스가 장착되고 있는 모습. 우측 사진과 비교하면 라인의 설계에는 약 20년의 차이가 있지만 같은 시기의 촬영이라고 말해도 손색이 없을 정도이다.

CITROEN

[금형 제조 현장]

메인 라인으로 부하의 집중을 줄이는

모듈화의 큰 장점

벨트 컨베이어식 생산라인의 가장 큰 단점은 부품점수로 인해 라인의 길이나 속도가 좌우된다는 것이다. 모델의 다양성 증가, 차체에 탑재하는 장비의 증가와 다기능화로 인해 이미 메인 라인 위에서의 대응만으로는 불가능해졌다. 신뢰성의 향상을 위해서도 모듈화는 필수인 것이다.

본문 : 마키노 시게오(Shigeo MAKINO)　사진 : 시트로엥(CITROEN)/포드(FORD)/VW/마키노 시게오(Shigeo MAKINO)

illustration feature
Production Process
of Automobile

05

Chapter

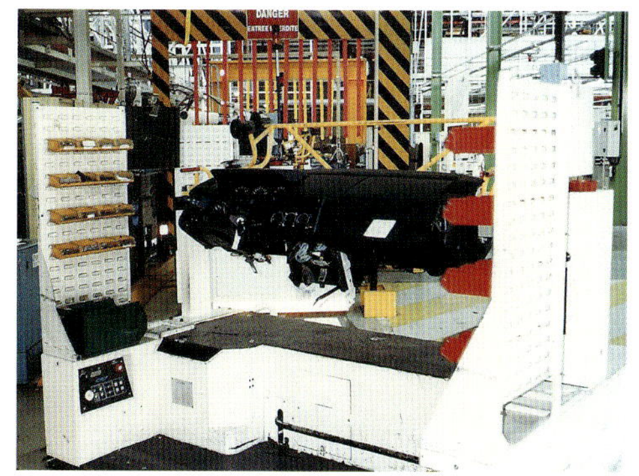

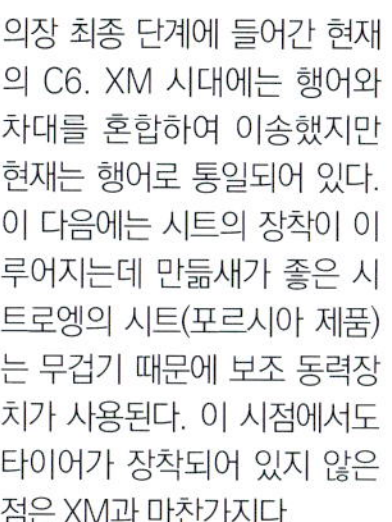

XM의 대시보드 모듈. 이와 같이 고정되어 한 사람의 작업자가 부품의 장착 작업을 해서 동작까지 확인한 다음 메인라인으로 자동 반송한다. 당시의 렌느 공장에는 66대의 자동 반송 이동차가 있었다. 인력에 의한 중량물 취급은 이미 모두 없어졌다.

의장 최종 단계에 들어간 현재의 C6. XM 시대에는 행어와 차대를 혼합하여 이송했지만 현재는 행어로 통일되어 있다. 이 다음에는 시트의 장착이 이루어지는데 만듦새가 좋은 시트로엥의 시트(포르시아 제품)는 무겁기 때문에 보조 동력장치가 사용된다. 이 시점에서도 타이어가 장착되어 있지 않은 점은 XM과 마찬가지다.

현재의 렌느 공장에서 대시보드 모듈의 조립 광경. 1989년에 만들어진 XM에 비해 전자장비가 증가되어 와이어 하니스의 총연장은 압도적으로 길다. 일본 자동차 메이커는 모듈의 설계를 외주로 하고 있어서 티어1(1차 하청)이 동작 확인까지 하고나서 자동차 메이커의 의장 라인으로 수송하지만 시트로엥에서는 변함없이 내부에서 만든다.

이터 / 엔진쪽 배선 / 루프 트림 순으로 조립한 다음 서브 어셈블리로 된 대시보드와 합체한다. 그 다음에 글라스를 장착하고 나서부터는 행어 위치를 높게 하여 언더보디의 공정에 들어간다. 엔진쪽 주변 전장계통 / 실내 전장계통을 조립하고 나서 파워 트레인을 아래쪽에서 합체시킨다. 이것은 서스펜션과 배기계통이 일체화된 컴포넌트로서 보디와는 14개의 볼트로 결합된다. 나사의 고정은 전자동으로 약 10초밖에 걸리지 않았다.

그 다음으로는 HB 도어가 장착된다. 모두 행어에 걸린 상태에서 작업이 이루어지며, 바닥 면에는 벨트 컨베이어가 없다. 타이어 / 휠은 다음 공정에서 장착되는데 놀랍게도 레이저광 / 화상처리를 조합한 기계로 허브 쪽의 구멍 위치 검출 / 볼트 선택 / 장착을 자동처리하고 있었다. 스페어타이어의 격납도 자동이었다. 마지막은 시트와 4개의 사이드 도어 장착으로 도어는 위치의 결정과 장착이 자동화되어 있었다.

XM은 당시로서는 획기적인 설계의 사상을 갖고 있었다. 서브 라인에서 대형의 부품을 조립하고 작동을 확인한 후 탑재한다. 완전 외주 부품은 벨트 램폴(현 포르시아)제 시트뿐이었다. 그 이외는 어떤 형태로든 손길이 렌느 공장에 가해지고 있었다. 대시보드의 모듈조차 사내에서 제작되었다. 현재, 렌느에서 생산되고 있는 C5/C6는 XM에서 시작된 설계·생산 개혁의 연장선상에 있다. XM의 모듈 설계에 참가했던 서브 플라이어도 자극을 받아 프랑스의 자동차 부품업계를 자극시켰다.

XM투입 후 EC(유럽공동체)는 EU(유럽연합)로 바뀌며, 역내의 사람·물건·자본의 이동이 완전 자유화 되었다. 그 전 단계에서 일본 자동차의 수입을 제한하고 있던 각국이 모니터링(대수 감시) 과정을 거쳐 수입 자유화로 이행할 것을 결정한다. 1991년 시점에서는 「어느 스위치를 눌러도 분명하게 기능을 한다.」고 평가 받던 일본 자동차는 프랑스와 이탈리아에 있어서는 이상하게 탑승하도록 하는 느낌이었다. 그러나 PSA는 잭 칼베사장이 대개혁을 주창하며 푸조와 시트로엥의 설계 통합을 감행한다. 피아트에서도 조반니 아넬리 회장이 개혁을 지시했다. 르노에서는 「회사의 방침이 싫다고 생각하는 관리직은 떠나라」고 명령을 하였다. 몇 년 후 어느 일본 자동차 메이커의 엔지니어 임원이 이렇게 읊조렸다. 「저 사람들 자는 척만 하고 있었을 뿐이었다.」

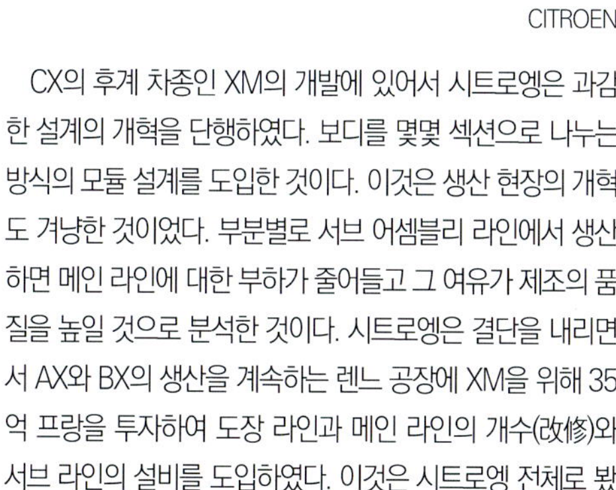

아래 사진은 헤드라이트나 라디에이터 팬을 내장한 XM의 프런트 엔드 모듈이다. 왼쪽 사진은 현재의 C6. 헤드라이트가 보디 쪽에 고정되어 있다. 부품 크기·무게와 보디 구조, 요구되는 작업성에 따라 모듈의 설계는 변화한다는 것을 보여주는 샘플이다.

CX의 후계 차종인 XM의 개발에 있어서 시트로엥은 과감한 설계의 개혁을 단행하였다. 보디를 몇몇 섹션으로 나누는 방식의 모듈 설계를 도입한 것이다. 이것은 생산 현장의 개혁도 겨냥한 것이었다. 부분별로 서브 어셈블리 라인에서 생산하면 메인 라인에 대한 부하가 줄어들고 그 여유가 제조의 품질을 높일 것으로 분석한 것이다. 시트로엥은 결단을 내리면서 AX와 BX의 생산을 계속하는 렌느 공장에 XM을 위해 35억 프랑을 투자하여 도장 라인과 메인 라인의 개수(改修)와 서브 라인의 설비를 도입하였다. 이것은 시트로엥 전체로 봤을 때 70억 프랑의 공장 투자였다.

필자가 시트로엥의 렌느 공장을 방문한 것은 1991년 9월. 이미 XM의 생산은 궤도에 올라있었다. 보디는 18대의 로봇이 4000군데를 스폿 용접하여 조립하고 있었고 도장은 하지와 에나멜로 중도(中塗)를 한 후에 8시간을 거쳐 마무리한 다음 프런트 엔드 / 대시보드 / 사이드 도어 / HB 도어 등이 서브 어셈블리 라인에서 조립되고 그것이 메인 라인에서 의장에 맞춰 독립 이동식 팰릿으로 옮겨지는 식이었다.

시트로엥에서는 밑으로 매다는 행어를 낮게 한 상태에서 바닥 쪽부터 의장작업을 한다. 바닥 아래 하니스 / 바닥 아래 인슐레이터 / 실내 매트 / 페달 / 시트 벨트 /대시보드 인슐레

리어 액슬 / 서스펜션과 일체화된 모터
모듈. 중량은 120kg 정도지만 가솔린 엔
진 / 트랜스미션의 경우는 145kg이다.
차량 라인 옆 스테이션에서 조립된다.

아래 사진은 모터 모듈과 배터리 모듈
을 보디 아래쪽에서 탑재한 미쓰비시
i-MiEV. 원래부터 EV화를 염두에 두고
설계된 차량으로 조립의 작업성이 양호
하다. 우측 사진은 배터리 모듈을 탑재
하는 모습. 양생된 전원 라인을 작업자가
연결하려 하고 있다.

◉ Electric Vehicle

이 3장의 사진은 미쓰비시 자동차 미즈시마 제작소에서 i-MiEV를 생산하는
공정이다. 다른 모델과 혼류(混流)해서 생산하기 때문에 스테이션마다 작업
시간을 맞출 필요가 있어서 EV 특유의 공정은 최소한으로 줄이고 있다. 모
터 모듈은 사내의 제품이며, 조립은 서브 스테이션에서 이루어진다. 작업시
간이 25분이나 되는 대형 모듈이다. 배터리 모듈은 완성품 상태로 라인에 들
어간다. 흔히 「전지와 모터만 있으면 의류 회사라도 EV를 만들 수 있다」고
가볍게 보는 경향이 있지만 어처구니없는 착각이다. EV 양산에는 역시 자동
차 제조에 관한 노하우가 필요하다.

◉ Power Package

우측 아래위 사진은 폭스바겐의 공장에서 FF용 파워 트레인
을 탑재하는 모습이다. 아래 좌측 사진은 포드에서 FR용 파워
트레인을 탑재하는 광경으로 모델은 머스탱이다. 엔진 / 트랜
스미션과 주변을 일체화하고 나서 자동차에 탑재하는 식의 방
법이 일반화 되었지만 반면에 조립의 작업성을 우선하면 성
능ㆍ기능에 영향을 미치는 면도 갖고 있다. 「가능하면 4각 모
듈로」라는 요구로 인해 프런트 서스펜션의 코일 스프링 궤적이
신장 쪽과 수축 쪽에서 따로따로였던 예도 있다. 스프링 설계
에 그런 영향이 미쳐 트레이드오프 관계가 드러났다.

● Cockpit Module

좌측과 아래 사진은 칼소닉 칸세이가 만드는 콕핏 모듈의 예이다. 좌측 사진은 왼쪽의 깊숙한 곳이 차량의 실내이고 까맣고 동그런 것이 대시보드의 표피를 겸한 골격부분이다. 그 아래는 다발로 묶인 와이어 하니스와 대시보드 전체를 보디에 고정하는 역할을 하는 스티어링 행어다. 화면 우측 위는 상하 2단으로 이루어진 공기조절 덕트, 그 아래가 공기조절 유닛이다. 대시보드 디자인이 입체적인 것도 곁들여서 모듈의 깊이가 1m정도나 될 정도로 복잡한 입체 퍼즐과 같다. 부품점수가 아주 많다. 그러나 일본에서는 시작(試作) 부품을 이용한 「연마 맞춤」작업이 한 번으로 끝나는 경우가 많다.

S.M

S.M

● Door Module

좌측은 VW에서 도어 모듈을 제조하는 모습이다. 세단의 프런트 도어와 리어 도어가 세트를 이루어 라인을 흐른다. 우측은 완성되어 차량에 장착된 도어. 예전에는 도어 내부에 윈도우를 위아래로 움직이는 레귤레이터만 내장되었지만 현재는 파워 윈도우의 모터와 배선, 스피커 배선 등이 들어가 있다. 또한 트림별 차이나 그레이드에 의한 장비품 차이 등 도어 전체를 모듈로 봤을 경우는 종류가 다양하다. 또한 해치백 차량의 테일 게이트는 물건 자체가 크다.

VW

VW

개개 모듈이 점점 복잡해졌다

모듈의 설계라고 하는 사고방식은 이제는 일정 이상의 대수를 생산하는 양산 모델에 있어서 표준적이다. 다만 과제도 있다. 차량에 탑재하는 장비가 증가일로에 있기 때문에 개개 모듈은 점점 복잡해지고 그만큼 중량도 증가되고 있다. 이것을 어떻게 할 것인가. 또한 모듈의 제조를 외주로 생산되는 경우에는 자동차 메이커에 있어서 차량공장에서의 부하는 줄어들지만 모듈의 제조를 위탁받는 1차 하청업체에 있어서는 부담이 증가한다. 최종 조립 라인과의 완전한 동기 생산이 요구되는 것은 2차 하청업체에게 있어서도 부담이다. 모듈화는 「어디까지 가능할까」의 단계를 거쳐 「어디서 멈출까」에 대한 검토가 요구된다고 생각한다.

엔진/트랜스미션은 모듈화가 가장 빨랐던 부분이다. FF화가 되면서 프로펠러 샤프트가 없어지고 파워 패키지를 작게 만들 수 있게 된 것이 배경에 있다. 게다가 플랫폼(기본골격)의 통합·수평전개 같은 상황이 겹쳐졌다. 원래 서스펜션 및 스티어링과 같은 섀시 부품을 파워 패키지 모듈에 집어넣을 경우에는 섀시부품 쪽의 기능·성능을 우선시하는 것이 전제되어야 하지만, 작금에는 조립공정에서의 작업성이 중시되고 있는 것도 사실이다. 특히 스티어링 랙의 배치와 인터미디에이트 샤프트의 관통에 있어서는 「파워 패키지 여기 밖에 빈 곳이 없다. 그래서 이 공간에 넣었으면 한다.」는 요구에 놓여 있다.

콕핏 모듈에서는 점점 증가하는 기능을 하이드 어웨이(hide away)로 어떻게든 소화하고 있다. CPU 수가 증가하면 그만큼 디지털 노이즈가 증가하는데 그 간섭은 레이아웃 시뮬레이션으로 해결할 수 없다. 지금 상태에서 새로운 전자장치를 어디에 넣을지는 「작은 빈 공간의 확보」에 있다. 그와 동시에 전선이 증가하면서 와이어 하니스가 점점 굵어저 중량이 무거워지고 있다. 콕핏 모듈 내의 와이어 하니스만도 30kg을 어렵지 않게 넘는다.

물론 모듈화에는 장점이 있다. 품질의 안정화는 사용자에게 장점이 되고 「분해의 편리성」은 사회적으로 장점이 될 수 있다. 모듈의 설계는 말하자면 자동차 기구의 교통정리와 같아서 설계 전체의 합리화를 통해 결과적으로 비용의 절감으로 이어졌다. 모듈화라는 경향이 후퇴하는 상황은 이제는 있을 수 없는 일이라고 생각된다.

중요한 점은 「무엇이든 집어넣고」「무엇이든 유용한다.」는 것이 아니라 원래 기능·성능의 설계를 해치지 않는 것이다. 그러기 위해서는 「어디서 그칠 것인가」에 대한 합의도 필요하다. 일본의 서플라이어도 이러한 문제 의식을 갖고 있어서 향후 자동차 메이커에 어떤 모듈을 제안할지가 주목된다. 거기에 진화의 스텝이 있을 것이다.

[자동차 생산 공장]

차량 공장 안에서 최대 규모의 설비는

프레스 성형과 보디 용접

대부분의 양산 차량은 얇은 강판을 조합하여 용접함으로서 보디가 만들어진다.
그 점은 20세기 초에 본격적인 자동차 양산이 시작되었을 때와 차이가 없다.
그러나 성형과 접합 기술은 장족의 발전을 거듭해 왔으며, 지금도 발전 과정에 있다.

본문 : 마키노 시게오(Shigeo MAKINO)　사진 : 포드/볼보/VW

FORD

오스트레일리아 포드의 공장에 있는 트랜스퍼 프레스 머신. 측면의 짙은 회색문 4개가 보인다. 이 문을 열고 금형을 교환한다. 예전의 준비시간은 일본이 압도적으로 짧았지만 근래에는 구미 메이커도 비슷한 수준이다.

VW

트랜스퍼 프레스 내부. 금형이 모재를 누른 다음 위로 올라갔을 때의 모습으로 모재를 금형에 세트하고 끄집어내기 위한 흡착기가 설비된 피드 바를 로봇 암이 조작한다. 내부에는 사람이 없어서 프레스 금형을 교환할 때만 기계를 멈추고 작업자가 안으로 들어간다.

미국 포드의 시카고 공장. 프런트 펜더 부분부터 A / B / C필러, 후방의 리어 펜더부분까지를 일체로 정형하는 테일러드 블랭크재의 완성 정밀도를 CMM(Coordinate Measuring Machine)으로 측정하는 모습. 프레스 정밀도를 유지하기 위한 추출검사가 반드시 이루어진다.

FORD

　양산 차량의 보디를 구성하는 대부분의 패널은 한 번의 프레스로 완성할 수 없다. 박판을 재단하여 먼저 여분의 부위를 제거함으로서 대략적인 형상을 만드는 블랭킹을 한 후 다시 2회, 3회 순으로 금형을 통과시키면서 서서히 성형하는 방법이 일반적이다. 이 작업을 어떻게 연속적으로 「정체시키지 않고 하느냐」가 프레스 공정 설계의 핵심이다.

　현재 대부분의 자동차 공장에는 트랜스퍼 프레스라고 하는 거대한 기계가 설비되어 있다. 내부에 복수의 금형을 배치한 다음 거기에 일방통행으로 모재를 흘려 금형을 통과할 때마다 성형이 진행되는 자동 머신이다. 단독 프레스 머신을 몇 대고 조합한 다음 그 사이를 로드(삽입)/언로드(취출) 기구로 잇는 탠덤 프레스, 트랜스퍼 머신까지 포함하여 프

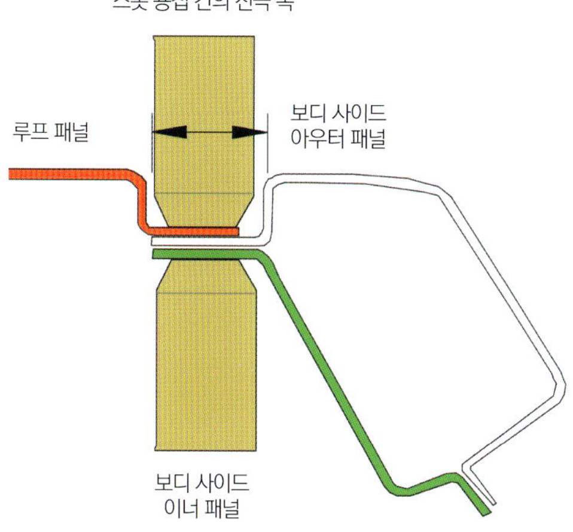

저항 스폿 용접은 「건(gun)」이라 불리는 기계로 이루어진다. 끝에 전극(tip)이 있어서 여기로 전류를 흘려 모재를 순식간에 가열한다. 위 일러스트처럼 3개를 겹친 저항 스폿은 문제가 없지만 물리적으로 팁이 들어가지 않는 경우에는 스폿 용접을 한 쪽만 하거나 접착제를 사용하여 접착 혹은 레이저 용접이 이루어진다. 아래 사진은 스폿 용접 시험기.

VOLVO

볼보 카즈의 톨스랜더 공장에서 작업 중인 레이저 용접. 레이저도 야금적 접합으로 아크 용접과 조합한 레이저 아크 하이브리드 용접도 이루어지고 있다. 현재 유럽 자동차 메이커에서는 이와 같이 푸른빛을 발산하는 레이저 접합 장면이 많다. 또한 접착제를 많이 사용하는 것도 유럽 메이커의 특징이다.

VOLVO

FORD

보디 접합의 정밀도를 높이는 동시에 여러 차종의 혼류생산을 효율적으로 하기 위한 방법으로 80년대 말부터 플로어/사이드/루프를 동시에 접합하는 플렉시블 머신이 실용화되었다. 각각의 면에 지그를 배치하여 고정과 용접을 순식간에 한다.

자동차 보디에 사용되는 용접방법

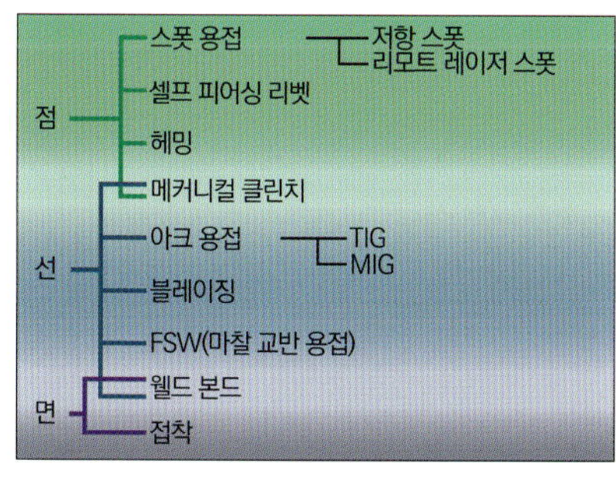

용접을 형상별로 분류해 보았다(필자 작성). 레이저 용접이나 2장의 모재를 집어 구부리는 클린치는 「점」「면」양쪽을 소화한다. 이 용접 방법들을 한 부위에서 조합해 하는 경우도 있다. 접합기술의 다양화는 근래 제조기술의 뉴스거리다.

레스기를 몇 대 접속하는 콤비네이션 프레스 라인 등 필요에 맞도록 몇 가지 시스템을 이용하는 것이 일반적이다.

무엇보다 모든 패널 부품을 자동차 메이커가 직접 만드는 경우는 드물다. 현재는 부위 별로, 프레스부터 용접까지 마무리된 모듈 형태로 외주에 의해 생산하는 경우가 많다. 또한 금형 프레스로는 성형할 수 없는 초고장력강을 가열한 후 프레스를 하는 방식의 핫프레스를 사용하는 예가 유럽에서 증가되고 있는데 이것도 전문 메이커에 외주되는 경우가 많다.

프레스로 성형된 패널을 조합하여 설계한 형상으로 조립할 때는 접합이 이루어진다. 접합의 방법에는 「야금적(冶金的) 접합」「기계적 접합」「화학적 접합」이 있다. 또한 접합을 「점」으로 할 것인지 혹은 「선」「면」으로 할 것인지 형태

적인 분류도 가능하여 표에 그 분류를 나타내고 있다. 그 가운데 가장 일반적인 저항 스폿 용접은 「야금적 접합」가운데 「압접(壓接)」, 선 용접의 전형인 아크 용접은 「야금적 접합」가운데 「융접」으로 분류된다. 한 마디로 접합이라고 해도 다양한 방법이 있다.

일본의 자동차 메이커는 대부분의 부위를 저항 스폿 용접으로 접합한다. 자동차 공장의 영상을 통해 로봇이 불티를 튀기면서 접합하는 모습을 본적이 있을 것이다. 이 불티는 스패터(spatter)라고 하는 것으로 국부적으로 열을 받아 모재가 팽창하여 구상(球狀)으로 바뀌면서 그것이 파열한 것이다. 불티 하나하나가 「파열되어 튀어나간 모재」인 것이다. 저항 스폿 용접은 모재끼리 단단히 잡고(클램프) 틈새를 컨트롤 하여 작업한다. 프레스 성형의 정밀도가 보디 제작에 영향을 미치는 이유 가운데 하나는 접합의 조건을 바꿔

버린다는 것이다.

유럽에서는 저항 스폿 용접을 다른 접합 방법으로 바꾸는 것이 유행하고 있다. 이유는 여러 가지가 있지만 저항 스폿 용접이 국부적인 가열로 인해 강판에 악영향을 미치는 경우가 있어서 간격을 그다지 좁혀서 용접하지 못한다는 이유도 있다. 점이 아니라 선으로 접합하여 접합의 강도를 확보하려는 목적으로 레이저 용접이 많이 이용되는 경향에 있다. 또한 물리적으로 저항 스폿 용접 건의 끝 부분에 전극이 들어가지 않는 부위도 있어서 그런 곳을 레이저로 용접하는 경우도 있다.

한편, 용접 모재를 어떻게 위치를 정하는 점도 중요하다. 보디라인은 크게 나눠 지그 방식과 로케이터 방식이 있다. 모델별로 전용의 지그를 사용하여 만드는 방식이 지그 방식이다. 어느 부분만 공통의 위치로 정하고 거기에 패널을 쌓아가는 것이 로케이터 방식이다. 그 절충안도 있다. 어느 방식을 채택할 것인지는 생산대수나 설계방법, 제조방침에 따라 다르지만 자사의 공장 안을 어느 한 쪽으로 통일시키고 있는 자동차 메이커가 많다. 덧붙이자면 도요타는 지그 방식, 닛산은 로케이터 방식을 채택하고 있다.

박판을 정형하여 그것을 접합한다. 언뜻 들으면 단순한 작업처럼 생각되지만 실은 이 안에 많은 사상과 노하우가 담겨있는 것이 자동차 제조의 현장이다.

자동차의 「품질」에 큰 영향을 미치는 도장 공정

자동차 메이커의 공장에서 이루어지는 작업 가운데 보디의 조립과 견줄만한 「큰 작업」이 도장이다.
그리고 도장은 그저 단순하게 보디를 채색하기만 하는 작업이 아니다.
자동차의 기능과 가치를 유지하는데 있어서 매우 중요한 역할을 맡고 있는 뛰어난 기능성 부품인 것이다.

본문 : 마쓰다 유지(Yuji MATSUDA)   일러스트 & 사진 : 마쯔다(MAZDA)

▶ 기본적인 도장 공정

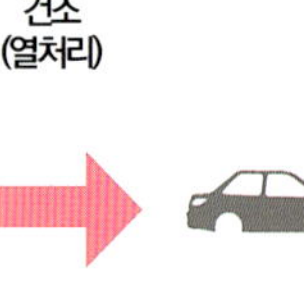

탈지＋전처리(前處理)

프레스 성형의 공정에서 이용하는 강판은 표면에 녹을 방지하기 위하여 코팅이 되어 있다. 또한 가공할 때는 윤활용 기름을 사용하는데 이 상태에서는 도료가 잘 부착되지 않기 때문에 완성된 화이트 보디는 탈지의 공정에서 코팅이나 기름 성분을 제거한다. 또한 인산화피막을 만들어 도장이 쉽게 부착되도록 한다.

하도(下塗, 전착 도장)

제일 먼저 보디에 하는 도장. 녹의 발생을 방지하고 다음의 공정에서 사용하는 도료의 정착성을 향상시키기 위해 특화된 도료를 사용한다. 보디 쪽에 마이너스, 욕조에 가득 찬 도료에 플러스 전하를 띠게 한 다음 욕조에 보디를 통과시키면서 통전함으로써 미세한 틈새까지 확실하게 도료를 부착시키는 「전착 도장(電着塗裝)」으로 이루어진다.

중도(中塗)

도료의 정착성을 높이는 외에 날아오는 돌 등에 인한 충격을 받아도 도막이 잘 파괴되지 않도록 단단히 결합을 유지하는 성질(밀착성)이 높은 도료를 사용하여 「내피칭성」을 확보한다. 나아가 자외선을 반사하는 「내광열화성」, 환경에 따른 열화를 방지하는 「내후성」, 베이스 도료를 더 선명하게 보이게 하는 「발색성」에 관한 기능도 담당한다.

상도(上塗)

기본적으로 착색을 위한 공정. 보디 컬러 별로 안료를 함유한 도료를 도장한다. 대부분의 경우 공정을 2~3회로 나누어 도료를 겹치도록 뿌림으로서 도막의 두께를 증가시키고 빛의 반사성을 높여 깊은 맛이 나는 선명한 발색을 실현한다. 또한 도료는 내후성과 내광열화성 등도 고려한 특성 있는 것을 사용한다.

클리어 도료를 도장함으로서 도장면의 평활성을 높여 광택을 증가시킨다. 메탈릭 도장의 경우 이 클리어 도료에는 빛을 반사하는 금속가루 등이 섞여있다. 내치핑성, 내후성과 관련된 기능도 같이 보유하고 있다. 한편, 클리어층이 없는 도장도 있다.

완성

도장 면에 용제가 많이 남은 상태에서 다음의 도장 공정이 이루어지면 도료끼리 뒤섞이거나(混層), 도막이 단단히 고착되지 않거나, 평활성이 떨어지는 문제가 발생하기 쉽다. 이것을 방지하기 위하여 각 공정 사이에 건조 공정을 두어 도막 면으로부터 용제를 휘발·증발시킨다.

도장 부스의 모습. 하도 공정까지 끝마친 보디가 이곳을 통과하는 동안에 좌우로 배치된 로봇 암의 끝에 있는 벨형 분사기가 도료를 뿌린다. 보디에 부착되지 않는 도료를 얼마나 줄이느냐가 최근의 과제이다.

도장의 공정을 끝낸 보디는 품질 검사의 공정으로 옮겨진다. 기자재도 사용하지만 최종적으로는 반드시 사람의 눈으로 체크한다. 이 작업은 일반적으로 여성들이 적성이 잘 맞는다고 한다. 도장의 상태에 문제가 있을 경우는 수정 공정으로 돌아가 케어를 받는다.

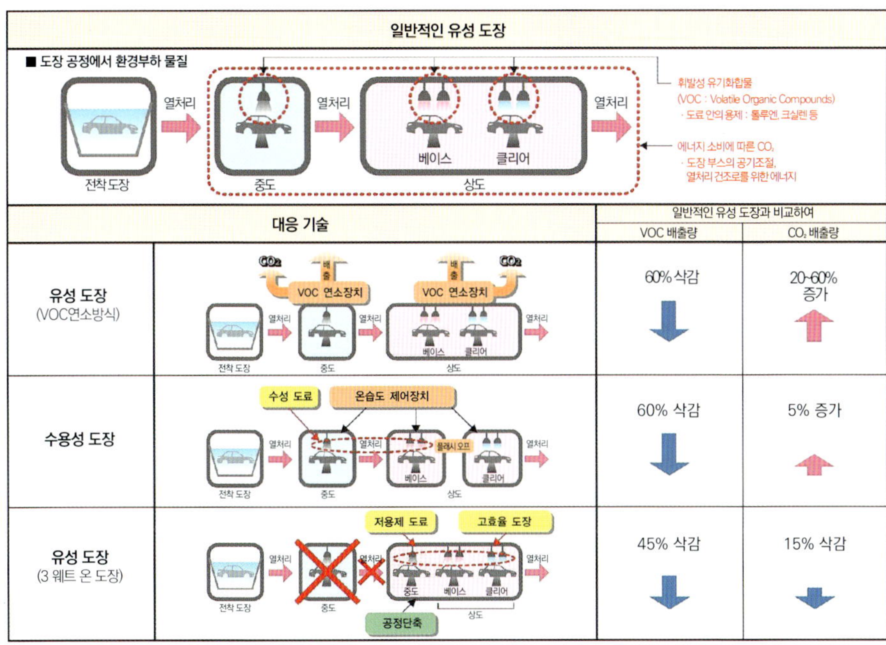

CO₂와 VOC 배출량을 삭감하는 마쯔다「아쿠아텍 도장」

자동차의 도장 공정은 환경부하가 상당히 높다는 것이 오랫동안에 걸쳐 문제가 되어 왔다. 구체적으로는, 유성 도료에 포함되어 있는 VOC(Volatile Organic Compounds : 휘발성 유기화합물)의 대기방출과 건조공정에 있어서의 대량으로 에너지 소비 및 CO₂ 배출이다. 예전의 도장 공정은 자동차 제조 프로세스 전체에서 배출되는 총량 가운데 95%를 차지할 정도로 대량의 VOC를 배출했었다. 중도 공정 및 상도 공정에서 사용하는 유성 도료에 함유된 톨루엔이나 크실렌 등이 건조 과정에서 대기 속으로 방출되기 때문이다. 건조 공정은 대량의 열원을 필요로 하기 때문에 에너지 소비가 크고 그 때문에 배출되는 CO₂ 양도 모든 제조 프로세스에서 배출되는 것 가운데 60% 정도를 차지하고 있었다. 과제의 해결을 위한 접근 방법 가운데 하나가 공정에서 배출되는 VOC를 수집하여 연소시키고 그 열을 건조 공정 등에 이용하는 후처리 방식이다. 그러나 VOC의 연소로 인해 CO₂의 배출량이 증가되는 것을 피할 수는 없다. 또 하나의 접근 방법이 도료의 수용성화인데 이것도 VOC는 감소되는 반면에 건조 공정에서 온도나 습도를 세밀하게 조정할 필요가 있고 공정과 설비가 복잡해지기 쉬워 에너지의 소비량과 CO₂의 배출량은 증가한다. 그래서 마쯔다는 2001년 도료 메이커와 공동으로 개발한 저유기(低有機)용제 도료를 사용하여 중도에서 상도까지의 공정 사이에 건조 공정을 없애는「3 웨트 온」도장기술을 개발함으로서 종래의 유성 도료에 의한 도장 공정 대비 VOC 배출량을 45%, CO₂ 배출량을 15% 절감하였다.

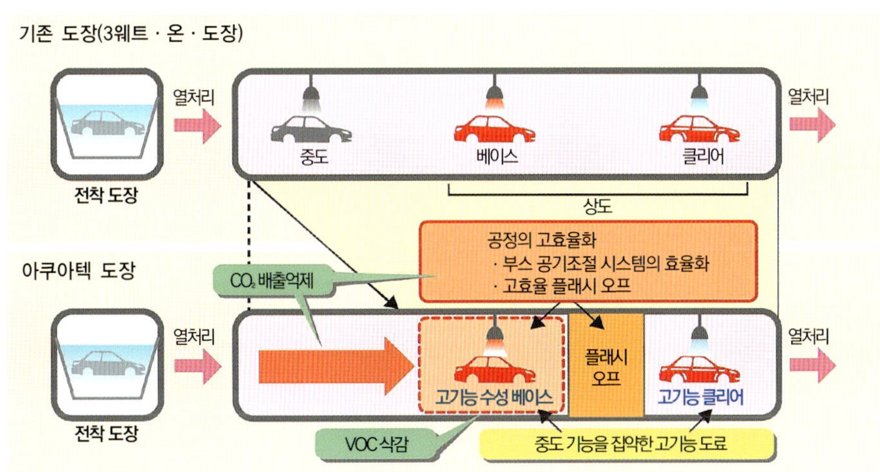

더 발전된 효율화를 목표로 2009년 6월부터 도입된 것이「아쿠아텍」도장 기술이다. 그 핵심이 3 웨트 온 도장 기술을 베이스로 새로 개발한 고기능 수용성 컬러 베이스용 도료이다. 3 웨트 온 도장용의 유성 도료와 마찬가지로 건조 공정을 넣지 않고 도장하는 것과 더불어 종래에는 중도 도료가 갖고 있던 기능을 집약함으로서 중도 공정의 자체를 없애는데 성공하였다. 베이스 도료의 수용성화로 인해 VOC 배출량은 57% 삭감되었다. 또한 중도 공정의 폐지, 도장 부스 공기조절의「최소 엔탈피 제어」, 베이스 도장과 클리어 도장 사이에서 극히 가볍게 도장의 표면을 따뜻하게 하는 공정(flash off)을 고효율화 하는 등의 공정 개선을 통하여 수용성 도료를 사용하면서도 CO₂의 배출량은 3 웨트 온 도장과 마찬가지로 일반적인 수용성 도장 대비 25%의 절감을 달성하고 있다. 덧붙이자면 클리어 층에는 본격적으로 우레탄 클리어 도료를 사용한다는 점도 특징이다.

일반적으로 물건의 표면에 고착시켜 덮음으로서 어떠한 기능을 발휘하는 재료를「도료(塗料)」라고 한다. 또한 대상물에 도료를 부착시키는 일이나 그 공정을「도장(塗裝)」이라고 한다. 다만, 무착색 도장이나 화학적인 피막 성형 등의 표면처리는「코팅」이라고 해서 구별하는 경우도 있다.

도장의 기능으로는 먼저「보호」를 들 수 있다. 도료가 물건의 표면에 고착되어 도막(塗膜)을 만들거나 표면 부근에 침투함으로서 수분이나 공기, 태양광과 같은 주변의 환경으로부터 차단하여 부식이나 열화를 방지하는 효능이다. 구체적으로는 녹이나 곰팡이, 벌레 먹음, 흠집 등을 막아내고 또한 유지 등의 부착, 침수, 열, 자외선 등에 의한 열화를 방지하는 효능도 있다.

자동차 보디에 도장을 하는 최대 이유도 물론 보호 때문이다. 자동차 보디는 대부분이 강판으로 만들어져 있다. 그리고 강판의 주성분인 철은 산소나 수분과 접촉하면 그들 분자와 결합하여 산화반응을 일으켜 성질을 변화시킨다. 이 반응의 결과로 생기는 변질이「녹」이라 부르는 상태다.

강판에 녹이 슬면, 미관을 더럽힐 뿐만 아니라, 정도에 따라서는 강도가 떨어진다. 심지어 녹이 진행되면 최종적으로는 부식되어 구멍이 생기게 된다. 부식까지 진행되지 않는다 하더라도 어느 정도까지 보디의 녹이 진행된 자동차는 다른 기관에 문제가 없어도 가치가 떨어지게 된다. 녹을 방지함으로서 자동차의 기능과 가치를 오랫동안 유지하는 것이 자동차용 도료의 최대 목적인 것이다.

다른 효능으로는「미관의 향상」이 있다. 도막에는 물건의 표면을 매끈하게(平滑化)하는 성질이 있어서 매끈해진 면은 빛의 반사율이 높아져 미관이 좋아지는 것이다. 또한 도막 자체에 윤기를 증가시키는(광택 부여) 기능을 갖게 하는 경우도 있다. 자동차용 도료로 이것을 하면 빛의 반사나 굴곡의 정도가 바뀌어 보디를 구성하는 면이 더 광택이 나고 아름답게 보이는 효능을 발휘한다. 또한 도료에 안료를 섞어 착색을 하는 것도 상품성의 향상으로 이어진다.

또 하나의 효능은「기능성의 부가」다. 다양한 기능성을 가진 도료를 도장함으로서 대상물에 기능성을 부가한다. 예를 들면, 열학적 기능(내열, 열흡수, 시온), 광학적 기능(형광, 축광, 자외선 반사), 물리적 기능(친수, 발수), 화학적 기능(유기화합물질 흡착), 전기적 기능(절연, 전파 흡수, 휴대 방지, 자성화 등)과 같은 기능이 있다.

현재 상태의 일반적인 자동차용 도료가 갖고 있는 것은 앞서 말한 광학적 기능의 일부지만 웬만해서는 흠집이 나지 않거나(내스크래치 성능), 주행 중에 날아온 돌에 부딪쳤을 경우에도 손상이 도장 면에만 나게 하고 강판을 대기 중에 노출시키지 않는(내치핑 성능) 기능도 요구된다.

그리고 이들의 효능을 다양한 환경에서 장기간에 걸쳐 유지할 수 있는 것도 중요하다. 자동차는 동토에서 적도부근까지 모든 환경에서 몇 십 년에 걸쳐 계속해서 사용할 수 있는 상품이다. 따라서 자동차용 도료에는 온도와 습도, 태양광 조사량, 공기 중의 염분이나 화학물질과 같은 조건에 상관없이 또한 장기간에 걸쳐 도막이 열화 되지 않고 보디의 강판을 계속적으로 보호하는 능력이 요구된다.

이와 같이 자동차용 도료는 단지 보디를 착색하기만 하는 것이 아니라 중요한 기능의 부품으로서 역할을 다하고 있는 것이다.

다종 · 다양화에 대한 탄력적 대응, **파이널 어셈블리 라인**

보디라고 하는 큰 물체가 완성되면 드디어 각종 부품을 장착하게 된다.
최종적으로 자동차라고 하는 제품으로 조립해 나가는 것이 최종 공정인 파이널 어셈블리 라인이다.
주어진 조건과 시간에 효율적으로 조립하기 위해 다양한 방법이 응축되어 있다.

본문 : MFi

작업 효율을 추구한다면 보디를 옆으로 뒤집으면 된다. 이렇게 하면 행어를 상하방향으로 이동시키지 않아도 될 뿐만 아니라 작업자의 몸을 굽히지 않고도 부품을 장착할 수 있다. 벌크 헤드에 브레이크/ABS 유닛을 장착하고 있다. 사브 트롤헤탄 공장.

SAAB

Nissan

닛산 시마에 엔진과 트랜스미션 등을 결합한 파워 트레인을 서브 프레임별로 장착한다. 이미 범퍼나 프런트 엔드 모듈, 헤드램프 등이 장착되어 있다. 프런트 서스펜션의 로어 암이 좌우로 뻗어 있는 것이 보인다. 도치기 공장

Volvo

서스펜션은 유닛으로 하여 서브 라인에서 조립된다. 서브 프레임에 상하 암, 너클, 브레이크 어셈블리, 드라이브 샤프트가 장착된 상태. 볼보 공장.

엔진은 부품수도 많고 또한 단독으로 검사를 할 필요도 있기 때문에 별도의 공장에서 조립해 반입되는 경우가 많다. 사진은 VW의 켐니츠 공장에서 TSI 엔진을 조립하는 모습.

지금까지의 공정에 비해 사람의 존재가 큰 것이 파이널 어셈블리이다. 프레스~용접~조립~도장 라인을 거친 보디에 각종 부품을 장착하고 각종 검사를 거치면 최종제품이 된다. 도장 공정에 이어 소요시간이 길고 많은 종류의 작업이 실시된다.

현실을 무시할 수 있다면 가장 효율이 좋은 것은 색이나 형태가 완전히 똑같은 자동차를 계속해서 만드는 것이다. 그러나 실제로는 큰 자동차에서부터 경자동차, 고급자동차나 보통자동차와 같이 부품 수나 공정수가 다른 자동차를 생산해야 한다. 같은 자동차라 하더라도 보디 컬러나 트림의 사양을 비롯하여 공장의 옵션이나 수출지역별 사양 등 여러 종류를 만들어야 한다. 더구나 작업은 사람의 손으로 이루어지기 때문에 작업의 균일성도 배려하지 않으면 안 된다.

이렇게 복잡하고 다양한 주문은 모두 일괄적으로 관리되어 해당 자동차가 흘러오면 정확하게 준비가 갖춰진다. 조립하기 위한 부품은 차종 별로 다른 공정수를 되도록 원활하게 흐르도록 하기 위해 모듈화 되어 납입된다는 것은 05 chapter에서 이미 소개한 바 있다. 그 볼륨 및 타이밍도 적기에 공급 생산(Just In Time)으로 이루어져 필요한 때에 필요한 만큼만 반입됨으로서 철저하게 효율을 추구한다. 플러스알파 공정을 필요로 한다면 서브라인을 설치하여 거기서 조립한 다음 나중에 메인 라인에 합류시킨다. 현재 보유한 설비의 사양과 수용능력에 대해 생산 프로세스의 효율을 어디까지 추구할지 자동차 품질 면에서 코스트 퍼포먼스 높이는 앞장까지 살펴보았듯이 부품의 메이커나 계열 메이커의 전폭적인 협력과 IT에 의한 세밀한 생산 관리를 통해 성립되는 것이다.

실제의 작업에 있어서도 내장과 같은 경우는 스냅 등으로 맞물리게 한다거나 서스펜션이나 파워 유닛 같은 경우는 가능한 볼트와 너트의 체결 부위를 최적화하는 등 효율적으로 조립하기 위한 다양한 방법이 적용된다. 작업시간의 단축에 머물지 않고 사람의 손에 의한 작업이 다수를 차지하는 가운데 작업자의 스킬에 모든 것을 의존하지 않아도 품질의 균일성 향상으로도 이어진다.

Nissan

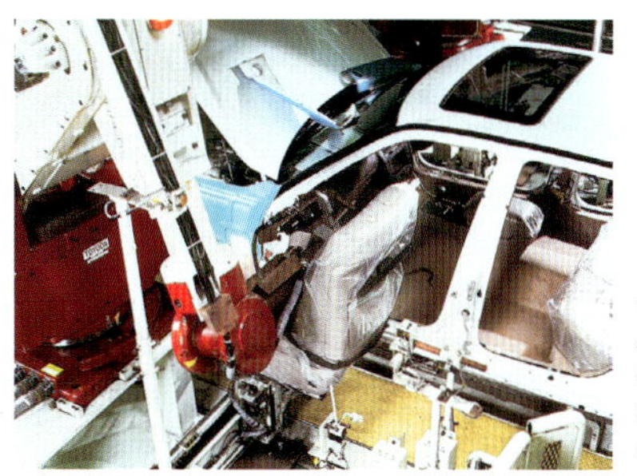

인스트루먼트 패널의 모듈은 거대하고 부피가 커서 비교적 일찍 보디에 장착하는 경우가 많다. 사진은 좌측 핸들의 스카이라인 쿠페로서 앞쪽에는 콕핏 모듈, 안쪽에는 HVAC 유닛이 보인다. 닛산 GPEC에서의 검토 장면이다.

실내 장비품 가운데 가장 무겁고 부피가 큰 시트는 실내의 조립에 있어서 거의 마지막에 장착된다. 마찬가지 이유로 시트 메이커의 공장은 자동차 메이커의 공장 근처에 세워지는 경우가 많다. 도요타 다하라 공장.

Toyota

도장이 끝나면 도어는 보디에서 분리된 다음 서브라인에서 도어 유닛으로 조립된다. 이미 윈도우 유닛을 비롯한 주요 부품은 장착을 완료하고 블라인드를 조립하고 있는 것 같다. 재규어 XJ의 조립라인.

프런트 글라스는 흡착기로 고정되어 운반된다. 경량화가 요구되는 부품이지만 동시에 차체 강성의 확보에도 기여하고 있기 때문에 중량은 증가된다. 둘이서 작업을 하는 것은 그런 이유 때문일 것이다. 도요타 즈츠미 공장.

무사히 조립이 완료되면 각종 검사가 이루어진다. 사진은 방수 검사. 엉뚱한 곳에서 물이 새지는 않는지, 통상적으로는 있을 수 없을 정도의 분사로 완성 자동차를 테스트한다. 크라이슬러 토레도 공장에서.

마쯔다 호후 공장. 지그에 고정된 파워 플랜트/프런트 서스펜션 전체, 배기 주변, 그리고 리어 서스펜션 전체에 보디가 씌워지려고 하는 모습.

Mazda

Chrysler

주행관련 검사 공정. 얼라인먼트나 구동, 제동 등 기계적인 문제는 없는지 실제로 롤러 위에서 주행시켜 조사한다. 마치 자동차 검사장의 검사라인 같은 광경이다. 닛산 옷파마 공장.

Nissan

▶ 작업자의 부담 경감

(좌측 사진) 라인에서 작업하는 사람의 부담을 줄여주는 방법으로 혼다가 제안한 보디 웨이트 서포트 시스템. 몸이 불편한 사람을 위한 어시스트 디바이스 역할 이외에 서거나 쭈그리는 자세를 반복하는 작업자에게 아주 유용하게 활용되고 있다.
(우측 사진) 크라이슬러 스털링 하이츠 공장의 사례. 앉은 자세로 작업을 할 수 있어서 피로를 잘 느끼지 않는다. 결과적으로 같은 시간대로 비교해도 작업을 균질화(均質化)시킬 수 있다.

Honda

Chrysler

Epilogue

생산 현장은 어떻게 변해갈까.

「자동차를 만드는 일」은 경제 활동의 윤활유다 그러나 그것이 이해되지 않고 있다

자동차에 있어서 과거 100년은 하드웨어의 진보였다.
그런 축적을 다음 세대나 자동차 신흥국에 어떻게 전달하면 좋을까.
물건을 만드는 것이 「선(善)」이라 한다면, 확인할 수 있는 만큼의 재료를
가능한 빨리 준비하지 않으면 안 된다.

본문 : 마키노 시게오(Shigeo MAKINO)　　사진 : 폭스바겐(Volkswagen)

ACKNOWLEDGEMENT :

시트로엥 렌느 공장 생산기술부문 : 오카다 히로 / 신일본제철 자동차강판 영업부 자동차강판 상품기술 그룹 매니저 : 후쿠치 잇쵸 /
후카이 제작소 상무이사 : 오지마 히데이치(후카이 제작소 기술부 주관)

'자동차 산업은 국가의 번영을 좌우한다.'는 말 이것은 진실이다.

일본은 2번의 오일 쇼크를 극복하고 다른 나라에 비해 에너지 소비를 억제한 산업구조를 실현하였지만 리먼 쇼크에 대한 영향은 진원지인 미국 이상이어서 지금도 그 여진이 일본의 경제를 흔들고 있다. 자동차는 다종다양한 소재를 사용하여 다양한 산업과의 접점을 갖는 만큼 자동차가 판매되지 않으면 경제 활동은 정체한다.

중국을 보면 일목요연하다. 정부가 내세운 자동차 구입 지원책에 의해 지금까지 자동차의 수요처가 아닌 내륙 도시에서도 수요에 불이 붙으면서 자동차 생산에서는 세계에서 「1인 독식」을 구가했다. 지방정부가 맘대로 징수했던 세금을 없애고 엔진의 배기량 1500cc 이하의 승용차는 자동차 구입세를 절반으로 줄이는 한편으로 농촌 부락에는 더 많은 지원을 아끼지 않았다. 그 결과가 작년의 중국 시장이었다. 자동차와 가전 제품의 구입을 정부가 지원하였다. 물건이 움직이면 돈이 움직이고 소비가 활성화된다. 단기적으로는 정말로 그렇게 돌아갔다.

일본도 「에코 카 감세」와 「가전 에코 포인트」가 2009년부터 실시되었다. 이것은 구입 지원이다. 그러나 실물 경제를 움직일 만큼의 동력은 얻지 못했다. 일부러 「에코」를 어필하지 않으면(실태가 어떻든) 소비자가 관심을 주지 않는 분위기에 문제의 근본이 있다고는 생각하지만 지금의 일본

은 자동차나 자동차 부품을 제조하는 기업이 「경제를 뒷받침하고 있다」고는 생각되지 않는다.

자동차가 그렇게까지 매력이 없는 산업일까. 자동차를 만드는 일은 「선」이 아닌 것일까. 바로 얼마 전까지 자동차 산업은 중심적 존재였지만 현재는 그런 분위기가 아니다. 불과 10년도 안 되는 동안의 갭을 자동차 산업계의 경영진들은 어떻게 받아들이고 있을까.

생산현장을 방문해 보면 물건을 만든다고 하는 것이 실로 창조성이 풍부한 인간다운 작업이라는 것을 알 수 있다. 그러나 그런 눈으로 자동차 산업을 보는 사람이 얼마나 될까. 그런 분위기는 먼저 불식하지 않으면 안 된다.

그렇다면 과연 어떻게 해야 할까.

과거, 생산 현장에서 몇 가지 실험이 실시되었다. 작업을 하는 자세를 개선한다거나, 무거운 것을 들지 않아도 된다거나 하는 것이 아니라, 제품생산의 근간을 생각하는 프로젝트가 그 안에 있었다.

스웨덴의 볼보 카즈가 80년대 후반에 실시한 「흐름 작업의 폐지」는 매우 충격적이었다.

「사회에 나온 이상 뭔가 전문적인 기술을 배우고 싶다. 자동차 메이커에서 일을 하고 있으니까 이왕이면 자동차를 완전히 한 대 조립할 수 있었으면 좋겠다. 그런 기회를 갖게 된다면 당신은 참가 하겠습니까?」

한 마디로 말하면 이러한 시도였다. 카르만 공장에서 시작된 「사람이 주역」인 생산 시스템은 우데발라 공장에서 「완전 라인리스(lineless)」 시스템으로 바뀌었다. 17명 정도의 스탭이 팀을 이뤄 최종 조립라인의 작업을 완수한다. 한 사람 한 사람의 작업은 매일 로테이션이 되기 때문에 언젠가는 모든 조립 작업을 파악할 수 있도록 한다. 이러한 실험이었다.

결과는 어땠을까. 생산성의 악화와 제조비용의 상승이었다. 우데발라 공장은 조업정지에 들어갔으며, 르노와의 합병 얘기가 나온 것은 그 후였다. 우데발라에서 생산에 관여한 사람들이 어떻게 느꼈는지는 알 수 없지만 볼보라고 하

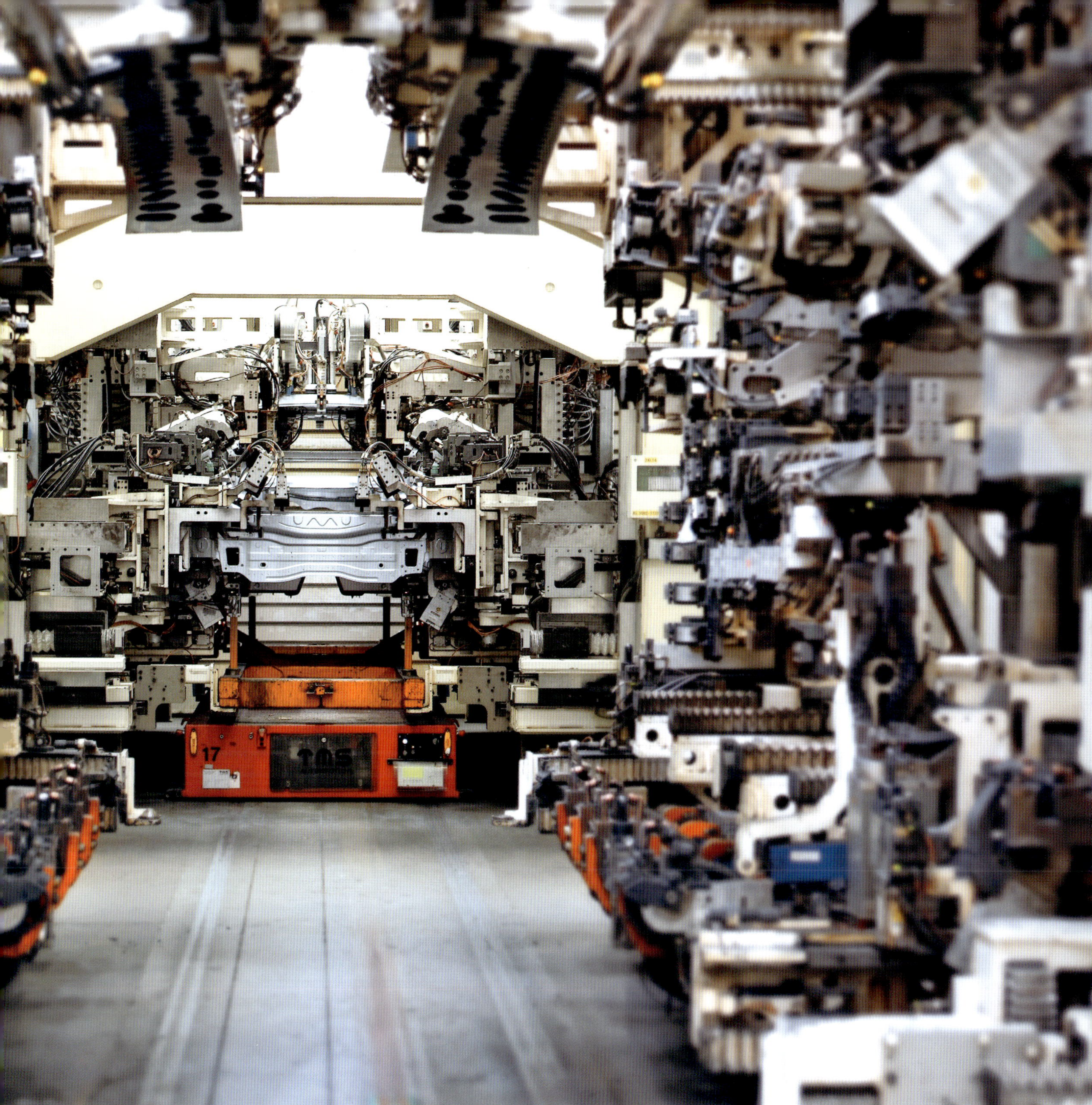

는 기업에게 있어서는 실패로 끝난 것이다.

　이러한 실험이야 말로 지금의 일본이 해야 할 일이 아닐까. 일본의 자동차 메이커 제조 현장에서 일하는 사람들은 해외에 비하면 놀랄 만큼 멀티태스크·스탭이다. 그런 장점을 살려 제품 생산의 즐거움과 중요성을 세상에 알린다. 자동차 제조 현장의 모습을 세상에 알리는 행위야 말로 중요하지 않을까 하는 생각이다.

　중국의 자동차 수요가 어떻게 될까. 미국의 수요가 언제 회복될까. 5년 후의 유럽에서는 어떤 자동차가 판매될까. 일본 자동차 산업이나 기관 투자가의 관심사는 대부분이 해외에 쏠려 있다. 일본은 반은 포기하고 있다.

　「자동차는 타지 말고 전차나 버스를 탑시다. 그것이 에코입니다」라고 아이들에게 아주 왜곡된 지식을 전달하는 초등학교 선생님에게 반론하지 않고 젊은 사람들의 자동차 이탈을 개탄하고 있다. 그러나 자동차는 틀림없이 일본의 식료 해외 의존을 뒷받침하고 천연자원 구입의 자원이 되고 있는 것이다.

　어떤 이벤트를 하거나 광고 활동에 돈을 쓴다 하더라도 자동차 산업의 흔들린 위상은 회복할 수 없을 것이다. 그것보다는 평판이다.

　예전에 이탈리아의 대형 부품 메이커인 마그네티 마렐리에서 이런 얘기를 들었다.

　「품질이나 신뢰성, 평판은 무서운 것이다. 당신도 우리 이탈리아 사람들이 느슨하다고 생각하지 않나. 그런데 불량률은 근 수년 간 획기적으로 떨어졌다. 어떻게 했는가하면 『박스에 똑바로 품번 라벨을 붙이자』는 것뿐이었다. 극단적으로 말하면……」

　이 말을 일본 사회와 자동차 산업에 적용해 생각해 보고 싶다.

사진 & 일러스트로 보는 꿈의 자동차 기술

Motor Fan illustrated

日本語版 직수입

서울 모터쇼에서 호평

MFi 과월호 안내

구입은 www.gbbook.co.kr 또는 영업부 Tel_ 02-713-4135로 연락주시길 바랍니다.
본 서적은 일본의 삼영서방과 도서출판 골든벨의 재고량에 따라 미리 소진될 수 있음을 알려 드립니다.

Vol.1 디젤 신시대

Vol.2 재고없음 하이브리드차의 능력

Vol.3 최신 서스펜션도감

Vol.4 패키징 & 스타일링론

Vol.5 재고없음 엔진 기초지식과 최신기술

Vol.6 4WD 최신 테크놀로지

Vol.7 안전기술의 현재

Vol.8 재고없음 트랜스미션

Vol.9 ITS 고도정보화 교통시스템

Vol.10 재고없음 보디 컨스트럭션

Vol.11 조향·브레이크의 테크놀로지

Vol.12 쇽업소버의 테크놀로지

Vol.13 과급 엔진 테크놀로지

Vol.14 엔진의 배기다기관 디자인

Vol.15 최신 자동차기술총감

Vol.16 Electric Drive

Vol.17 랜서 에볼루션

Vol.18 자동차의 플랫프레임

Vol.19 로터리 엔진

Vol.20 수평대향 엔진 테크놀로지

Vol.21 변속기 진화론

Vol.22 차세대 자동차 개발 최전선

Vol.23 에어로 다이나믹스 자동차의 공력 개발

Vol.24 구동계 완전 이해

Vol.25 디젤의 역량

Vol.26 가솔린의 테크놀로지

Vol.27 최신 자동차기술총감 (2008~2009)
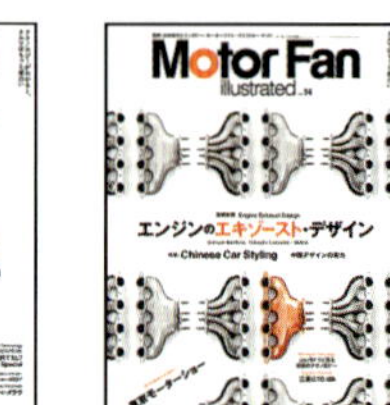

Vol.28 배기열 이용의 테크놀로지
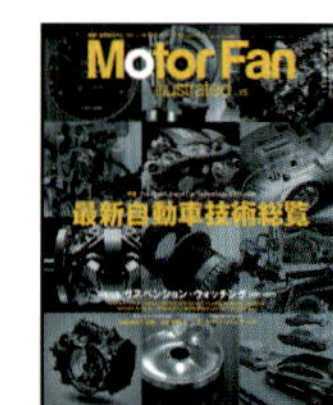

Vol.29 시트의 테크놀로지
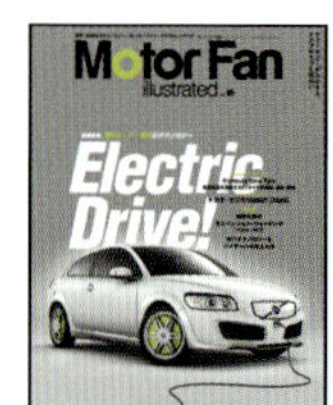

Vol.30 레이싱 엔진

Vol.31 독일 엔진

Vol.32 미드십 레이아웃
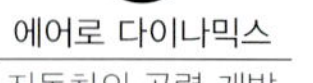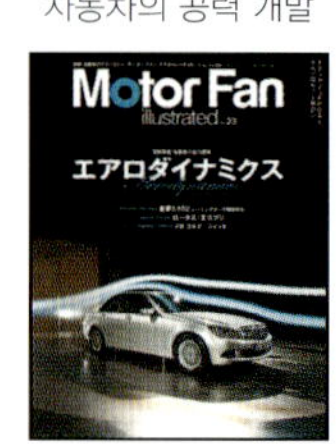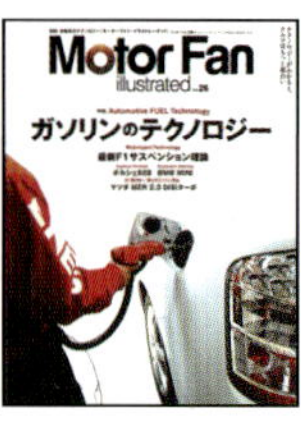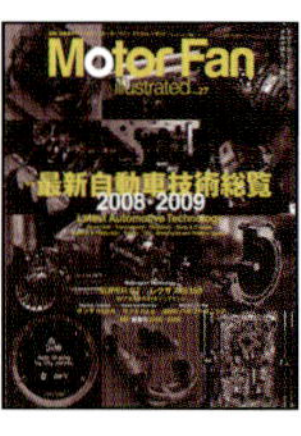